Michael M. Richter

Ideale Punkte, Monaden und Nichtstandard-Methoden

Friedr. Vieweg & Sohn   Braunschweig/Wiesbaden

CIP-Kurztitelaufnahme der Deutschen Bibliothek

Richter, Michael M.:
Ideale Punkte, Monaden und Nichtstandard-Methoden /
Michael M. Richter. — Braunschweig; Wiesbaden:
Vieweg, 1982.
  ISBN-13: 978-3-528-03072-8   e-ISBN-13: 978-3-322-85726-2
  DOI: 10.1007/978-3-322-85726-2

Umschlaggestaltung: Peter Neitzke, Köln

ISBN-13: 978-3-528-03072-8

0. VORWORT

Als eigenständige Disziplin gibt es die Nichtstandard-Analysis
etwa seit dem Jahre 1960. Inzwischen hat sie eine stürmische
Entwicklung genommen, die sich keineswegs auf die Analysis beschränkte. Viele bekannte Namen sind mit ihr verbunden, doch
erscheint es gerecht, den von *Abraham Robinson* besonders her-
vorzuheben. Er scheint nicht nur als erster die Möglichkeiten
der mathematischen Logik erkannt zu haben, Modelle der Analysis
mit Infinitesimalien zu konstruieren, sondern er hat auch den
weiteren Verlauf der Entwicklung in ganz ungewöhnlicher Weise
beeinflußt.

Dieses Buch soll den Mathematiker (und *nicht* primär den Logi-
ker) in die Welt der Nichtstandard-Methoden einführen. Dabei
werden zwei Aspekte unterschieden: Zum einen möchte man wissen, *wie* diese Methoden arbeiten und zum zweiten möchte man
wissen, *warum* man so vorgehen darf. Das "wie" wird erst einmal durch die Angabe eines Axiomensystems beschrieben, dessen
dürre Einfachheit im weiteren Verlaufe durch Beispiele und Anwendungen mit Leben erfüllt wird. Das "warum" ist eine Frage
der mathematischen Logik; sie wird im letzten Kapitel (IX)
diskutiert und beantwortet. Ob und wann man sich hiermit beschäftigt, ist weitgehend Geschmackssache; um Nichtstandard-
Analysis praktisch zu betreiben, ist die Kenntnis der modelltheoretischen Methoden jedenfalls keine Bedingung (wie man auch
nichts von der Konstruktion der reellen Zahlen wissen muß, um
Analysis zu treiben).

An Axiomensystemen werden zwei verschiedene vorgestellt: Keisler's Axiome für die elementare Analysis (Kap.II) und Nelson's
Axiome für die gesamte Mengenlehre (Kap.IV). Hierbei wird der
eigentliche Zweck der Nichtstandard-Methode sehr schnell deutlich. Man drückt ihn vielleicht am besten in der Form eines
Paradoxons aus: *Es handelt sich um die Erweiterung unendlicher
Mengen zu endlichen Mengen.* Dies ist nun so neu wieder auch
nicht, hat man doch in der Topologie die (ungefähre) Faustre-
gel "kompakt = endlich", und man kompaktifiziert eben durch

Erweiterung, durch Hinzunahme neuer Punkte. Es handelt sich also um eine allgemeine Theorie der "Finitarisierung durch ideale Punkte". Eigentlich noch wichtiger als die idealen Punkte selbst scheinen mir die Monaden zu sein, weil sie erst die typischen Begriffsbildungen ermöglichen. Die weitere Stoffauswahl erfolgte nur nach dem Prinzip, die Anwendbarkeit dieser Begriffe zu illustrieren, wobei die Monaden den "roten Faden" bilden. Eine solche Auswahl ist notwendigerweise recht unvollständig, aber es wird vielleicht doch deutlich, daß der Nichtstandard-Ansatz auch einen gewissen Grundlagenbeitrag leistet: Die Zurückführung einer großen mathematischen Vielfalt auf wenige einheitliche Prinzipien. Es ist sicher nicht ganz zu vermeiden, daß dabei eine gewisse Propaganda für den betrachteten Gegenstand getrieben wird, doch habe ich versucht, diese auf ein Minimum zu beschränken. Es wird nur eine mathematische Methode vorgestellt, mit Hinweisen auf ihren möglichen nützlichen Gebrauch; nichts weiter. Aber man wird und soll vieles Bekannte entdecken: Bei einer allgemeinen Methode ist das ganz natürlich.

Um den Fluß nicht allzu sehr zu stören, wurden Literaturhinweise in der Regel nur dann in den Text eingestreut, wenn mir diese nicht allgemein bekannt zu sein schienen oder wenn auf weiterführende Literatur hingewiesen wurde. Dafür möchte ich aber an dieser Stelle besonders auf die Bücher von A. Robinson, H.J. Keisler, K.D. Stroyan - W.A.J. Luxemburg sowie auf Nelson's Artikel [Ne] hinweisen. Des weiteren wurden in den Text sogenannte "Hintergrundbemerkungen" eingestreut. Sie heben sich typographisch ab und wenden sich jeweils an Leser mit spezielleren Vorkenntnissen; für den weiteren Verlauf sind sie in der Regel entbehrlich. Mit fortschreitendem Text steigt auch die Komplexität des Stoffes; dies ist einmal im Sinne der Logik höherer Stufen als auch im Sinne des Schwierigkeitsgrades zu sehen; letzteres auch innerhalb der einzelnen Kapitel.

Dies Buch wäre nicht entstanden ohne die Ermunterung, Kritik, Ratschläge und Hinweise von vielen Freunden und Kollegen.

Vor allem möchte ich dafür H.-D. Ebbinghaus, W. Felscher und
J. Flum danken. Mein besonderer Dank gilt ferner den Herren
B. Benninghofen, K.-H. Diener, U. Felgner, H. Habetha, W.
Plesken, F.W. Simmons, H.-J. Skala und M.E. Szabo. Die erste
Begegnung mit der Nichtstandard-Analysis überhaupt verdanke
ich W. Felscher und weitere, entscheidende Motivationen er-
wuchsen vor vielen Jahren aus Gesprächen mit A. Robinson.

Beim Lesen der Korrekturen half mir Susanne Kemmerich, der
mühevollen Anfertigung des Manuskriptes unterzog sich Frau
B. Suhartha und die Zeichnungen fertigte Frau M.-L. Mandel
an. Ihnen sei herzlich gedankt.

Aachen und Austin, im Mai 1981   Michael M. Richter

INHALT

I. Historisches und Grundsätzliches über das Unendliche und den Gebrauch idealer Punkte

Seit altersher haben sich Mathematiker mit dem Problem des
Unendlichen beschäftigt und sich von ihm herausgefordert ge-
fühlt. Doch stets war das Unendliche ein etwas sprödes Mäd-
chen, leichtfertige Annäherungsversuche wurden sehr ungnädig
behandelt und mit Paradoxien beantwortet. Die elementarste
(und wie manche sagen, eigentlich die einzige) Erscheinungs-
form des Unendlichen ist die des potentiellen Unendlichen:
Man kann ohne Grenzen weiterzählen, Größen halbieren etc..
Möchte man aber über eine solchermaßen erzeugte Gesamtheit
von Dingen, mag sie nun "fertig" da sein oder nicht, etwas
beweisen, so muß ein solcher Beweis seiner Natur nach einmal
fertig und somit endlich sein. Um aber über unendliche Objekte in finiter Zeit reden zu können, bedarf es gewisser zusätz-
licher Prinzipien oder Methoden, die es erlauben, an einer
gewissen Stelle den Schluß zu ziehen, daß jetzt alle unendlich vielen Möglichkeiten erledigt seien. Solche Mittel ermöglichen dann eine endlich lange Argumentation, weshalb
man sie auch Finitarisierungsmaßnahmen nennen kann. Die klassische Mathematik hat eine ganze Reihe solcher Maßnahmen anzu-
bieten, von denen noch die Rede sein soll. Sie bedeuten fast
immer auch den Übergang vom potentiellen zum aktualen Unendlichen. Auf die philosophischen Hintergründe wollen wir hier
nicht eingehen; sie sind auch bis zu einem gewissen Grade für
den Mathematiker irrelevant, weil man es nämlich häufig offen
lassen kann, ob ein unendliches Objekt "wirklich existiere",
oder ob man dies bloß hypothetisch, als Sprechweise annimmt
(zum Begriff der "Finitarisierung" vergleiche man auch W.Fel-
scher in [Fe]).

Unendliche Objekte, und damit die Notwendigkeit von Finitarisierungsmaßnahmen, können in der Mathematik auf zweierlei Weise auftreten:

1) Bei der Modellierung außermathematischer Probleme können
   endliche Objekte den intuitiven Sachverhalt u.U. nicht

adäquat beschreiben.

2) Hat man sich einmal auf unendliche mathematische Objekte
   eingelassen, so verlangt ihr Studium häufig die Kreation
   neuer unendlicher Objekte.

Wo man hier die natürlichen Zahlen einordnet, wollen wir nicht
weiter diskutieren. Das, mindestens historisch, wichtigste Beispiel für die Situation 1) ist der physikalische Begriff der
Bewegung. Schon Zenon machte in seinem Paradoxon vom Achilles,
der die Schildkröte nicht einholen konnte, darauf aufmerksam,
daß die damalige Mathematik dies Phänomen nicht vernünftig beschreiben konnte. Mit einem gewissen Recht kann man die Geschichte der Analysis als einen steten Versuch auffassen, den
Bewegungsbegriff in die Mathematik hereinzuholen. Man beschränkte sich zunächst auf gewisse einfacher zu beschreibende Phänomene wie starre Bewegungen, um sich dann langsam voranzutasten.
Diese Entwicklung soll hier nicht im einzelnen verfolgt werden;
machen wir einen großen Sprung bis zu einem bedeutendem Ein-
schnitt, der Erfindung der Differentialrechnung durch Leibniz
und Newton.

Wir haben heute keine ganz präzise Vorstellung davon, wie man
sich damals das Kontinuum vorstellte (und man sollte auch vielleicht nicht zu viel in überlieferte Äußerungen aus der damaligen Zeit hineininterpretieren), aber jedenfalls konnten die
Probleme der damaligen Physik recht gut behandelt werden; wer
über genügende Feinfühligkeit verfügte, verwickelte sich auch
nicht in Widersprüche. Das breite Spektrum seiner Anwendungsmöglichkeiten verdankte das (damalige) Kontinuum besonders einer Tatsache: Es war sehr reichhaltig. Es erlaubte nämlich
nicht nur die unbeschränkte Ausführung arithmetischer Operationen, sondern es gab in ihm Elemente, die jedes einen ganzen
unendlichen (Grenzwert-) Prozeß widerspiegelten. Dies waren
einerseits bestimmte reelle Zahlen, wie e, die nur durch Appro-
ximationsfolgen definiert waren, andererseits die Infinitesimalien (und die unendlich großen Zahlen), die, wie Leibniz be-
merkte, "variable Größen sind, welche nach und nach ·immer kleinere Werte annehmen können", also infinitären Konstruktionen
entsprechen. Mit diesem Kontinuum lebte man nun etwa zweihun-

dert Jahre lang recht fröhlich. Es ist unmöglich, in kurzer
Zeit auch nur die wichtigsten Namen derjenigen zu nennen, welche die Analysis zur Blüte trieben, stellvertretend sei hier
Euler genannt. Er war ein großes Vorbild im Umgang mit unendlichen Konstruktionen, vieles, was später umfassender, oder
wie wir heute mit gewisser Überheblichkeit sagen, "exakter"
dargestellt wurde, findet sich schon bei ihm (vgl. hierzu etwa Laugwitz in [Lau2] für historische Details). Im Laufe des
19. Jahrhunderts wurde es aber dann doch ein echtes Anliegen,
die Analysis auf eine klar formulierte feste Gundlage zu stellen. Hierzu gab es mehrere Ansätze, doch schreibt man den
Durchbruch heute Karl Weierstrass, der die δ-ε-Technik einführ-
te und Richard Dedekind, der die reellen Zahlen aus den rationalen Zahlen konstruierte, zu. Schon ein flüchtiger Blick zeigt,
daß das neue Kontinuum anders, und zwar ärmer als das alte war.
Wohl enthielt es noch eine gewisse (unendliche) Anzahl von
Punkten, die infinitäre Konstruktionen repräsentierten, jedoch
waren andere Prozesse nicht mehr explizit, sondern nur noch
durch Sprechweise und eben Konstruktionen repräsentiert. In
diesem Sinne war bloß eine Teilfinitarisierung des ursprünglichen Anliegens erreicht. (Es soll hier auch die Auffassung
vertreten werden, daß Analysis etwas anderes ist als das Studium des jeweils gerade in Mode stehenden Modells des Konti-
nuums. Von diesen wird es möglicherweise noch viele geben, jedes bedingt einen gesonderten technischen Aufbau, aber die eigentlichen Sätze der Analysis wird man daran erkennen, daß
sie überall gleichermaßen vorkommen.)

Streifen wir zwischendurch noch einen sehr radikalen Versuch,
der jegliche Finitarisierungen überflüssig macht, nämlich den
atomistischen, der das Kontinuum gleich als endlich annimmt.
Dieser Ansatz, in anderen Naturwissenschaften so wirkungsvoll,
blieb in der Mathematik bis heute ohne durchgreifenden Erfolg.
Erwähnen sollte man einige Arbeiten von G. Järnefeldt und P.
Kustaanheimo aus der Zeit um 1950. Diese versuchten, die eukli-
dische Geometrie approximativ durch endliche Geometrien über
Galoisfeldern zu ersetzen, und es werden einige Ausblicke auf
mögliche Anwendungen in der Physik und der Astronomie gegeben.

So würde etwa in einem Galoisfeld von p Elementen $\delta(x)=1-x^{p-1}$ die Rolle der Dirac'schen Deltafunktion spielen. Ein weiterer Ansatz aus derselben Zeit, die Differentialrechnung auf die Algebra zurückzuführen, geht auf E. Kähler zurück, indem davon ausgegangen wird, daß man mit Differentialen so wie mit nilpotenten Elementen in einem Ring zu rechnen pflegt (vgl. [Kä]). Neuerdings treten solche Gedanken wieder in der sog. "synthetischen Differentialgeometrie" auf, die von Kategorikern innerhalb der Theorie der Topoi entwickelt wurde, aber hier ist man schon wieder im Infinitären. Verwandt ist hier auch der Kalkül der alternierenden Differentialformen.

Die Konstruktion von Dedekind fällt in den obigen Kategorien unter Punkt 2), die Kreation neuer mathematischer Objekte. Wir wollen solche Konstruktionen jetzt von einem etwas allgemeineren Blickwinkel anschauen. Stets hat man einen gewissen Ausgangsbereich vor sich, der nicht weiter diskutiert wird (obwohl er, da sich die Adjunktionsprozesse ja iterieren, vom Standpunkt des bürgerlichen Rechnens schon reichlich abstrakt sein mag).

Ist der Bereich nicht fertig gegeben, bloß "potentiell", so besteht die erste Maßnahme darin, den Bereich "aktual" zu machen: Er ist dann als (eine) Menge da. (Die Iteration dieser Maßnahme ist dann die Potenzmengenbildung!) Sodann fordert man, um überhaupt mit dem Bereich fertig zu werden, neue Beweisprinzipien, etwa das Prinzip der vollständigen Induktion, oder solche, die in mengentheoretischen Axiomen versteckt sind, wie Zorn's Lemma.

Nachdem man das Leben so grundsätzlich annehmbar gemacht hat, möchte man es sich aber noch etwas bequemer gestalten. Dazu dient die Aufblähung der Bereiche durch neue, "ideale" Objekte. Diese Objekte können von verschiedener Art sein. Wenn man den Ausgangsbereich, etwa eine Menge M, betrachtet, so interessiert man sich in aufsteigender Hierarchie für

Elemente von M ("Punkte")
Relationen und Funktionen auf M
Relationen und Funktionen von
  Relationen und Funktionen auf M
u.s.w.

Entsprechend hat man eine Hierarchie der neuen idealen Objekte: Gedankliche Prozesse über Punkte führen zu idealen Punkten; Gedankliche Prozesse über Funktionen führen zu idealen Funktionen usw.. Dabei besteht der Clou natürlich in aller Regel darin, daß auch vorhandene (etwa algebraische und topologische) Strukturen auf die Erweiterung fortgesetzt werden, und zwar so, daß die idealen Elemente möglichst "denselben" Gesetzen genügen.

Schauen wir uns einige Beispiele solcher Erweiterungen durch ideale Objekte an; zuerst kommen wir zu den idealen Punkten.

(a) Die oben erwähnte Dedekind'sche Konstruktion der reellen Zahlen $\mathbb{R}$ aus den rationalen Zahlen $\mathbb{Q}$. Die Ordnung und die arithmetischen Operationen werden unter Erhaltung der Rechenregeln fortgesetzt.

(b) Die Konstruktion der komplexen Zahlen $\mathbb{C}$ aus $\mathbb{R}$. Konstruktionen solcher Art wollen wir hier nicht betrachten; hier spielt sich nur ein finitärer Prozeß ab (komplexe Zahlen sind geordnete Paare von reellen Zahlen).

(c) Die p-adischen Zahlen: Das Analogon zu $\mathbb{R}$ bei Benutzung einer anderen Metrik in $\mathbb{Q}$.

(d) Die verschiedenen Formen idealer Ränder Riemann'scher Flächen.

(e) Komplettierungen eines metrischen Raumes.

(f) Kompaktifizierungen eines topologischen Raumes oder einer topologischen Gruppe (als Beispiel gewisser genereller

Methoden).

(g) Konstruktion der algebraisch abgeschlossenen Hülle eines
    Körpers.

(h) Profinite Gruppen (ebenfalls als Beispiel einer generel-
    len Methode, der inversen Limites).

Beispiele für die Konstruktion idealer Funktionen sind:

(i) Kompaktifizierungen und Komplettierungen von Funktionen-
    räumen.

(j) Distributionen (wozu der Anlaß wieder von "außen",
    von der Physik, gegeben wurde).

(k) Funktionskeime

(l) "Ideale Berechnungen" in der Rekursionstheorie (solche,
    die gelegentlich nicht stoppen). Sie treten meist als
    ideale Punkte in Funktionenräumen auf.

Beispiele hierarchisch noch höherer Objekte sind:

(m) Die Idele. Sie sind "ideale Divisoren oder Bewertungen"
    (um den Ausdruck "ideale Ideale" zu vermeiden); H. Weyl
    bemerkt dazu in [Wey], daß ihr Erfinder C. Chevalley sich
    nicht fürchtete, zu Argumenten einer wirklich nicht-fi-
    nitistischen Art Zuflucht zu nehmen.

Bei Betrachtung der letzten Beispiele fällt sofort eines auf:
Die idealen Funktionen sind keine wirklichen Funktionen mehr
(ähnlich wie Differentialquotienten keine Quotienten und Integrale keine Summen sind), sie verhalten sich nur noch bezüglich gewisser Eigenschaften (bei den Distributionen sind dies
die Integraleigenschaften) wie Funktionen. Des weiteren fällt
bei der Gesamtheit der Beispiele auf, daß es sich mehr oder
weniger um ad-hoc-Konstruktionen handelt, die jeweils nur ge-

wisse Prozesse in Form von idealen Punkten aktualisieren. Häufig haben diese Konstruktionen zwar etwas gemeinsam, aber das ist meist nicht ganz einfach zu formulieren (topologische Argumente sind es im allgemeinen, und in der Regel spielen Ultrafilter eine Rolle).

Kehren wir zurück zur Situation der Analysis. Keine der obigen Konstruktionen leistet einen vollwertigen Ersatz für die Infinitesimalien (in dem Sinne, daß sie als Punkte vorhanden wären). Da sie aber nun einmal so angenehm sind, waren sie auch nicht so einfach zu beseitigen; sie haben die Exekution durch Weierstrass recht gut überstanden (etwa in der Physik, der Differentialgeometrie und vor allem in Sprechweisen, die wörtlich genommen werden, obwohl dies eigentlich nicht erlaubt ist, wie Differential"quotient", "infinitesimale Transformation". Auch im bürgerlichen Recht haben die Infinitesimalien überlebt, im Begriff der "juristischen Sekunde".(Dieser Begriff läßt sich bis ins (ost-)römische Recht zurückverfolgen. Unendlich kleine Zeitintervalle dienen dazu, einen einzigen Akt in zwei aufeinanderfolgende Rechtsgeschäfte aufzugliedern, von denen das zweite das erste als Voraussetzung benötigt. Dies spielt heute noch z.B. bei gewissen Kaufgeschäften mit Eigentumsvorbehalt eine Rolle, vgl. hierzu F. Wieacker in [Wie].)

Richtig auferstanden sind die Infinitesimalien erst wieder um 1959 mit A. Robinsons's Nichtstandard Analysis. Es hat auch da Vorläufer gegeben: Landau's "O" und "o"; G.H. Hardy's "Order of Infinity", nichtarchimedische Analysis im p-adischen; alles dies hat aber keine Konsequenzen gehabt. Ein Vorläufer im engeren Sinne, auch mathematisch gesehen, war das Ergebnis von Th. Skolem, der die Existenz von Nichtstandardmodellen für die Theorie der natürlichen Zahlen zeigte. Neben (und teilweise unabhängig von) A. Robinson waren eine ganze Reihe von Mathematikern am Aufbau und Ausbau dieser Theorie beteiligt, stellvertretend seien hier die Namen von D. Laugwitz und W. A.J. Luxemburg genannt; andere Namen werden uns noch begegnen. Fußend auf Methoden der mathematischen Logik (speziell der Modelltheorie) gelang es, Modelle für die Analysis zu finden, eben die sogenannten "Nichtstandard-Modelle", in denen die Infinitesimalien als Objekte vorhanden waren. Die entsprechenden Konstruktionen, angewandt auf andere mathematische Strukturen wie beliebige Körper oder topologische Räume, lieferten "Nichtstandard Modelle" für diese Strukturen, wobei die idealen Funktionen wirkliche Funktionen, die idealen Quotienten richtige Quotienten sind. Diese Konstruktionen lieferten zuvor gleich den Beweis der Konsistenz solcher Vorstellungen wie der von unendlichen kleinen Zahlen, aber sie waren nicht ganz einfach zu verstehen. Deswegen hat H.J.Keisler, der mit diesen Methoden in Wisconsin Studenten unterrichtete, einen etwas anderen Weg gewählt. Er teilte die Argumentation auf in zwei Aspekte:

(1) Eine Anweisung, wie man mit solchen Modellen arbeitet,
    d.h. die Angabe eines Axiomensystems.

(2) Den Beweis der (relativen) Konsistenz solcher Axiome,
    d.h. die Konstruktion der Modelle.

Für den Anfänger und über weite Strecken auch für den oft zitierten "arbeitenden Mathematiker" (sofern er nicht besonders neugierig ist) genügt bei hinreichender Motivierung wohl der Aspekt (1).

Dieselbe Aufteilung hat E. Nelson vorgenommen, der ein Axiomensystem für die gesamten Nichtstandardkonstruktionen schlechthin angab. Es besteht darin, daß man zu dem üblichen Axiomensystem der Mengenlehre einige weitere Axiome hinzufügt, die dann bewirken, daß alle Modelle automatische Nichtstandardmodelle sind. Einen ähnlichen, aber doch etwas anderen Weg hat Hrbacek in [Hrb] eingeschlagen; ganz anders ging hingegen Vopenka vor (vgl. [Vo]).

Man kann dies als einen Versuch ansehen, eine große Klasse von Konstruktionen für ideale Objekte auf einen Schlag zu beschreiben. In gewissem Sinne wird dadurch natürlich nichts geleistet: Ein intelligenter Mensch macht so etwas eben von Fall zu Fall, wenn er es braucht. Aber so eine allgemeine Methode kann doch hilfreich sein: Sie erlaubt Gemeinsamkeiten zu erkennen und sie

eliminiert häufig umständliche Argumentationen, die alle "ähnlich aussehen", sie ist gelegentlich direkter und geometrisch
intuitiver. Direkte Formulierungen stärken oft den Sinn für die
eigentlichen Problematiken; komplizierte technische Apparate
bergen die Gefahr in sich, daß man sie um ihrer selbst willen
studiert. Natürlich kann so eine Methode keine individuellen
Ideen ersetzen, wohl aber u.U. komplizierte Techniken trivia-
lisieren. Auch mag man ein gewisses ästhetisches Vergnügen daran finden, daß so wenige Axiome so viel beschreiben.

In den folgenden Kapiteln soll eine Darstellung dieser Theorie
der "idealen Punkte" und eine exemplarische Vorstellung ihrer
Anwendungsmöglichkeiten gegeben werden. Dabei schreiten wir
vom Einfachen zum Komplizierten fort, sowohl was die oben erwähnte Mengenhierarchie als auch was die Schwierigkeit des
Stoffes angeht.

Beginnen werden wir mit der elementaren Analysis. Hier stützen
wir uns auf Keisler's Axiomensystem. Es werden nur "ideale
Zahlen", aber noch keine "idealen Funktionen" betrachtet. Dieser Abschnitt ist gedacht als erste Einführung in die Nichtstandard-Welt.

Im nächsten Kapitel wird es allgemein: Dort werden die Axiome
von Nelson vorgestellt und diskutiert. In dem fortgeschrittenen Kapitel zur Analysis werden im wesentlichen Aspekte idealer Funktionen (welche es jetzt gibt) untersucht. Noch höher
in der Hierarchie kommt man in der Topologie. Man sollte aber
den Sinn dieses Abschnittes mehr darin sehen, Vergleiche zwischen den topologischen und nichtstandard Modellen anzustellen,
als Sätze der Topologie (sofern sie allgemeiner Natur sind)
neu zu beweisen; ist doch eine Topologie auch ein Mittel, Infinitesimalien zu ersetzen. Das Kapitel über Algebra und Zahlentheorie soll, wieder exemplarisch, Hinweise über ideale Objekte in einem ganz anderen (nicht analytischen) mathematischen
Bereich geben; auch hier ist man in der Mengenhierarchie ziemlich hoch angesiedelt.

Im Kapitel über "Anwendungen" soll an Beispielen gezeigt werden, wie sich die Nichtstandard-Welt zur Modellierung außermathematischer Situationen eignen kann, und zwar in Fällen, wo dies in der klassischen Mathematik jedenfalls nicht ohne Umstände geht. Hier spielt der Finitarisierungsaspekt wieder eine direkte Rolle. Die außermathematische Situation ist, weil sie real ist, endlich. Die intuitive Vorstellung oder das gewünschte Modell von dieser Situation ist aber möglicherweise nicht im Endlichen realisierbar (etwa die Vorstellung von "groß" und "klein" im Ökonomiekapitel); man weicht also ins Unendliche aus, muß dann aber wieder etwas unternehmen, um im Modell Schlüsse zu ziehen. Die Nichtstandardmethode versucht, hier direkt vorzugehen. Dabei wird einerseits der Charakter des formal-endlichen gewahrt, auf der anderen Seite das Unendliche durch die Möglichkeit "externer Eigenschaften" hereingeschmuggelt: Hierdurch wird die Anwendung des Induktionsprinzips gerade in den Fällen verhindert, in denen dies unerwünscht ist.

Der letzte Abschnitt schließlich behandelt die (aufgeschobenen) Grundlagenfragen. Hier wird die Frage "Warum ist dies alles erlaubt?" beantwortet (so gut wie es geht), und hier wird auf die eine Rolle spielenden Begriffe und Sätze der mathematischen Logik eingegangen. Spielten bei den früheren, ad-hoc-Konstruktionen schon häufig Ultrafilter und (kategorielle) Limites eine Rolle, so wird es nicht verwundern, daß diese bei der allgemeinen Situation auch vorkommen; es wird sich sozusagen um einen "Super"-Limes von Ultrafilterkonstruktionen handeln.

II. DER AXIOMATISCHE RAHMEN FÜR DIE NICHTSTANDARD-ANALYSIS

1. Vorbemerkungen

In der Mathematik kommen im wesentlichen zwei Arten von Axiomensystemen vor. Bei der ersten Sorte sollen möglichst verschiedenartige Strukturen, die jedoch gewisse einheitliche, als nützlich erkannte Eigenschaften besitzen, beschrieben werden. Die Theorie dieser Strukturen soll dann auf möglichst viele Probleme angewandt werden; Beispiele dafür sind etwa die Verbands- oder die Gruppentheorie oder auch die Theorie der topologischen Räume. Bei der zweiten Sorte von Axiomensystemen ist man bestrebt, *eine* intuitiv vorgestellte, noch nicht ganz scharf umrissene Struktur mathematisch-axiomatisch zu beschreiben. Diese Situation haben wir im Falle der reellen Zahlen. Ein Axiomensystem für die reellen Zahlengerade wird man hauptsächlich danach beurteilen, wie gut die Folgerungen aus den Axiomen mit dem übereinstimmen, was man anschaulich erwartet, wie "evident" die Axiome sind und wie praktisch das System zu handhaben ist. Hierin liegt natürlich eine gewisse Gefahr, weil die Anschauung uns ja bekanntlich täuschen kann. Auf der anderen Seite ist man bei der Aufstellung eines neuen Axiomensystems für die reellen Zahlen leicht voreingenommen, wenn man bereits ein anderes kennt, denn das Studium eines speziellen Modells der "reellen Zahlengeraden" bleibt nicht ohne Rückwirkung auf die Anschauung. Der Leser wird daher gebeten, sich in die naiv-unschuldige Situation eines Studienanfängers zu versetzen, der in die Analysis eingeführt werden soll.

Bekanntlich reichen die natürlichen Zahlen in vielen Fällen nicht aus, um mathematische Situationen sinnvoll zu beschreiben und mathematische Probleme sinnvoll zu lösen. Deshalb ist der Bereich der natürlichen Zahlen in vielfacher Weise erweitert worden, etwa durch Hinzunahme negativer Zahlen, Brüche, unendlicher Dezimalbrüche, imaginärer Zahlen. In allen Fällen ist die Erweiterung so erfolgt, daß gewisse intendierte Operationen und Manipulationen ausgeführt werden können, und zwar wegen der Allgemeinheit der Konstruktionen in der Regel auch ohne Einschränkung, d.h. nicht nur in den ins Auge gefaßten konkreten Anwendungen. Die Elemente der Erweiterungsbereiche nennt man dann aus Tradition weiter Zahlen, obwohl sie mit "zählen" nicht mehr viel zu tun haben; man sollte diese neuen Zahlen vielleicht als "ideale Elemente" auffassen, durch die mathematisch präzise gewisse Konstruktionen ausgedrückt werden.

Im folgenden stellen wir ein Axiomensystem vor, das die "hyperreelle Zahlengerade" beschreiben soll. Dieser Zahlbereich wird so beschaffen sein, daß wir nicht nur alle arithmetischen Operationen, sondern auch alle denkbaren Grenzprozesse (etwa zur Beschreibung physikalischer Vorgänge) in ihm ausführen können. Obwohl diese Zahlengerade recht anschaulich sein wird, müssen wir uns doch darüber klar sein, daß ihre Punkte eine unübersehbare Fülle gedanklicher Konstruktionen realisieren und nur die wenigsten "bekannte" Zahlen darstellen. Auch wird man von dem Axiomensystem nicht erwarten dürfen, daß sich alle Axiome sofort und direkt motivieren und würdigen lassen: Dazu bedarf es vor allem eines Einblicks darein, was die Axiome leisten und leisten sollen und wie andere Axiomatisierungen diese Aufgabe bewältigen. Die hiermit zusammenhängenden Probleme haben, wie wir im ersten Abschnitt angedeutet haben, eine lange Geschichte, deren letztes Kapitel noch keineswegs geschrieben sein dürfte.

2. Das Axiomensystem für die hyperrellen Zahlen und erste Folgerungen

Den Bereich der hyperrellen Zahlen nennen wir $\mathbb{R}^*$, einen Teilbereich $\mathbb{R} \subseteq \mathbb{R}^*$ nennen wir die Menge der reellen Zahlen (oder auch: Standardzahlen). Die Axiome zerfallen in zwei Gruppen.

I. Gruppe:

Hier wird der Bereich der (standard) reellen Zahlen $\mathbb{R}$ behandelt. Auf $\mathbb{R}$ sollen zwei zweistellige Verknüpfungen, "+" und "·" und eine zweistellige Relation "<" erklärt sein, so daß gilt

(R1) $<\mathbb{R},+,·,\leqslant>$ ist ein angeordneter Körper.
Insbesondere ist der Teilbereich $\mathbb{N} \subseteq \mathbb{R}$, der von der 1 (dem neutralen Element für die Multiplikation) mit Hilfe der Addition "+" erzeugt wird, isomorph zu den natürlichen Zahlen.

(R2) In $\mathbb{R}$ gilt das Axiom von Archimedes:
Für alle $a \in \mathbb{R}$, $a \geqslant 0$, existiert ein $n \in \mathbb{N}$ mit
$n = n·1 \geqslant a$.

Durch (R1) und (R2) werden die klassischen reellen Zahlen noch keineswegs vollständig beschrieben; durch die Axiome der Gruppe II kommen dann aber noch weitere Einschränkungen.

II. Gruppe:

(HR1) Zu jeder reellwertigen, möglicherweise nur partiell definierten Funktion f von $n \geqslant 1$ Argumenten (d.h. der Definitionsbereich von f ist ein $X \subseteq \mathbb{R}^n$) gibt es eine (fest gegebene) Fortsetzung zu einer hyperreellen, möglicherweise nur partiell erklärten Funktion f* von ebenfalls n Argumenten. Dabei ist f* auf denselben *reellen* Argumenten erklärt als f.
Statt f* wird häufig auch wieder f geschrieben, so im Falle von "+" und "·".

(HR2) $\mathbb{R}^*$ ist total geordnet; die Ordnung ist eine Fortsetzung der Ordnung auf $\mathbb{R}$ und wird ebenfalls mit "<" bezeichnet.

Um die nächsten Axiome aufstellen zu können, müssen wir uns
sprachlich etwas präzisieren, wir müssen genau sagen, worüber
wir reden, wenn wir etwa von Gleichungen sprechen. Als sprachliche Hilfsmittel stehen uns zunächst zur Verfügung:

(i)   Für jede reelle Zahl a ein *Zahlzeichen* $\underset{\sim}{a}$;

(ii)   Für jede (evtl. partielle) reelle Funktion f ein
         Funktionszeichen $\underset{\sim}{f}$;

(iii)   Unendlich viele Variable x_1, x_2, ...

Daraus bilden wir *Terme*:

1. Def.: (i)   Variable und Zahlzeichen sind *Terme*.

         (ii)   Wenn $\underset{\sim}{f}$ ein Funktionszeichen (einer n-stelligen,
                 evtl. partiellen Funktion) und $t_1,\ldots,t_n$ be-
                 reits *Terme* sind, so ist die endliche Folge
                 $\underset{\sim}{f}$ $(t_1,\ldots,t_n)$ ein *Term*.

         (iii)   Alle *Terme* werden durch (ii) in endlich vielen
                 Schritten aus (i) aufgebaut.

2. Def.: Wenn δ und τ Terme sind, dann ist $\delta = \tau$ eine *Gleichung*,
         $\delta \neq \tau$ und $\delta \leqslant \tau$ sind *Ungleichungen*.

Beispielsweise sind $3 \cdot 4 \cdot x_2 = \dfrac{x_1}{0}$, $3 = 4$ und $sin(3 \cdot x_5) = 2$
Gleichungen (nicht unbedingt "richtige" Gleichungen). Dabei ha-
ben wir, wie üblich, a·b für ·(a,b) geschrieben und (wegen der
intendierten Assoziavität) einige Klammern weggelassen.

Den Wahrheitsbegriff werden wir formal erst später in Kapitel
IX einführen, im Moment genügt die folgende Definition:

3. Def.: Belegt man (d.h. ersetzt man) in einer Gleichung oder
         Ungleichung die dort auftretenden Variablen ($x_1,\ldots,$
         x_n) durch reelle Zahlen ($b_1,\ldots,b_n$), ersetzt man jedes
         auftretende Zahlzeichen $\underset{\sim}{a}$ durch die entsprechende re-
         elle Zahl a, jedes Funktionszeichen $\underset{\sim}{f}$ durch die ent-
         sprechende Funktion f, und gilt dann die entstehende
         Gleichung oder Ungleichung (im naiven Sinne, darunter

verstehen wir auch: die rechte Seite ist genau dann
definiert, wenn die linke dies ist), so sprechen wir
von einer *reellen Lösung* $(b_1, \ldots, b_n)$. Analog erklären
wir, wann ein n-Tupel $(b_1, \ldots, b_n)$ von hyperreellen
Zahlen eine *hyperreelle Lösung* ist: Hier hat man nur
die Funktionszeichen $\underset{\sim}{f}$ durch f* zu ersetzen.

Bemerkung:

Die Unterscheidung zwischen einer Zahl oder einer Funktion und einem Zeichen oder Namen dafür wirkt leicht gekünstelt und ist es auch dann, wenn
man diesen Unterschied nicht weiter ausnützt. (Die Sache ist aber anders
bei den Variablen, die rein sprachliche Dinge sind.) De facto werden aber
auch wir hier zwischen Namen und bezeichneten Objekten nur selten unterscheiden. Implizit wird dieser Unterschied jedoch manchmal auch sonst be-
achtet, etwa wenn man sagt, "ein Ausdruck sei an 0 nicht definiert". Bei
unserem Aufbau kommt noch zusätzlich hinzu, daß wir uns merken müssen, was
"reelle Lösung" und was "hyperreelle Lösung" bedeutet.

(HR3) *Lösungsaxiom:*

   Wenn S und T zwei endliche Mengen von Gleichungen und Ungleichungen sind und wenn jede reelle Lösung von S eine
   reelle Lösung von T ist, dann ist auch jede hyperreelle
   Lösung von S eine hyperreelle Lösung von T.

Das Lösungsaxiom ist in der Tat sehr weitreichend. Unter ande-
rem besagt es: Wenn eine Gleichung oder Ungleichung

$$\tau(x_1, \ldots, x_n) = \delta(x_1, \ldots, x_n) \quad \text{bzw.} \quad \tau(x_1, \ldots, x_n) \leq \delta(x_1, \ldots, x_n)$$

bzw. $\tau(x_1, \ldots, x_n) \neq \delta(x_1, \ldots, x_n)$ im Bereich der reellen Zahlen
für alle $x_1, \ldots, x_n$ gilt (diese Schreibweise soll andeuten, daß
alle in τ und δ auftretenden Variablen unter den $x_1, \ldots, x_n$ zu
finden sind), dann gilt die entsprechende Gleichung oder Ungleichung auch in $\mathbb{R}^*$. Man braucht nämlich nur

$$S = \{x_i = x_i \mid 1 \leq i \leq n\}$$

und

$$T = \{\tau = \delta\} \quad (\text{bzw. } T = \{\tau \leq \delta\} \text{ oder } T = \{\tau \neq \delta\})$$

zu setzen.

Insbesondere ist also $\mathbb{R}*$ ein angeordneter Körper. (Zur Übung
überlege man sich an dieser Stelle, daß in $\mathbb{R}*$ jedes von Null
verschiedene Element ein Inverses besitzt.) Weiter sind wir
jetzt in der Lage, die im Sinne unserer Motivation grundlegen-
de Definition anzugeben. Wenn $|a|$ der absolute Betrag der reel-
len Zahl a ist, so notieren wir die hyperreelle Fortsetzung da-
von wieder mit $||$ (anstatt eigentlich $||*$).

<u>4. Def.</u>: Es seien a, b $\in \mathbb{R}*$.

    (i)   a heißt *unendlich groß*, wenn $q \leqslant |a|$ ist für
        jedes $q \in \mathbb{R}$;

    (ii)   a heißt *endlich*, wenn p, $q \in \mathbb{R}$ existieren mit
        $q \leqslant a \leqslant p$;
        die Menge der endlichen Zahlen heißt M;

    (iii) a heißt *unendlich klein* oder *infinitesimal*, wenn
        $0 < |a| < q$
        für jedes $q \in \mathbb{R}$, $q > 0$ ist;

    (iv) a und b heißen *infinitesimal benachbart,* wenn
        $a-b = 0$ oder infinitesimal ist; in Zeichen:
        $a \approx b$;

    (v)   Die *Monade* von a ist $\mu(a) = \{c | a \text{ und } c \text{ infinite-}$
        simal benachbart$\}$; die Monade der 0 bezeichnen
        wir auch mit J.

Die Begriffe "endlich" und "unendlich" sind zwar bereits von
der Mengenlehre vergeben, jedoch dürfte die nochmalige Verwen-
dung bei Beachtung des Kontextes nicht zu Verwirrungen führen.
Unsere letzten beiden Axiome besagen nun, daß es überhaupt
nichtreelle hyperreelle Zahlen gibt, aber ordnungstheoretisch
gesehen nicht zu viele davon.

(HR4) Es gibt eine hyperrelle Zahl, die nicht (standard) reell
     ist.

(HR5) Jede hyperreelle, endliche, nicht (standard) reelle Zahl
     ist infinitesimal benachbart zu einer (standard) reellen
     Zahl.

Axiom (HR4) kann man auch als "Axiom von der idealen Zahl" auffassen.

(HR5) entspricht dem Dedekind'schen Vollständigkeitsaxiom, es
besagt, daß es zwischen reellen Zahlen keine zu großen (d.h.
nicht infinitesimalen) "Lücken" aus nur echten hyperreellen
Zahlen gibt.

Wir vermerken noch, daß wir bei der Formulierung der Axiome
für die hyperreellen Zahlen keinen Wert auf Minimalität ge-
legt haben. Als erstes wollen wir uns ein anschauliches Bild
der hyperreellen Zahlengeraden machen.

<u>5. Satz:</u> (i)   Die endlichen Zahlen $(M,+,\cdot)$ bilden einen Ring;

(ii) J, die Monade der 0, ist ein Ideal in M, welches
konvex ist, (d.h. $a, b \in J$, $a < c < b$ impliziert
$c \in J$);

(iii) Eine Monade enthält höchstens eine reelle Zahl;

(iv) M ist die disjunkte Vereinigung von Monaden,
alle diese Monaden enthalten auch nicht reelle
Zahlen;

(v) $\mathbb{R}* \setminus M$ ist nicht leer (es besteht gerade aus den
Inversen der Infinitesimalien);

(vi) $M_{/J} \simeq \mathbb{R}$.

Anschaulich bedeutet dies, daß wir uns folgendes Bild von $\mathbb{R}*$
machen:

Es ist sehr nützlich, sich dieses Bild zusammen mit den in (i), (iv) und (v) enthaltenen Rechenregeln einzuprägen, die etwa besagen: "endlich mal endlich" ist "endlich", "endlich mal infinitesimal" ist "infinitesimal", die "unendlichen Zahlen sind die inversen der Infinitesimalien".

<u>Beweis des Satzes:</u>

(i)   Wenn $q_1 \leqslant a_1 \leqslant p_1$, $q_2 \leqslant a_2 \leqslant p_2$ mit q_1, q_2, p_1, $p_2 \in \mathbb{R}$ ist, dann gilt

$$q_1 \cdot q_2 \leqslant a_1 \cdot a_2 \leqslant p_1 \cdot p_2 \quad \text{für } q_1, q_2 \geqslant 0$$

und

$$q_1 + q_2 \leqslant a_1 + a_1 \leqslant p_1 + p_2$$

sowie

$$-p_1 \leqslant -a_1 \leqslant -q_1$$

M ist also ein Unterring von $\mathbb{R}^*$.

(ii)   Wenn $a, b \in J$ und wenn $q > 0$, $q \in \mathbb{R}$ ist, dann folgt aus $|a| < \frac{q}{2}$ und $|b| < \frac{q}{2}$ auch $|a-b| < q$.

Wenn $a \in J$ und $c \in M$, $c \neq 0$ und $q > 0$, $q \in \mathbb{R}$, ist, dann folgt aus $|a| < \frac{q}{|c|}$ die Behauptung mit $|a \cdot c| < q$; entsprechend sieht man, daß J konvex ist.

Die restlichen Behauptungen sehen wir so ein:
Wenn $a, b \in \mathbb{R}$ sind und $a \neq b$ ist, dann ist $|a-b| > \frac{|a-b|}{2} \in \mathbb{R}$, also ist $a-b \notin J$. Trivialerweise sind die Inversen der unendlich großen Zahlen infinitesimal. Weiter gibt es nach (HR4) eine nicht reelle hyperreelle Zahl a. Durch eventuelle Inversenbildung können wir o.B.d.A. erreichen, daß a endlich ist. Axiom (HR5) sagt uns, daß dann auch eine infinitesimale Zahl existiert, durch geeignete Addition erkennen wir, daß in der Monade einer jeglichen reellen Zahl eine nicht-reelle Zahl liegt. Daher sind die Monaden der reellen Zahlen gerade die Nebenklassen des Ideals J in M, was schließlich $M/J \cong \mathbb{R}$ lehrt.

<u>6. Def.:</u> Für $a \in M$ sei der *Standardteil* st(a) die (eindeutig bestimmte) reelle Zahl in der Monade von a.

Aus dieser Definition sieht man sofort die Rechenregeln

$st(a \pm b) = st(a) \pm st(b)$, $st(a \cdot b) = st(a) \cdot st(b)$ sowie für

$st(b) \neq 0$, $st(\frac{a}{b}) = \frac{st(a)}{st(b)}$ ein.

Auch gilt:

Wenn $a \leqslant b$, so $st(a) \leqslant st(b)$, wenn $a < b$, so $st(a) \leqslant st(b)$
(aber i.a. nicht: wenn $a < b$, so $st(a) < st(b)$!).

Bisher haben wir nur von der hyperreellen Erweiterung von Funktionen gesprochen. Mit Hilfe der charakteristischen Funktion einer Menge ist es sehr leicht möglich, diesen Begriff auf Relationen auszudehnen. Wenn $X \subseteq \mathbb{R}^n$ ist, dann ist die charakteristische Funktion χ_X mit dem Definitionsbereich $\mathbb{R}^n$ beschrieben durch

$$\chi_X(a_1,\ldots,a_n) = \begin{cases} 1 \text{ für } (a_1,\ldots,a_n) \in X \\[2mm] 0 \text{ für } (a_1,\ldots,a_n) \notin X \end{cases}$$

Die charakteristischen Funktionen von Teilmengen von $\mathbb{R}^n$ zeichnen sich, weil sie nur die Werte 0 und 1 annehmen, durch die Gültigkeit der Gleichung $\chi^2 = \chi$ aus. Nach dem Lösungsaxiom gilt dann auch $(\chi^*)^2 = \chi^*$ (für alle hyperreellen Argumente); die hyperreelle Fortsetzung einer charakteristischen Funktion ist somit wieder eine charakteristische Funktion.

<u>7. Def.</u>: Die hyperreelle Erweiterung X^* von $X \subseteq \mathbb{R}^n$ ist

$$X^* = \{(a_1,\ldots,a_n) \in \mathbb{R}^{*n} \mid (\chi_X)^*(a_1,\ldots,a_n) = 1\}.$$

Falls speziell $X = \mathbb{N}$ $(\subseteq \mathbb{R})$, dann heißt $\mathbb{N}^*$ auch die Menge der *hypernatürlichen Zahlen*.

Für das weitere Vorgehen stellen wir einige einfache, aber nützliche und später immer wieder gebrauchte Überlegungen ganz ausführlich zusammen:

a) $X^* \cap \mathbb{R}^n = X$ und $X \subseteq X^*$ (weil $\chi_X^* \upharpoonright \mathbb{R} = \chi_X$ ist).

b) Ist $X \subseteq \mathbb{R}$ durch die Gültigkeit einer gewissen Gleichung S definiert, so ist $X^* \subseteq \mathbb{R}^*$ durch die Gültigkeit derselben

Gleichung S erklärt. Denn es gilt der Reihe nach:

b1) $(x_1, \ldots, x_n) \in X \Leftrightarrow (x_1, \ldots, x_n)$ ist Lösung von S

b2) $(x_1, \ldots, x_n) \in X \Leftrightarrow \chi_X(x_1, \ldots, x_n) = 1$

b3) $\chi_X(x_1, \ldots, x_n) = 1 \Leftrightarrow (x_1, \ldots, x_n)$ ist Lösung von S

b4) $(y_1, \ldots, y_n) \in X^* \Leftrightarrow \chi^*_X(y_1, \ldots, y_n) = 1$

b5) $(\chi_X)^*(y_1, \ldots, y_n) = 1 \Leftrightarrow (y_1, \ldots, y_n)$ ist Lösung von S

> (Denn das Lösungsaxiom impliziert: Wenn eine Funktion durch die Gültigkeit einer gewissen Gleichung erklärt ist, so auch ihre hyperreelle Erweitung)

b6) $(y_1, \ldots, y_n) \in X^* \Leftrightarrow (y_1, \ldots, y_n)$ ist Lösung von S.

c) (Definitionsbereich von f)* = Definitionsbereich von f* für jede reelle Funktion f. (Man benutze: f ist an $(x_1, \ldots, x_n)$ definiert $\Leftrightarrow f(x_1, \ldots, x_n)$ ist Lösung von $x = x$ und gehe wie in b) vor.)

d) Für $X \subseteq \mathbb{R}^n$ ist $(f(X))^* = f^*(X^*)$. Dazu wählen wir uns ein $g : f(X) \to X$ mit $f(g(y)) = y$ für alle $y \in f(X)$; die Gültigkeit dieser Gleichung charakterisiert wieder f(X) und man geht wie oben vor.

Jetzt betrachten wir noch kurz $\mathbb{N}^*$.

<u>8. Satz:</u> (i) $\mathbb{N}^* \smallsetminus \mathbb{N} \neq \emptyset$;

          (ii)   Jede endliche hypernatürliche Zahl ist natürlich (es werden also keine neuen natürlichen Zahlen zwischen die alten "eingestreut");

          (iii) Es gibt keine kleinste unendliche hypernatürliche Zahl (und damit keine kleinste positiv unendliche hyperreelle Zahl).

<u>Beweis:</u>

(i)   Jede reelle Zahl wird von einer natürlichen Zahl übertroffen, weil in $\mathbb{R}$ das Axiom von Archimedes gilt. Wenn also [x] die größte natürliche Zahl $\leqslant x$ ist, dann gilt

$[x]+1 \geqslant x$ und $\chi_{\mathbb{N}}([x]) = 1$ in $\mathbb{R}$; das Lösungsaxiom liefert dann mit $[x]*+1 \geqslant x$ und $\chi_{\mathbb{N}*}([x]) = 1$ zu jedem $a \in \mathbb{R}*$ ein $b \in \mathbb{N}*$ mit $a \leqslant b$. Es gibt also unendlich große hypernatürliche Zahlen.

(ii) In $\mathbb{R}$ gilt: Wenn $\chi_{\mathbb{N}}(x) = 1$, $\chi_{\mathbb{N}}(y) = 1$ und $x \neq y$ ist, dann ist $|x-y| \geqslant 1$. Das Lösungsaxiom liefert dann durch den Übergang zu hyperreellen Erweiterungen die Behauptung.

(iii) Wenn $\omega \in \mathbb{N}*$ und unendlich ist, erkennt man sofort, daß $\omega-1 \in \mathbb{N}*$ ist (wegen $\omega \neq 0$) und daß auch $\omega-1$ unendlich ist.

Aus dem letzten Satz sehen wir, daß $\mathbb{R}^*$ nicht archimedisch geordnet ist. Wir haben jedoch: Zu jedem $a \in \mathbb{R}^*$ existiert ein $\omega \in \mathbb{N}^*$ mit $\omega = \omega \cdot 1 \geqslant a$, aber $\mathbb{N}^*$ ist eben selber nichtarchimedisch geordnet (und damit auch nicht isomorph zu $\mathbb{N}$).

Das Lösungsaxiom liefert, daß sich die hypernatürlichen Zahlen ähnlich wie die natürlichen verhalten. Das legt Fragen nahe wie: Besitzt jede Folge $(a_n/n \leqslant \omega)$, $\omega \in \mathbb{N}*$, $a_n \in \mathbb{R}*$ ein größtes Element? Gilt in $\mathbb{N}*$ das Prinzip der vollständigen Induktion? Hat jede Teilmenge von $\mathbb{N}*$ ein kleinstes Element?
Diese Fragen beantworten sich allesamt sehr leicht negativ.
So genügt etwa die Eigenschaft "n ist endlich" den Voraussetzungen des Induktionsaxioms, trifft aber eben auf die unendlichen Zahlen nicht zu. Wir erinnern uns auch, daß im Lösungsaxiom gar nicht von beliebigen Eigenschaften E die Rede war, sondern nur von endlichen Mengen von Gleichungen oder Ungleichungen; dafür werden wir jetzt die gerade gestellten Fragen auch positiv beantworten.

Wenn S eine endliche Menge von Gleichungen oder Ungleichungen ist, dann wollen wir durch die Schreibweise S(x) andeuten, daß in den Termen von S die Variable x vorkommt.

<u>9. Satz</u>: Sei S(x) eine endliche Menge von Gleichungen oder Ungleichungen; 0 sei eine Lösung von S(x) und mit jeder Lösung $n \in \mathbb{N}*$ sei auch n+1 eine Lösung. Dann ist je-

des $n \in \mathbb{N}^*$ eine Lösung von $S(x)$.

Beweis: $T(x)$ enthalte nur die Gleichung $\chi_{\mathbb{N}}(x) = 1$. Weil in $\mathbb{N}$ das Induktionsprinzip gilt, ist jede reelle Lösung von T eine reelle Lösung von S und die Behauptung folgt sofort aus dem Lösungsaxiom.

Korollar: Sei $S(x)$ eine endliche Menge von Gleichungen oder Ungleichungen, welche eine hypernatürliche Lösung hat. Dann existiert auch eine kleinste hypernatürliche Lösung von $S(x)$.

Beweis: Es schreibt sich
$$S(x) = \{\delta_1(x)R_1\tau_1(x), \ldots, \delta_n(x)R_n\tau_n(x)\}$$
mit Termen $\delta_i(x)$, $\tau_i(x)$ und $R_i \in \{\leqslant, =, \neq\}$, $1 \leqslant i \leqslant n$.
Sei
$$f_i(x) = \begin{cases} 1 & \text{falls } \delta_i(x)R_i\tau_i(x) \\ 0 & \text{sonst} \end{cases}$$

$$g(x) = \prod_{i=1}^{n} f_i(x) \text{ und } T(x) = \{g(x) = 0\}.$$

Wenn $S(x)$ keine kleinste Lösung hat, dann können wir auf $T(x)$ das Induktionsprinzip anwenden, was zu einem Widerspruch führt.

10. Satz: Sei $g(m,n)$ eine auf $\mathbb{N}^2$ erklärte Funktion. Dann existiert für jedes $\omega \in \mathbb{N}^*$ $\max(g^*(\omega,\nu) \mid \nu \in \mathbb{N}^*, 0 \leqslant \nu \leqslant \omega)$.

Beweis: Wir wählen $h : \mathbb{N} \to \mathbb{N}$ so, daß
$$g(m,h(m)) = \max(g(m,\nu) \mid 0 \leqslant \nu \leqslant m) \text{ gilt,}$$
d.h. aus $0 \leqslant \nu \leqslant m$ folgt $h(m) \leqslant m$ und $g(m,\nu) \leqslant g(m,h(m))$.
Das Lösungsaxiom liefert dann die Behauptung.

Betrachten wir wieder allgemein Teilmengen $X \subseteq \mathbb{R}^n$. Kennzeichnend ist, daß die hyperreelle Erweiterung nur unendliche Mengen verändert.

<u>11. Satz:</u> X* = X genau dann, wenn X endlich ist.

<u>Beweis:</u> Der Einfachheit halber beschränken wir uns auf ein-
stellige Relationen $X \subseteq \mathbb{R}$.
Es sei $X = \{a_1,\ldots,a_n\}$, dann genügt jede reelle Zahl x der Beziehung: Wenn $x \neq a_1,\ldots,x \neq a_n$, so $\chi_X(x) = 0$. Das Lösungsaxiom
liefert dann, daß auch X* keine weiteren Elemente enthält.
Sei andererseits X unendlich. Je nachdem, ob X beschränkt oder
unbeschränkt ist, gibt es eine injektive Funktion $f : \mathbb{N} \to X$,
so daß $|f(n+1)-f(n)| \leqslant \frac{1}{n}$ oder $|f(n+1)-f(n)| \geqslant n$ ist. Das Lö-
sungsaxiom liefert dann eine entsprechende Funktion $f^* : \mathbb{N}^* \to X^*$.
Setzt man als Argument in f* einen Wert $\omega \in \mathbb{N}^* \smallsetminus \mathbb{N}$ ein, so ist
dann mindestens einer der Werte $f^*(\omega)$, $f^*(\omega+1) \notin \mathbb{R}$.

Zählt man eine unendliche Teilmenge X von $\mathbb{N}$ durch eine monotone Funktion auf, so erhält man mit Satz 8, daß es in X* keine
kleinste hypernatürliche Zahl gibt.

Durch eine leichte Rechnung mit den charakteristischen Funktionen verschafft man sich noch

<u>12. Satz:</u> Die *-Operation erhält die endlichen Boole'schen
        Operationen, d.h.:
        $(X \cap Y)^* = X^* \cap Y^*$, $(X \cup Y)^* = X^* \cup Y^*$,
        $(X \smallsetminus Y)^* = X^* \smallsetminus Y^*$.

Damit haben wir uns einen ersten Überblick über $\mathbb{R}$ und $\mathbb{R}^*$ verschafft. Klären sollten wir noch den Punkt, daß wir die Be-
zeichnung "$\mathbb{R}$" verwandt haben ohne uns darum zu kümmern, daß
diese Bezeichnung bereits für die klassischen reellen Zahlen
vergeben ist. Die Legitimität unseres Vorgehens kommt daher,
daß wir für unser "$\mathbb{R}$" das Dedekindsche Vollständigkeitsaxiom
beweisen können, unsere reellen Zahlen also die klassischen
sind, eine Tatsache, die in diesem Kontext gewissermaßen aber
nur von historischem Interesse ist.

<u>13. Satz:</u> (Dedekindsches Vollständigkeitsaxiom)

Jede nach oben beschränkte Menge $X \subseteq \mathbb{R}$ besitzt in $\mathbb{R}$ eine kleinste obere Schranke.

<u>Beweis:</u> Sei $X \subseteq \mathbb{R}$ beschränkt und sei $f = \chi_X$ die charakteristische Funktion von X; o.B.d.A. sei mit $x \in X$ und $y \leqslant x$ auch $y \in X$. Dann können wir jedem $a \in \mathbb{R}$, $a > 0$ ein $h(a) \in X$ mit $a{+}h(a) \notin X$, d.h.

$$f(h(a)) = 1, \quad f(a{+}h(a)) = 0$$

zuordnen. Wählen wir nun ζ infinitesimal, so haben wir dafür:

$$f^*(h^*(\zeta)) = 1, \quad f^*(\zeta{+}h^*(\zeta)) = 0.$$

Wenn nun b eine reelle obere Schranke von X ist, so ist wegen des Lösungsaxioms b auch obere Schranke von X^*, daher gilt $b \geqslant h^*(\zeta)$ und somit auch $b \geqslant st(h^*(\zeta))$, weil b reell ist. Für $x \in X$ gilt andererseits $x \leqslant \zeta + h^*(\zeta)$, und deshalb auch $x \leqslant st(h^*(\zeta) + \zeta) = st(h^*(\zeta))$, in der Tat ist also

$$st(h^*(\zeta)) = sup(X).$$

Zur Übung beweise man an dieser Stelle die andere Version des Vollständigkeitsaxioms, die besagt, daß jede Cauchyfolge konvergiert (dies ist im Grunde schon ein Vorgriff auf die im nächsten Abschnitt entwickelten Techniken).

Es macht keine Schwierigkeiten, im Rahmen unserer bisherigen Ausführungen über die hyperreelle Ebene oder allgemeiner den n-dimensionalen hyperreellen Raum und schließlich auch die "hyperkomplexen" Zahlen zu sprechen (hier ist Vorsicht geboten, denn der Name "hyperkomplex" ist in der Mathematik bereits vergeben; wir werden deshalb meist "nichtstandard" statt "hyperkomplex" sagen).

<u>14. Def.:</u> (i)   Für eine natürliche Zahl n ist

$$(\mathbb{R}*)^n = \{(a_1,\ldots,a_n) \mid a_i \in \mathbb{R}*, \ 1 \leqslant i \leqslant n\}$$

der *n-dimensionale hyperreelle Raum.*

(ii)   Auf $(\mathbb{R}*)^2$ werden zwei Operationen, eine Addition und eine Multiplikation eingeführt:

$$(a,b) + (c,d) = (a+c, b+d)$$
$$(a,b) \cdot (c,d) = (ac - bd, ad + bc).$$

Statt (a,b) schreiben wir $a + ib$; setzen wir $i^2 = -1$ fest, so ergeben sich Addition und Multiplikation wie bei den üblichen komplexen Zahlen.

Wir setzen

$$\mathbb{C}^* = \{a+ib \mid a,b \in \mathbb{R}^*\}$$

und nennen dies die *Menge der "hyperkomplexen"* oder *"nichtstandard" komplexen Zahlen.*

Den hyperreellen Raum $(\mathbb{R}^*)^n$ hätten wir auch anders einführen können, nämlich als hyperreelle Erweiterung $(\mathbb{R}^n)^*$ der speziellen n-stelligen Relation $\mathbb{R}^n$. Die Gleichung

$$(\mathbb{R}^n)^* = (\mathbb{R}^*)^n$$

sehen wir sehr leicht ein:

Sei X die charakteristische Funktion von $\mathbb{R}^n$, d.h. $X(a_1,\ldots,a_n) = 1$ für alle $(a_1,\ldots,a_n) \in \mathbb{R}^n$. Das Lösungsaxiom liefert $X^*(a_1,\ldots,a_n) = 1$ für alle hyperreellen Argumente; dies ist aber gerade die Behauptung. Ganz genau so verhält es sich bei den komplexen Zahlen. Die komplexen Zahlen $\mathbb{C}$ samt ihren Operationen kann man ja üblicherweise genau wie in Definition 14(ii) einführen; das Lösungsaxiom liefert uns wieder, daß unsere "hyperkomplexen" Zahlen die nichtstandard Erweiterung der gewöhnlichen komplexen Zahlen sind, wir also mit Fug und Recht die Schreibweise $\mathbb{C}^*$ gebrauchen dürfen.

Die Begriffe endlich, unendlich groß, infinitesimal, infinitesimal benachbart und Monade hatten wir für $\mathbb{R}^*$ mit Hilfe der Abstandsfunktion eingeführt. Da wir nun einen Abstand (nämlich den gewöhnlichen euklidischen Abstand) auch im $\mathbb{R}^n$ haben, können wir diese Begriffe auch für $(\mathbb{R}^*)^n$ und $\mathbb{C}^*$ erklären. So ist etwa die Monade eines Punktes (a_1, a_2)

$$\{(c_1,c_2) \mid \ \mid (a_1-c_1,\ a_2-c_2) \mid < q,\ \text{alle } q > 0,\ q \in \mathbb{R}\}.$$

Ohne Schwierigkeiten sieht man, daß Satz 5 ganz analog auch
für $\mathbb{C}*$ und $(\mathbb{R}*)^n$ gilt; in letzterem ist bloß die Multiplikation nicht allgemein erklärt und die diesbezüglichen Stellen
fallen natürlich weg.

<u>Einige Hintergrundbemerkungen:</u>

Um den Leser mit möglichst wenig "logischem Formalismus" zu belasten, wurde
das sprachliche Fragment, mit dem sich mathematische Eigenschaften beschreiben lassen, (scheinbar) sehr arm ausgestattet; der Umgang mit Gleichungen
und Ungleichungen geschieht auf die gewohnte "naive" Weise. In Wirklichkeit
reichen die Ausdrucksmöglichkeiten aber hin, um alle prädikatenlogischen
Eigenschaften (vgl. Kap. IX) zu formulieren. Wie dies bezüglich der Aussa-
genlogik geschieht, wurde beim Beweis des Korollars von Satz 9 vorexerziert:
$T(x)$ beschreibt gerade die Negation der Konjunktion der Aussagen in $S(x)$.
Da zugelassen wurde, über beliebige reelle Funktionen zu reden, kann man
auch Existenz- und Allaussagen beschreiben; diese Ersetzung von Quantoren
durch Funktionen läuft in der Logik unter dem Stichwort "Skolemfunktionen".

Betrachten wir noch einmal die $\leqslant$-Relation von $\mathbb{R}$. Wir haben zwei Fortsetzungen von "$\leqslant$" auf $(\mathbb{R}*)^2$ kennengelernt: Einmal im Axiom (HR2) und sodann über
die charakteristischen Funktionen in Def.7. Beide Fortsetzungen stimmen aber
überein, weil in beiden Ordnungen die positiven Elemente in $\mathbb{R}*$ wegen des Lösungsaxioms gerade den Definitionsbereich der hyperreellen Fortsetzung der
Quadratwurzelfunktion bilden. Für die entsprechende Tatsache in $\mathbb{R}$ haben wir
etwas klassische Analysis ausgenutzt; dies zu vermeiden war der Grund für
die Einführung des Axioms (HR2), was im Prinzip vermeidbar ist.

Bei den Axiomen für die hyperreellen Zahlen fällt schließlich auf, daß die
I. Gruppe der Axiome genauso gut auf die rationalen Zahlen $\mathbb{Q}$ zutrifft; das
Vollständigkeitsaxiom steckt in den nichtstandard Axiomen. In diesem Sinne
wären dann alle nicht rationalen Zahlen "ideale" Zahlen. Dem entspricht,
daß sich die reellen Zahlen modelltheoretisch aus den rationalen Zahlen,
etwa vermöge der Ultraproduktmethode konstruieren lassen, man vgl. hierzu
VI.2 und IX.2. Grundlagentheoretisch gesehen erfordert diese Methode etwas
mehr als die Fundamentalfolgenkonstruktion oder die Methode, Dedekindschnit-
te zu benutzen (nämlich die Existenz freier Ultrafilter); dafür wird aber
auch etwas mehr geleistet, weil man z.B. die Stone-Čech-Kompaktifizierung
gleich mit erhält (siehe wieder Kap. VI.2).

III. Erstes Kapitel über die reelle und komplexe Nichtstandard-Analysis

1. Differenzierbarkeit

Wir wollen jetzt einen Teil der Analysis auf der Basis des Axiomensystems des letzten Abschnittes entwickeln. Die Begriffe und Lehrsätze der Analysis sind nun von zweierlei Art. Zum einen hat man die Phänomene, an denen man, etwa von der Geometrie oder Physik her, primär interessiert ist. Dem gegenüber stehen Abschnitte mehr technischer Art, die durch den jeweils gewählten Aufbau der Theorie bedingt (aber für diesen auch notwendig) sind. Wir dürfen uns nicht wundern, wenn sich die Nichtstandard-Analysis in dieser zweiten Hinsicht von der üblichen Analysis auch in ihren Begriffsbildungen unterscheidet.

Ebensowenig wie bei der Wahl des Axiomensystems für die reellen Zahlen völlige Willkür erlaubt ist, darf man auch die Definitionen bei intuitiv vorgegebenen Sachverhalten nicht völlig beliebig wählen: In gewissem Sinne kann beispielsweise die Definition einer Tangente auch "falsch" sein. Die Problematik, ob Definitionen reine Namensgebungen ("Nominaldefinitionen") sind oder sie "das Wesen einer Sache" angeben sollen ("Realdefinitionen"), wird ausführlich von W. Felscher in [FeI] diskutiert. Rein formal sind alle unsere Definitionen natürlich, wie in mathematischen Texten üblich, reine Namensgebungen; der Leser mag selbst entscheiden, wo es sich, gerade in diesem Abschnitt, auch um Realdefinitionen handelt. Bei den letzteren haben wir die auch im klassischen Aufbau üblichen Namen verwandt; die Legitimität dieses Vorgehens wird in Abschnitt 4 dieses Kapitels diskutiert.

Wir führen zuerst die Differentiation ein und behandeln einige grundlegende Fragen darüber.

<u>1. Def.:</u> Sei f eine an a $\in \mathbb{R}$ definierte reellwertige Funktion. Dann heißt f *differenzierbar an a*, falls

$$\frac{f(a+\eta) - f(a)}{\eta}$$

für jedes infinitesimale η (d.h. insbesondere $\eta \neq 0$) definiert und endlich ist und immer den gleichen Standardteil hat;

$$f'(a) = st\left(\frac{f(a+\eta) - f(a)}{\eta}\right), \quad \eta \text{ infinitesimal,}$$

heißt dann die *Ableitung* von f an der Stelle a (hier haben wir wieder kurz f statt eigentlich f* geschrieben).

Die Funktion f heißt *differenzierbar* in einer Teilmenge $X \subseteq \mathbb{R}$, wenn f an jedem $a \in X$ differenzierbar ist.

Diese Definition ist anschaulich unmittelbar einsichtig: Die Ableitung einer Funktion ist die Steigung einer "infinitesimalen Sekante".

Als Beispiel betrachten wir $f(x) = x^2$:

$$f'(a) = st\left(\frac{(a+\eta)^2 - a^2}{\eta}\right) = st(2a+\eta) = 2a.$$

Die Änderung einer differenzierbaren Funktion können wir auch durch die Ableitung ausdrücken; für infinitesimales η ist nämlich

$$\frac{f(a+\eta) - f(a)}{\eta} = f'(a) + \varepsilon,$$

wobei auch $\varepsilon \approx 0$ ist; also ist die Änderung

$$f(a+\eta) - f(a) = \eta \cdot f'(a) + \eta \cdot \varepsilon \approx 0,$$

d.h. selbst wieder infinitesimal. Dies gibt Anlaß zum Begriff der stetigen Funktion. Sei $a \in \mathbb{R}$:

2. Def.: Eine Funktion f heißt *stetig* an a, wenn $f(a+\eta)$ für jedes infinitesimale η definiert ist und $st(f(a+\eta))$ = $st(f(a))$ gilt; f heißt stetig in $X \subseteq \mathbb{R}$, wenn f an allen $a \in X$ stetig ist; falls $X = [a,b]$ ein abge-

schlossenes Intervall ist, werden dabei an a nur positive und an b nur negative η betrachtet.

Unsere obige Überlegung besagt in dieser Sprechweise:

<u>3. Satz</u>: Jede an einem Punkte a differenzierbare Funktion ist dort stetig.

Die Stetigkeit einer Funktion f in X muß man sorgfältig von einer etwas stärkeren Eigenschaft unterscheiden, die besagt: Aus a, b $\in$ X* und a $\approx$ b folgt f(a) $\approx$ f(b). Eine solche Funktion wird auch *gleichmäßig stetig* in X genannt. So ist z.B. f(x) = $\frac{1}{x}$ im offenen Intervall (0,1) stetig, aber nicht gleichmäßig stetig, man wähle nur ein unendliches ω > 0 und setze a = $\frac{1}{\omega}$, b = $\frac{1}{2\omega}$. Eine einfache Überlegung, die durch dieses Beispiel nahegelegt wird, zeigt aber: Wenn jeder Punkt von X* in der Monade eines Standardpunktes von X liegt, dann ist jede in X stetige Funktion dort auch schon gleichmäßig stetig. Entsprechend sieht man sofort ein: Eine Funktion f ist in einem offenen Intervall (a,b) genau dann gleichmäßig stetig, wenn man sie stetig auf die Randpunkte a und b fortsetzen kann.

Für die Differentiation erhalten wir nun folgende Rechenregeln:

<u>4. Satz</u>: Seien zwei Funktionen f und g an a $\in$ $\mathbb{R}$ differenzierbar. Dann gilt:
    (i)   f + g ist an a differenzierbar und es ist
          (f+g)'(a) = f'(a) + g'(a);
    (ii)   *Produktregel*:
          (f·g) ist differenzierbar und es ist
          (f·g)'(a) = f'(a)·g(a) + f(a)·g'(a);
    (iii) *Quotientenregel*:
          Wenn g(a) $\neq$ 0 ist, dann ist $\frac{f}{g}$ an a differenzierbar und es ist

$$\left(\frac{f}{g}\right)'(a) = \frac{g(a)\cdot f'(a) - f(a)\cdot g'(a)}{(g(a))^2}$$

<u>Beweis:</u>

(i) Es ist

$$st(\frac{(f+g)(a+\eta) - (f+g)(a)}{\eta})$$

$$= st(\frac{f(a+\eta) - f(a)}{\eta}) + st(\frac{g(a+\eta) - g(a)}{\eta})$$

$$= f'(a) + g'(a)$$

(ii) Mit $\Delta f = f(a+\eta) - f(a)$ und $\Delta g = g(a+\eta) - g(a)$ haben wir

$$st(\frac{(f\cdot g)(a+\eta) - (f\cdot g)(a)}{\eta})$$

$$= st(\frac{(f(a)+\Delta f)(g(a)+\Delta g) - f(a)g(a)}{\eta})$$

$$= st(\frac{f(a)\Delta g+\Delta f g(a)}{\eta}) + st(\frac{\Delta f\cdot\Delta g}{\eta})$$

$$= f(a)g'(a)+f'(a)g(a)+0\cdot g'(a)=f(a)g'(a)+f'(a)g(a).$$

(iii) Es ist

$$st((\frac{f}{g}(a+\eta) - \frac{f}{g}(a))\frac{1}{\eta}) = st((\frac{f(a)+\Delta f}{g(a)+\Delta g} - \frac{f(a)}{g(a)})\cdot\frac{1}{\eta})$$

$$= st(\frac{(f(a)+\Delta f)g(a)-f(a)(g(a)+\Delta g)}{g(a)(g(a)+\Delta g)\cdot\eta})$$

$$= st(\frac{g(a)\cdot\Delta f-f(a)\Delta g}{g(a)(g(a)+\Delta g)\cdot\eta}) = \frac{st(g(a)\frac{\Delta f}{\eta})-st(f(a)\cdot\frac{\Delta g}{\eta})}{g(a)st(g(a)+\Delta g)}$$

$$= \frac{g(a)f'(a)-f(a)g'(a)}{(g(a))^2}$$

Mit Hilfe dieser Regeln können wir jetzt die Ableitungen von
Polynomen oder allgemeiner rationalen Funktionen berechnen.
Die nächste Regel ist auch als die *Kettenregel* bekannt.

<u>5. Satz:</u> Sei f an a und g an f(a) differenzierbar. Dann ist
auch die Komposition h = g∘f an a differenzierbar
und es ist

$$h'(a) = g'(f(a))\cdot f'(a).$$

<u>Beweis:</u> Für infinitesimales η ist auch $\Delta f = f(a+\eta) - f(a) \approx 0$,

also gibt es ein $\varepsilon \approx 0$ mit

$$\Delta(h) = g(f(a+\eta)) - g(f(a)) = g(f(a)+\Delta f) - g(f(a))$$
$$= g'(f(a)) \cdot \Delta f + \Delta f \cdot \varepsilon$$

Division durch η und Übergang zum Standardteil ergibt

$$h'(a) = st(\frac{\Delta h}{\eta}) = g'(f(a)) \cdot f'(a) + f'(a) \cdot 0$$
$$= g'(f(a)) \cdot f'(a).$$

Als nächstes betrachten wir einige Extrem- und Mittelwertsätze.
Wir sagen wie üblich, daß f an a ein *lokales Maximum* (bzw. *Minimum*) hat, wenn es ein offenes Intervall I mit $a \in I$ gibt, in
dem f keine größeren (bzw. kleineren) Werte annimmt. Wir betrachten nur Maxima.

6. Satz: Es sei f im offenen Intervall (a,b) differenzierbar
und habe an $c \in (a,b)$ ein lokales Maximum. Dann ist
$f'(c) = 0$.

Beweis: Wegen des Lösungsaxioms hat auch f* an c ein lokales
Maximum. Also gilt für $\eta \approx 0$ und $\eta > 0$ (wir schreiben wieder
f statt f*):

$$\frac{f(c+\eta)-f(c)}{\eta} \leq 0 \quad \text{und} \quad \frac{f(c-\eta)-f(c)}{-\eta} \geq 0.$$

Da aber die Standardteile beider Ausdrücke gleich $f'(c)$ sind,
bleibt nur $f'(c) = 0$ übrig.

7. Satz: Eine in einem abgeschlossenen Intervall [a,b] stetige
Funktion nimmt dort ihr Maximum und ihr Minimum an.

Beweis: Wir beschränken uns auf das Maximum. Für $n \in \mathbb{N}$, $n \geq 1$,
sei $x_n = \frac{b-a}{n}$, $a_{n,\nu} = a+\nu \cdot x_n$ für $0 \leq \nu \leq n$. Wenn wir nun $\omega \in \mathbb{N}^*$
unendlich groß wählen, erhalten wir eine Einteilung von [a,b]
(eigentlich: [a,b]*) in hypernatürlich viele infinitesimale
Teile. Die Menge $\{f^*(a_{\omega,\nu}) \mid 0 \leq \nu \leq \omega\}$ enthält dann ein maximales Element, etwa $f^*(a_{\omega,\nu_0})$.

Weil nun jedes reelle $x \in [a,b]$ in der Monade eines der $a_{\omega,\nu}$ liegt, folgt aus der Stetigkeit von f, daß f an der Stelle $st(a_{\omega,\nu_0})$ das Maximum annimmt (nämlich $st(f^*(a_{\omega,\nu_0}))$).

Aus diesem Satz erhält man noch eine leichte Verschärfung. Wenn nämlich f stetig in [a,b] ist, so sei h eine Funktion, die allen c,d mit $a \leqslant c \leqslant d \leqslant b$ ein $h(c,d) \in [c,d]$ so zuordnet, daß f sein Maximum in [c,d] an h(c,d) annimmt.

Das Lösungsaxiom liefert, daß auch f^* sein Maximum an $h^*(c,d)$ annimmt, wobei c und d jetzt hyperreell, etwa in derselben Monade, sein können.

Als weitere Folgerung erhält man:

<u>8. Satz:</u> Sei die reelle Funktion f in [a,b] stetig und im offenen Intervall (a,b) differenzierbar. Dann gibt es $c,d \in (a,b)$ mit:

(i) $f'(c) = 0$, falls $f(a) = f(b)$ (Satz von Rolle)

(ii) $f'(d) = \dfrac{f(b) - f(a)}{b-a}$ (Mittelwertsatz)

<u>Beweis:</u> (i) Wenn f konstant in [a,b] ist, folgt die Behauptung. Andernfalls nimmt f ein Maximum oder ein Minimum in (a,b) an; dort hat f' dann den Wert 0.
(ii) Dies folgt unmittelbar aus (i), indem man zu

$$g(x) = f(x) - \frac{f(b) - f(a)}{b-a}(x-a) \quad \text{übergeht.}$$

Der Mittelwertsatz ist eines der Instrumente der Analysis, welche normalerweise den Gebrauch von Infinitesimalien ersetzen; in der älteren Literatur findet man ihn kaum. Die Nichtstandarddefinition der Differenzierbarkeit ist gewissermaßen die "infinitesimale Version" des Mittelwertsatzes.

Ähnlich wie den Satz vom Maximum (Satz 7) beweisen wir noch:

<u>9. Zwischenwertsatz:</u> Sei die reelle Funktion f stetig in [a,b] und sei $f(a) < d < f(b)$, d reell. Dann gibt es ein reelles c mit $a < c < b$ und $f(c) = d$.

<u>Beweis:</u> Wir wählen wieder ein unendliches $\omega \in \mathbb{N}^*$, setzen $x = \frac{b-a}{\omega}$ und $a_n = a + n \cdot x$ für $0 \leqslant n \leqslant \omega$. Aus $a_\omega = b$ folgt, daß $\{n \in \mathbb{N}^* / n \leqslant \omega, f^*(a_n) \geqslant d\}$ nicht leer ist, also ein kleinstes Element n_0 besitzt; wegen $a_0 = a$ ist $n_0 \neq 0$. Damit haben wir aber

$$f^*(a_{n_0 - 1}) < d \leqslant f^*(a_{n_0}).$$

Wenn wir $c = st(a_{n_0})$ setzen, so folgt die Behauptung aus der Stetigkeit von f.

Häufig findet man Funktionen, die an einer Stelle a nicht definiert sind, weil man dort einen Ausdruck der Gestalt $\frac{0}{0}$ erhalten würde, die man jedoch durch eine geeignete Festlegung von $f(a)$ zu einer stetigen Funktion ergänzen würde. Dazu betrachten wir folgende Begriffsbildung.

<u>10. Def.:</u> Sei die reelle Funktion f für alle $x \in [a,b]$ definiert außer eventuell für $x = c$, $c \in [a,b]$. Dann bedeutet $\lim\limits_{x \to c} f(x) = d$, daß die Funktion

$$\overline{f}(x) = \begin{cases} f(x) & \text{für } x \neq c \\ d & \text{für } x = c \end{cases}$$

stetig ist. In diesem Zusammenhang nennen wir die Festlegung $\overline{f}(c) = d$ auch die "stetige Ergänzung von f an der Stelle c".

<u>11. Satz von Bernoulli - De L'Hospital:</u> Seien f und g zwei reelle in [a,b] stetige Funktionen. Weiter sei $c \in [a,b]$, $f(c) = g(c) = 0$, $f'(c)$ und $g'(c)$ mögen existieren und es sei $g'(c) \neq 0$.

Dann ist $\lim\limits_{x \to c} \left(\frac{f(x)}{g(x)}\right) = \frac{f'(c)}{g'(c)}$

Beweis: Wir wählen $\eta \approx 0$ (und falls c = a oder c = b so, daß
c + η $\in$ [a,b]). Sei

$$h(x) = \begin{cases} \dfrac{f(x)}{g(x)} & \text{für } x \neq c \\[2mm] \dfrac{f'(c)}{g'(c)} & \text{für } x = c \end{cases}$$

dann wird auch h* wegen des Lösungsaxioms durch eben diese
Fallunterscheidung erklärt und wir rechnen aus:

$$h*(c+\eta) = \frac{f*(c+\eta)}{g*(c+\eta)} = \frac{(f*(c+\eta) - f(c))\cdot\eta}{\eta\cdot(g*(c+\eta) - g(c))} \approx \frac{f'(c)}{g'(c)}$$

In Def.10 haben wir den Limesbegriff für Funktionen mit Hilfe
des Stetigkeitsbegriffes eingeführt. Ganz analog wollen wir dieses Konzept auch auf Folgen und Funktionenfolgen übertragen.
Folgen sind ihrer Natur nach Funktionen $\mathbb{N} \to \mathbb{R}$, aus methodi-
schen Gründen wollen wir deshalb im Moment auch die Funktions-
schreibweise anwenden und die Folgenglieder einer Folge g mit
g(n) bezeichnen.

12. Def.: (i)   Eine Folge g *konvergiert* gegen a $\in \mathbb{R}$ (Schreib-
                weise $\lim_{n\to\infty} g(n) = a$), falls für alle $\omega \in \mathbb{N}^* \setminus \mathbb{N}$
                die Beziehung st(g*(ω)) = a gilt.

         (ii) Eine Folge g heißt *Cauchyfolge*, falls für alle
                ω, $\lambda \in \mathbb{N}^* \setminus \mathbb{N}$ die Beziehung g*(ω) $\approx$ g*(λ) gilt.

Man sieht sofort, daß jede konvergente Folge eine Cauchyfolge
ist. Aber auch die Umkehrung gilt:

13. Satz: Jede Cauchyfolge konvergiert.

Beweis: Wenn für ein $\omega \in \mathbb{N}^* \setminus \mathbb{N}$ auch g*(ω) endlich ist, dann
konvergiert g gegen a = st(g*(ω)). Eine endliche Schranke für
g wäre wegen des Lösungsaxioms auch eine Schranke für g*; wenn
g*(ω) unendlich wäre, müßte g selbst also unbeschränkt sein.
Dann gäbe es eine monotone Funktion h, so daß g(h(n)) > g(n)+1
und somit auch g*(h*(ω)) > g*(ω)+1 gälte, was mit λ = h*(ω)
zu einem Widerspruch führt.

Ein Beispiel (Olivier): Sei $\lim\limits_{n\to\infty} g(n) = 0$.

$$\text{Dann ist } \lim_{n\to\infty} \frac{1}{n} \sum_{\nu=1}^{n} g(\nu) = 0.$$

Beweis: Für $n \leq m$ sei $A_{n,m} = \max(|g(\nu)| \ / \ n \leq \nu \leq m)$; weiter sei $\bar{n} = \min(\nu \in \mathbb{N} \ / \ \nu \geq \sqrt{n})$.

Wir erhalten:

$$|\frac{1}{n} \sum_{\nu=1}^{n} g(\nu)| \leq \frac{1}{n} \cdot |\sum_{\nu=1}^{\bar{n}} g(\nu)| + \frac{1}{n} \cdot |\sum_{\nu=\bar{n}+1}^{n} g(\nu)| \leq \frac{\bar{n}}{n} A_{1,\bar{n}} + \frac{n-\bar{n}}{n} A_{\bar{n}+1,n}$$

Wählen wir nun n unendlich groß, so werden beide Summanden infinitesimal, denn $\frac{1}{\sqrt{n}}$ und $A_{\bar{n}+1,n}$ sind infinitesimal und $A_{1,\bar{n}}$ und $\frac{n-\bar{n}}{n}$ sind endlich.

Wenn allgemein $(a(n) \ / \ n \in \mathbb{N})$ eine Folge ist, so wird ja bekanntlich $\sum\limits_{n=0}^{\infty} a(n)$ als $\lim\limits_{n\to\infty} S(n)$ mit $S(n) = \sum\limits_{\nu=0}^{n} a(\nu)$ erklärt.

Für $S*(n)$ schreiben wir dann wieder $\sum\limits_{\nu=0}^{n} a*(\nu)$ oder auch $\sum\limits_{\nu=0}^{n} a(\nu)$. Damit wird dann $\sum\limits_{n=0}^{\infty} a(n) = st(\sum\limits_{n=0}^{\omega} a(n))$ für $\omega \in \mathbb{N}* \setminus \mathbb{N}$, falls der Grenzwert existiert.

Beim Rechnen mit Summen von hypernatürlich vielen Gliedern kann man oft mit Vorteil ausnutzen, daß wegen des Lösungsaxioms Summenformeln erhalten bleiben. Auch hierfür geben wir ein Beispiel.

Für $x \in \mathbb{R}$ sei die Exponentialfunktion $\exp(x)$ erklärt als

$$\exp(x) = \sum_{n=0}^{\infty} \frac{x^n}{n!} \ .$$

Die Konvergenz dieser Reihe zu zeigen, überlassen wir dem Leser zur Übung; wir wollen hier die Richtigkeit der Funktionalgleichung

$$\exp(x) \cdot \exp(y) = \exp(x+y)$$

beweisen. Dazu betrachten wir für $n \in \mathbb{N}$:

$$\left(\sum_{\nu=0}^{n} \frac{x^\nu}{\nu!} \right) \cdot \left(\sum_{\nu=0}^{n} \frac{y^\nu}{\nu!} \right) = \sum_{\nu=0}^{n} \left(\sum_{\mu=0}^{n} \frac{x^\mu}{\mu!} \cdot \frac{y^\nu}{\nu!} \right).$$

Diese Summe enthält mehr Glieder als

$$\sum_{\mu=0}^{n} \frac{(x+y)^\mu}{\mu!} = \sum_{\mu=0}^{n} \left(\sum_{\nu=0}^{\mu} \frac{\mu!}{\nu!(\mu-\nu)!} \cdot \frac{x^\nu y^{\mu-\nu}}{\mu!} \right)$$

$$= \sum_{\mu=0}^{n} \left(\sum_{\nu=0}^{\mu} \frac{x^\nu}{\nu!} \cdot \frac{y^{\mu-\nu}}{(\mu-\nu)!} \right)$$

und weniger Glieder als

$$\sum_{\mu=0}^{2n} \frac{(x+y)^\mu}{\mu!} = \sum_{\mu=0}^{2n} \left(\sum_{\nu=0}^{\mu} \frac{x^\nu}{\nu!} \cdot \frac{y^{\mu-\nu}}{(\mu-\nu)!} \right).$$

Wählen wir nun $n = \omega \in \mathbb{N}^* \smallsetminus \mathbb{N}$, so wird

$$\left| \left(\sum_{\mu=0}^{\omega} \frac{x^\mu}{\mu!} \right) \cdot \left(\sum_{\nu=0}^{\omega} \frac{y^\nu}{\nu!} \right) - \sum_{\mu=0}^{\omega} \frac{(x+y)^\mu}{\mu!} \right| \leqslant \sum_{\mu=\omega}^{2\omega} \frac{(|x|^\mu + |y|^\mu)}{\mu!} \approx 0$$

wegen der Konvergenz von $\exp(|x|+|y|)$.

Daraus folgt aber die Funktionalgleichung.
Aus der Funktionalgleichung erhalten wir ganz leicht die Differenzierbarkeit der Exponentialfunktion:

Für reelles a und für $\eta \approx 0$, $\eta \neq 0$, gilt:

$$\frac{\exp(a+\eta) - \exp(a)}{\eta} = \exp(a) \left(\frac{\exp(\eta)-1}{\eta} \right).$$

Um den zweiten Faktor auszurechnen, betrachten wir vorerst wieder für $x \neq 0$ und endliches n die Teilsummen:

$$\frac{1}{x} \left(\sum_{\nu=0}^{n} \frac{x^\nu}{\nu!} - 1 \right) = 1 + x \cdot \sum_{\nu=0}^{n-2} \frac{x^\nu}{(\nu+2)!} \quad ;$$

für unendliches ω und infinitesimales η ist $t = \sum_{\nu=0}^{\omega} \frac{\eta^\nu}{(\nu+2)!}$

endlich, also ist $\eta \cdot t$ infinitesimal.

Daher gilt $\frac{\exp(\eta) - 1}{\eta} \approx 1$, woraus wir schließlich $\exp'(a) = \exp(a)$

für jedes reelle a erhalten.
Weiter ist für x > 0

$$\frac{\exp(x)}{x} > \frac{1}{x} + 1 + \frac{x}{2} > \frac{x}{2} \; ;$$

weil die Funktionalgleichung

$$\exp(-x) = (\exp(x))^{-1}$$

liefert, haben wir somit für unendliches x > 0

$$x \cdot \exp(-x) \approx 0.$$

Eine entsprechende Überlegung liefert für jedes Polynom p(x)
und jedes unendliche x > 0

$$p(x) \cdot \exp(-x) \approx 0.$$

Betrachten wir jetzt eine Funktion von zwei Veränderlichen und
berechnen wir

$$\lim_{(x,y)\to(0,0)} \frac{e^{xy}-1}{x} \; .$$

Dazu setzen wir g(x) = g(x,y) = e^{xy} und erhalten für die Ableitung g(x) = y e^{xy}, welches stetig von y abhängt. Speziell an
der Stelle x = 0 erhalten wir für infinitesimales $\zeta \neq 0$:

$$\frac{e^{\zeta y}-1}{\zeta} \approx g(0) = y.$$

Wegen der stetigen Abhängigkeit von y können wir zu infinitesimalem y übergehen, wodurch sich der gesuchte Grenzwert als 0
erweist. (Gewöhnlich benutzt man für diese Überlegung den Mittelwertsatz.)

Kommen wir schließlich noch einmal auf die Definition der Differenzierbarkeit einer reellen Funktion f im Punkte a $\in \mathbb{R}$ zurück. Man fragt sich, ob man nicht f'(a) auch als

$$(*) \qquad \mathrm{st}\left(\frac{f(\xi) - f(\eta)}{\xi - \eta}\right) \text{ für } \xi \approx \eta \approx a, \; \xi \neq \eta,$$

beschreiben kann. Ein Beispiel zeigt, daß dies i.a. falsch ist.
Dazu wähle man nur

$$f(x) = x^2 \cdot \sin \frac{1}{x^2}$$

für $x \neq 0$ und $f(0) = 0$; für $a = 0$ hat man $f'(0) = 0$, aber man
kann geeignete ξ, $\eta > 0$ finden, für die der Differenzenquotient
unendlich groß wird. Benutzt man (*) als Definition, so erhält
man einen etwas stärkeren Begriff als den der Differenzierbarkeit, der auch unter dem Namen "starke Differenzierbarkeit" bekannt ist (vgl. [Ni]). Verlangt man dies für jedes reelle a,
so ist dies gleichbedeutend mit der stetigen Differenzierbarkeit von f; dasselbe gilt für die Betrachtung reeller Intervalle. Man beachte an dieser Stelle die Parallele zu den Begriffen "stetig" und "gleichmäßig stetig". Weiter überlege man
sich, daß man durch (*) die übliche Differenzierbarkeit erhält,
wenn man $\xi \neq \eta$ durch $\eta < a < \xi$ ersetzt, wenn also der reelle
Punkt zwischen den beiden hyperreellen Punkten liegt. Ein Wort
auch noch zu den höheren Ableitungen, die man ja induktiv erklärt. Man fragt sich aber, ob man nicht z.B. die zweite Ableitung auch durch einen hyperreellen Differenzenquotienten ersetzen könnte. Dies bereitet Schwierigkeiten.

Nimmt man z.B. die (relativ naheliegenden) Ausdrücke

$$\frac{(f(a+\eta) - f(a)) - (f(a)-f(a-\eta))}{\eta^2} = \frac{f(a+\eta) - 2f(a) + f(a-\eta)}{\eta^2}$$

oder $\quad 2 \cdot \frac{1}{\xi-\eta} \cdot \left(\frac{f(a+\xi) - f(a)}{\xi} - \frac{f(a+\eta) - f(\eta)}{\eta}\right)$

für $\xi, \eta \approx 0$, $\xi \neq \eta$, $\xi, \eta \neq 0$ so ist ihr Standardteil zwar
$f''(a)$, wenn $f''(a)$ existiert; es kann jedoch sein, daß dieser
Standardteil immer existiert und unabhängig von ξ und η ist,
ohne daß $f''(a)$ existiert (im ersten Falle muß f noch nicht einmal stetig sein, man wähle nur irgendeine ungerade Funktion und
$a = 0$).

2. Das Riemann'sche Integral

Zusammen mit dem Begriff des Differentialquotienten ist der Integralbegriff der zweite Grundpfeiler der Analysis. Diesem wollen wir uns jetzt zuwenden. Es sei [a,b] ein reelles Intervall und f eine reelle Funktion. Die grundlegende Idee ist, das Intervall [a,b] in hypernatürlich viele Teile aufzuspalten und die Fläche unter der Kurve f durch eine hypernatürliche Summe von Rechtecken zu ersetzen:

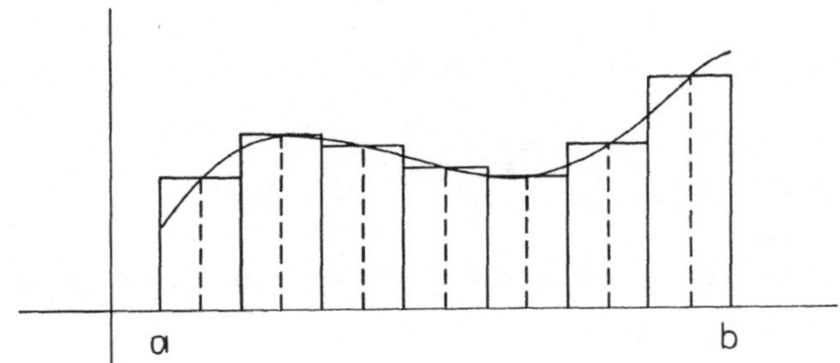

Partitionen, wie wir sie benötigen, sind uns schon beim Beweis des Satzes vom Maximum für stetige Funktionen begegnet.

14. Def.: (i) Sei $g(n,m) : \mathbb{N}^2 \to \mathbb{R}$ eine Funktion. Wir sagen g *definiert Partitionen* von [a,b], falls für jedes m gilt:
a) $g(0,m) = a$, $g(m,m) = b$;
b) $g(n,m) \leqslant g(n+1,m)$ für alle $n < m$.
Wir sprechen dann auch von einer durch g und m erklärten Partition.
Falls zusätzlich für alle $\omega \in \mathbb{N}^* \setminus \mathbb{N}$ gilt:
c) $g^*(n+1,\omega) - g^*(n,\omega) \approx 0$ für alle $n < \omega$,
dann sagen wir, g definiert *infinitesimale Partitionen* und sprechen von der durch g und ω erklärten *infinitesimalen Partition*.

(ii) Wir sagen $\xi : \mathbb{N}^2 \to \mathbb{R}$ ist eine *Folge von Zwischen punkten* für g, falls $g(n,m) \leqslant \xi(n,m) \leqslant g(n+1,m)$

für alle n, m $\in$ $\mathbb{N}$ mit n < m gilt.

Als Beispiel erinnern wir an $g(n,m) = a + n\frac{b-a}{m}$ und $\xi(n,m)=g(n,m)$.

Bei festem g, ξ und m schreiben wir auch

$$\xi_n = \xi^*(n,m) \qquad \Delta x_n = g^*(n+1,m) - g^*(n,m).$$

(Falls n und m endlich sind, kann man den Stern natürlich wegfallen lassen.)

Für eine reelle Funktion $f : \mathbb{R} \to \mathbb{R}$ führen wir die Schreibweise

$$S_{f,g,\xi}(m) = \sum_{n=0}^{m-1} f(\xi_n)\Delta x_n$$

ein; die Erweiterung wird auch durch

$$S^*_{f,g,\xi}(\omega) = \sum_{n=0}^{\omega-1} f^*(\xi_n)\Delta x_n$$

notiert. Diese Summen heißen auch (endliche oder hyperendliche) *Riemann'sche Summen*.

15. Def.: Eine reelle Funktion f heißt im Intervall $[a,b]$
integrierbar, falls für jedes g, welches infinitesimale Partitionen von $[a,b]$ definiert, für jede Folge ξ von Zwischenpunkten für g und für jedes unendliche ω gilt:

a) $S^*_{f,g,\xi}(\omega)$ ist endlich;

b) der Standardteil von $S^*_{f,g,\xi}(\omega)$ ist unabhängig von g und ω.

In diesem Falle sei

$$\int_a^b f(x)dx = st(S^*_{f,g,\xi}(\omega)) = st(\sum_{n=0}^{\omega-1} f^*(\xi_n)\Delta x_n);$$

ferner sei

$$\int_a^a f(x)dx = 0$$ gesetzt und für $a > b$ sei

$$\int_a^b f(x)dx = - \int_b^a f(x)dx.$$

<u>16. Satz:</u> Eine in [a,b] stetige Funktion ist in [a,b] inte-
grierbar.

<u>Beweis:</u> Es mögen g_1 und g_2 infinitesimale Partitionen definie-
ren und ξ^1, ξ^2 mögen Folgen von Zwischenpunkten für g_1 und g_2
sein. Seien zunächst m_1, $m_2 \in \mathbb{N}$ festgehalten. Durch Überlage-
rung der $g_1(n,m_1)$ und $g_2(n,m_2)$ sowie der $\xi^1(n,m_1)$ und $\xi^2(n,m_2)$
und durch eventuelle weitere Unterteilung und Einfügung neuer
Zwischenpunkte verschaffen wir uns zunächst für ein
$m \geq \max(m_1,m_2)$ eine Partition $h(n,m)$, $0 \leq n \leq m$ und eine Folge
von Zwischenpunkten $\xi(n,m)$, $0 \leq n < m$, für die gilt:
Die $g_1(n,m_1)$, $0 \leq n \leq m_1$, und die $g_2(n,m_2)$, $0 \leq n \leq m_2$, kommen
unter den $h(n,m)$, $0 \leq n \leq m$, vor;
die $\xi^1(n,m_1)$, $0 \leq n \leq m_1$, und die $\xi^2(n,m_2)$, $0 \leq n \leq m_2$, kommen
unter den $\xi(n,m)$, $0 \leq n < m$, vor.
Damit sind h und ξ für spezielle m erklärt. Für andere m erkläre man etwa $h(n,m) = g_1(n,m)$ und $\xi(n,m) = \xi^1(n,m)$. Dadurch wird
dann sichergestellt, daß h infinitesimale Partitionen erklärt
(und ξ eine Folge von Zwischenpunkten für h ist).
Wir notieren jetzt zunächst für endliche n und m eine Unglei-
chungskette, um dann mittels des Lösungsaxioms zum unendlichen
Fall überzugehen.

Mit $\Delta x_n = g_1(n+1,m_1) - g_1(n,m_1)$, $\Delta y_n = g_2(n+1,m_2) - g_2(n,m_2)$
und $\Delta z_n = h(n+1,m) - h(n,m)$ ist

$$\left| \sum_{n=0}^{m_1-1} f(\xi_n^1)\Delta x_n - \sum_{n=0}^{m_2-1} f(\xi_n^2)\Delta y_n \right|$$

$$\leq \left| \sum_{n=0}^{m_1-1} f(\xi_n^1)\Delta x_n - \sum_{n=0}^{m-1} f(\xi_n)\Delta z_n \right| +$$

$$\left| \sum_{n=0}^{m-1} f(\xi_n)\Delta z_n - \sum_{n=0}^{m_2-1} f(\xi_n^2)\Delta y_n \right|$$

Die beiden Summanden schätzen wir einzeln ab, wobei wir nur
den ersten Fall ausführen. Zuerst wollen wir die Folge
$(f(\xi_n^1) \mid 0 \leq n < m)$ verfeinern. Für $0 \leq n < m$ erklären wir

$$r(n) = f(\xi_k^1), \text{ falls } g_1(k,m_1) \leqslant h(n,m) < g_1(k+1,m_1)$$

ist. Dann gilt:

$$\sum_{n=0}^{m_1-1} f(\xi_n^1)\Delta x_n = \sum_{n=0}^{m-1} r(n)\Delta z_n;$$

somit folgt:

$$|\sum_{n=0}^{m-1} f(\xi_n^1)\Delta x_n - \sum_{n=0}^{m-1} f(\xi_n)\Delta z_n| \leqslant \sum_{n=0}^{m-1} |r(n) - f(\xi_n)|\Delta z_n$$

$$\leqslant \sum_{n=0}^{m-1} | r(j(m)) - f(\xi_{j(m)}) | \Delta z_n$$

$$= | r(j(m)) - f(\xi_{j(m)}) | \cdot (b-a);$$

dabei wähle $j(m)$ einen maximalen Summanden aus.

Für unendliches m_1 sind dann für jedes k die Argumente ξ_{k+1}^1 und ξ_k^1 in derselben Monade; wenn $j*(m) = k$, so gilt also $\xi_k^1 \approx \xi_{j*(m)}$ und die Stetigkeit liefert $r*(j*(m)) - f*(\xi_{j*(m)}) \approx 0$. Entsprechend ist auch der zweite Summand infinitesimal und der Satz ist bewiesen.

Als nächstes betrachten wir zwei einfache Eigenschaften des Integrals.

<u>17. Satz:</u> Sei f in $[a,b]$ integrierbar.

      (i)   Sei $a \leqslant c \leqslant b$; dann ist f in $[a,c]$ und $[c,b]$ integrierbar und es ist

$$\int_a^b f(x)dx = \int_a^c f(x)dx + \int_c^b f(x)dx.$$

      (ii)   Sei $m = m_f(a,b) = \min(f(x) \mid a \leqslant x \leqslant b)$ und $M = M_f(a,b) = \max(f(x) \mid a \leqslant x \leqslant b)$. Dann ist

$$m(b-a) \leqslant \int_a^b f(x)dx \leqslant M(b-a).$$

Beweis: (i) Wir betrachten ein g, welches solche infinitesimalen Partitionen definiert, für die ein Teilpunkt gerade c ist, dadurch werden dann infinitesimale Partitionen sowohl für [a,c] als auch für [c,b] induziert. Wegen des Lösungsaxioms können wir auch die unendlichen Riemann'schen Summen aufspalten, woraus sofort die Behauptung folgt.

(ii) Wegen des Lösungsaxioms können wir jedes Glied der Riemann'schen Summe durch $m \cdot \Delta x_n$ nach unten und durch $M \cdot \Delta x_n$ nach oben abschätzen und dann m und M aus der Summe herausziehen, was die Behauptung beweist.

Wir kommen jetzt zum Zusammenhang zwischen Differentiation und Integration.

18. Hauptsatz der Differential- und Integralrechnung:

Sei f in [a,b] stetig und sei für $t \in [a,b]$

$$F(t) = \int_a^t f(x)\,dx.$$

Dann ist F in [a,b] stetig und im offenen Intervall (a,b) differenzierbar, dort gilt $F'(x) = f(x)$.

Beweis: Wenn t_1 und t_1+t_2 beide reell und in [a,b] sind, so haben wir wegen der gerade bewiesenen Additivität des Integrals

$$F(t_1+t_2) - F(t_1) = \int_{t_1}^{t_1+t_2} f(x)\,dx;$$

außerdem zeigt der letzte Satz für $t_2 > 0$

$$m_f(t_1,t_1+t_2) \cdot t_2 \le \int_{t_1}^{t_1+t_2} f(x)\,dx \le M_f(t_1,t_1+t_2) \cdot t_2,$$

also gilt

$$m_f(t_1,t_1+t_2) \le \frac{F(t_1+t_2) - F(t_1)}{t_2} \le M_f(t_1,t_1+t_2).$$

Wählen wir jetzt t_1 reell und $t_2 > 0$ infinitesimal, so bleibt die Ungleichung erhalten; $m_f^*(t_1,t_1+t_2)$ und $M_f^*(t_1,t_1+t_2)$ liefern das Minimum und Maximum von f^* in $[t_1,t_1+t_2]$. Beide Größen sind aber wegen der Stetigkeit von f in derselben Monade. Den Fall $t_2 < 0$ behandelt man entsprechend durch Vertauschung von t_1 und t_1+t_2. Dies liefert die Endlichkeit des Differenzenquotienten und die Invarianz seines Standardteils bei Variation des infinitesimalen t_2; es gilt nämlich

$$st\left(\frac{F(t_1+t_2) - F(t_1)}{t_2}\right) = st(M_f^*(t_1,t_1+t_2)) = f(t_1)$$

Dies zeigt die Differenzierbarkeitsbehauptung; die Stetigkeit von F folgt, weil in unserer Betrachtung $t_1 = a$ oder $t_1 = b$ zugelassen war.

Hintergrundbemerkung:

Die Einführung des Integrals über die infinitesimalen Partitionen und deren Beschreibung durch Funktionen sieht ein wenig gewollt aus und ist es wohl auch. Der Grund hierfür ist, daß wir bereits in diesem elementaren Kapitel das Integral behandeln wollten, uns aber nur die sprachlichen Hilfsmittel der Gleichungen und Ungleichungen zur Verfügung stehen. In Kapitel IV werden wir über beliebige Eigenschaften und Mengen (etwa über die Menge aller Partitionen von [a,b]) reden können. Dadurch würde die Nichtstandardbeschreibung des Integrals formal etwas kürzer; da sie sich aber inhaltlich und intuitiv von der vorgeführten Version nicht unterscheidet, werden wir dies gar nicht mehr durchführen. Schließlich sei noch ein positiver Aspekt der Beschreibung der Partitionen durch Funktionen g(n,m) erwähnt: Sie ist gewiß "angewandter" oder "Computernäher" als die übliche.

3. Etwas komplexe Analysis

Wir wollen uns nun einigen Problemen aus der komplexen Funkti-
onentheorie zuwenden. Weil ein vollständiger Aufbau dieser
Theorie für uns zu umfangreich wäre, müssen wir exemplarisch
vorgehen und notgedrungen einige Sprünge machen.

Wie am Ende von Kap. II, 2 verabredet, nennen wir die Elemente
von $\mathbb{C}$ Standardzahlen und die Elemente von $\mathbb{C}^* \smallsetminus \mathbb{C}$ Nichtstandard-
zahlen. Die Differenzierbarkeit wird genau wie im reellen Falle
erklärt; eine komplexe Funktion f heißt bekanntlich *holomorph*
an $z \in \mathbb{C}$, wenn es eine Kreisscheibe mit z als Mittelpunkt gibt,
so daß f an jedem Punkt des Innern der Kreisscheibe differenzierbar ist. Zunächst wollen wir die Ableitung einer Funktion
geometrisch deuten. Dazu müssen wir wissen, daß sich ein be-
liebiges $z \in \mathbb{C}$, $z \neq 0$, in der Form

$$z = |z| \cdot \exp(i \cdot \arg(z))$$

schreiben läßt (Polarkoordinatendarstellung). Hierbei ist die
Exponentialfunktion wie im Reellen durch ihre Potenzreihenent-
wicklung erklärt; $\arg(z)$ ist nur bis auf Vielfache von 2π bestimmt. Die Eindeutigkeit der Darstellung erhält man also durch
die Einschränkung $0 \leqslant \arg(z) < 2\pi$.
Seien nun a, b $\in \mathbb{R}$, a < b.

19. Def.: Wenn $\zeta : [a,b] \to \mathbb{C}$ eine Abbildung ist, für die für
alle t, a < t < b, der Differentialquotient an t exi-
stiert und welche an den Randpunkten a und b stetig
ist, dann heißt

$$\mathscr{C} = \{\zeta(t) \mid t \in [a,b]\}$$

eine *Kurve*.

20. Def.: Die Kurve $\mathscr{C}$ hat in $z_0 = \zeta(t_0)$, $a < t_0 < b$, eine ge-
richtete Tangente, wenn für infinitesimales $\eta > 0$
mit $a \leqslant t_0 + \eta_0 \leqslant b$

$$\Theta = st\left(\arg\left(\frac{\zeta(t_0+\eta) - \zeta(t_0)}{\eta}\right)\right)$$

definiert und unabhängig von η ist. Diese Tangente ist dann die Gerade durch $\zeta(t_0)$, die mit der positiven reellen Achse den Winkel Θ bildet.

Wenn $\zeta'(t_0) \neq 0$, dann ist für $\eta \approx 0$ auch $\dfrac{\zeta(t_0+\eta) - \zeta(t)}{\eta} \neq 0$, also ist "arg" wohldefiniert.

Für $\zeta'(t_0) \neq 0$ existiert daher die gerichtete Tangente und es ist $\Theta = \arg(\zeta'(t_0))$.

<u>21. Satz:</u> Sei $K = \{z/|z| < r\}$ eine Kreisscheibe und sei $\mathscr{C} \subseteq K$ eine Kurve, die an $z_0 = \zeta(t_0)$ eine gerichtete Tangente mit dem Anstieg Θ besitzt. Sei weiter f eine in K holomorphe Funktion mit $f'(z_0) \neq 0$. Dann besitzt die Kurve

$$\overline{\mathscr{C}} = \{f(z) \mid z \in \mathscr{C}\}$$

an $f(z_0)$ eine gerichtete Tangente; für ihren Anstieg $\overline{\Theta}$ gilt $\overline{\Theta} - \Theta = \arg(f'(z_0))$ bis auf Vielfache von 2π.

<u>Beweis:</u> Wir rechnen uns $\overline{\Theta}$ aus; es ist

$$\frac{f(\zeta(t_0+\eta))-f(\zeta(t_0))}{\eta} = \frac{f(\zeta(t_0+\eta))-f(\zeta(t_0))}{\zeta(t_0+\eta)-\zeta(t_0)} \cdot \frac{\zeta(t_0+\eta)-\zeta(t_0)}{\eta} .$$

Weil $\zeta(t_0+\eta) - \zeta(t_0) \approx 0$ ist, erhalten wir durch Anwendung von arg

$$\overline{\Theta} = \arg(f'(z_0))+\Theta \quad (\text{modulo } 2\pi).$$

Betrachten wir nun zwei Kurven $\mathscr{C}_1$ und $\mathscr{C}_2$, die sich in z_0 schneiden, so sehen wir, daß die Anwendung der holomorphen Funktion f mit $f'(z_0) \neq 0$ den Schnittwinkel der gerichteten Tangenten erhält, d.h. f vermittelt eine an z_0 winkeltreue Abbildung.

Der Absolutbetrag $|f'(z_0)|$ (falls $\neq 0$) besitzt ebenfalls eine Interpretation: Er ist der Standardteil des Verhältnisses, um den die infinitesimale Strecke von z_0 bis $z_0 + \eta$ gestreckt wird. Eine an z_0 holomorphe Funktion f mit $f'(z_0) \neq 0$ heißt auch *konform*.

Geometrisch bedeutet dies: Eine an z_o konforme Funktion bildet
infinitesimale Dreiecke, die einen Eckpunkt in z_o haben, in
bis auf infinitesimale (Längen- und Winkel-) Faktoren ähnliche
Bilddreiecke ab. Veranschaulichen wir dies in der komplexen
Ebene, setzen wir $z = x+iy$, $w = f(z) = u(x,y) + i \cdot v(x,y)$ mit
reellen u und v und wählen wir noch $z_o = 0$. Dann wird ein infinitesimales Dreieck $(0, z', z'')$ in ein ähnliches infinitesimales Dreieck $(0, w', w'')$ abgebildet:

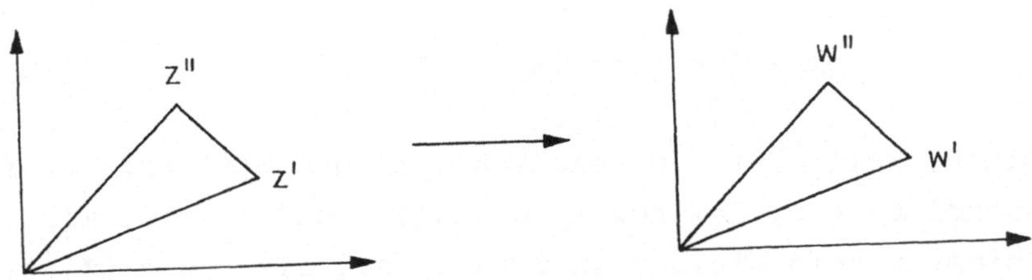

Dies bedeutet aber allgemein für infinitesimale Änderungen

$$\frac{u}{x} \approx \frac{iv}{iy} \quad \text{und} \quad \frac{u}{iy} \approx \frac{iv}{x} \; ;$$

ausgeschrieben sind dies die *Cauchy-Riemann'schen Differentialgleichungen*

$$\frac{\partial u(x,y)}{\partial x} = \frac{\partial v(x,y)}{\partial y} \quad , \quad \frac{\partial u(x,y)}{\partial y} = \frac{-\partial v(x,y)}{\partial x} \; .$$

Sie lassen sich aus der Differenzierbarkeit auch direkt gewinnen und sie charakterisieren diese sogar, falls die partiellen
Ableitungen von u und v nach x und y stetig sind.

Als nächstes betrachten wir den *Fundamentalsatz der Algebra*.
Er besagt, daß jedes komplexe Polynom in Linearfaktoren zerfällt, und zwar in genau so viele, wie sein Grad angibt. Dazu
reicht hin der

22. Satz: Jedes nicht konstante komplexe Polynom hat mindestens
          eine Nullstelle.

<u>Beweis:</u> Sei

$$p(z) = \sum_{k=0}^{n} a_k z^k, \; n > 0, \; a_n \neq 0$$

ein Polynom mit Koeffizienten aus $\mathbb{C}$, von dem wir annehmen, daß es keine Nullstelle hat. Wir betrachten einen Kreis mit Radius r um den Nullpunkt:

$$K_r = \{z \; / \; |z| \leq r\}.$$

Wie im Reellen zeigt man, daß jede stetige Funktion, insbesondere jedes Polynom, in K_r sein betragsmäßiges Minimum an einem Punkte $z = m(r)$ annimmt (vgl. III.1, 7. Satz). Wenn r unendlich groß ist, dann ist für $|z| = r$ auch

$$|p(z)| \quad = r^n \cdot |a_n + \sum_{k=0}^{n-1} \frac{a_k}{z^{n-k}}|$$

unendlich; weil aber $p(0)$ endlich ist, muß $m(r)$ endlich sein für unendliches r. Sei nun r_o unendlich und $z_o = st(m(r_o))$. Dann nimmt p sein Minimum in $\mathbb{C}$ an z_o an, also auch p^* sein Minimum in $\mathbb{C}^*$ an z_o.

Wir ordnen um:

$$p(z) = \sum_{k=0}^{n} b_k (z-z_o)^k,$$

die Koeffizienten b_k sind aus $\mathbb{C}$; $b_n \neq 0$, $p(z_o) = b_o \neq 0$ nach Annahme. Für $\nu = \min(k \mid k \geq 1$ und $b_k \neq 0)$ und ein Polynom $q(z)$ mit endlichen Koeffizienten können wir daher

$$|p(z)| \leq |b_o| \cdot (|1 + \frac{b_\nu}{b_o}(z-z_o)^\nu| + |z-z_o|^{\nu+1} \cdot |q(z)|)$$

abschätzen. Die Polarkoordinatenschreibweise zeigt, daß man z_1 so wählen kann, daß

$$\frac{b_\nu}{b_o} (z_1-z_o)^\nu$$

negativ reell wird; zusätzlich wollen wir noch $z_1 \approx z_o$ wählen. Dann gilt $z_1 \in K_{r_o}$ und wir erhalten aus

$$0 \approx |z_1-z_o| \cdot |q(z_1)| < |\frac{b_\nu}{b_o}|$$

zunächst

$$0 \approx \frac{b_\nu}{b_o} (z_1-z_o)^\nu + |z_1-z_o|^{\nu+1} \cdot |q(z)| < 0$$

und schließen dann auf

$$|p(z_1)| \leq |b_0| \cdot (1+\frac{b_\nu}{b_0}(z_1-z_0)^\nu + |z_1-z_0|^{\nu+1} \cdot |q(z)|) < |b_0| = |p(z_0)|,$$

ein Widerspruch zur Wahl von z_0.

<u>Hintergrundbemerkung</u>:

Der Leser wird in diesem Abschnitt den Cauchy'schen Integralsatz vermissen. Der Grund hierfür ist, daß dieser Satz durch die infinitesimale Betrachtungsweise keineswegs trivialisiert wird. Selbst wenn man den Goursat'schen Beweis dieses Satzes für ein Dreieck als Vorlage nimmt, stellt man folgendes fest: Bei der Zerlegung in infinitesimale Dreiecke gelangt man zum Integral über ein solches Dreieck; dieses liegt ganz in der Monade eines Standardpunktes z_0, an dem die Funktion f differenzierbar ist. Die Aufspaltung $f(z) = f(z_0) + (z-z_0) \cdot f'(z_0) + (z-z_0) \cdot \zeta(z)$ nützt einem aber nur dann etwas, wenn man weiß, daß das Integral über die ersten beiden Größen nicht nur einfach infinitesimal ist (denn man muß es mit einer unendlichen Zahl multiplizieren), sondern entweder hinreichend klein infinitesimal oder exakt Null ist. Die Situation ist etwas anders, wenn man die Stetigkeit der Ableitungen von f voraussetzt, weil man sich mittels der Cauchy-Riemann'schen Differentialgleichungen auf den Green'schen Integralsatz zurückziehen kann. Dieser wird aber durch die Infinitesimalien tatsächlich trivialisiert, wovon man sich durch eine Analyse überzeugt (vgl. [Kei2]). Vielleicht macht diese Betrachtungsweise plausibel, warum der Goursat'sche Beweis so spät entdeckt wurde.

4. Die Gleichwertigkeit einiger Standard- und Nichtstandardbegriffe

In unserem bisherigen Aufbau der Analysis sind eine ganze Reihe von Namen und Begriffen aufgetaucht, die in der klassischen Analysis eine wohlfestgelegte Bedeutung haben. Um die Legitimität unseres Vorgehens zu zeigen, müssen wir die Äquivalenz zwischen den hier gegebenen Definitionen und den uns aus der gewöhnlichen Analysis geläufigen nachweisen. Dazu wollen wir eine in diesem Kapitel definierte Eigenschaft *legitim* nennen, wenn sie auf eine Funktion (bzw. Folge, Zahl etc.) genau dann zutrifft, wenn sie in der gewöhnlichen Analysis die Eigenschaft mit dem gleichen Namen hat.

23. Satz: Der Konvergenzbegriff für Folgen und die Eigenschaft, eine Cauchyfolge zu sein, sind legitim.

Beweis: Sowohl in der gewöhnlichen, als auch in der Nichtstandardanalysis sind die Cauchyfolgen genau die Folgen, die gegen eine reelle Zahl konvergieren. Wir können uns daher auf den Konvergenzbegriff beschränken. Es gelte zunächst für eine reelle Zahl d und eine reelle Folge g(n) im Sinne der klassischen Analysis $\lim_{n\to\infty} g(n) = d$; sei $\mathbb{R}^+$ die Menge der positiven reellen Zahlen. Dann gibt es eine Funktion $h : \mathbb{R}^+ \to \mathbb{N}$, so daß für jedes $\varepsilon > 0$ gilt:

Aus $n \in \mathbb{N}$ und $n > h(\varepsilon)$ folgt $|g(n)-d| < \varepsilon$.

Wegen des Lösungsaxioms ist diese Implikation auch noch für alle hypernatürlichen n richtig; für unendlich große ω ist aber ganz sicher $\omega > h(\varepsilon)$, weil $h(\varepsilon) \in \mathbb{N}$ ist. Dies zeigt $g^*(\omega) \approx d$ für alle unendlich großen $\omega \in \mathbb{N}^*$.

Für die Umkehrung setzen wir $g^*(\omega) \approx d$ für alle $\omega \in \mathbb{N}^* \setminus \mathbb{N}$ voraus und gehen indirekt vor. Falls g nicht gegen d konvergiert, gibt es ein $\varepsilon_0 > 0$ und eine Funktion $h : \mathbb{N} \to \mathbb{N}$ mit:

$$h(n) > n \quad \text{und} \quad |g(h(n))-d| \geq \varepsilon_0.$$

Wegen des Lösungsaxioms gilt dies auch für alle hypernatürlichen, also auch für alle unendlichen $\omega \in \mathbb{N}^*$. Weil dann mit ω

auch h*(ω) unendlich ist, führt dies durch g*(h*(ω)) ≈ d auf
einen Widerspruch.

Da Reihen spezielle Folgen sind, ist auch der Reihenbegriff,
insbesondere die Exponentialfunktion, legitim. Ganz entsprechend behandeln wir den Grenzwertbegriff für Funktionen.

24. Satz: Die Eigenschaft $\lim\limits_{x \to c} f(x) = d$, die Stetigkeitseigen-
schaft, die Differenzierbarkeitseigenschaft sowie
der Begriff der Ableitung sind legitim.

Beweis: Es genügt, sich auf den Limesbegriff zu beschränken,
weil sich alle anderen Begriffe hieraus definieren lassen (obwohl es bei unserem Aufbau nicht nötig war, den Grenzwertbegriff voran zu stellen!). Wir betrachten ein reelles Intervall
[a,b], ein c ∈ [a,b] und eine Funktion f : X → ℝ, wobei
X = [a,b] ∖ {c} ist.
Es gelte zunächst $\lim\limits_{x \to c} f(x) = d$ im Sinne der klassischen Analysis. Dann gibt es eine Funktion h : $ℝ^+ → ℝ^+$, so daß für jedes
ε > 0 gilt:
Aus δ = h(ε), |x-c| < δ, x ≠ c, a ⩽ x ⩽ b folgt |f(x)-d| < ε.
Wegen des Lösungsaxioms erfüllt auch jedes hyperreelle x diese
Implikation. Für x ≈ c ist aber |x-c| < δ für jedes δ > 0, so-
mit impliziert x ≈ c auch $f^*(x)$ ≈ d.
Bei der Umkehrung gehen wir wieder indirekt vor. Wir setzen also f*(x) ≈ d für x ≈ c, x ≠ c, a ⩽ x ⩽ b voraus und nehmen an:
Es gibt ein $ε_0$ > 0, so daß für δ > 0 ein x mit a ⩽ x ⩽ b,
x ≠ c, |x-c| < δ und |f(x)-d| ⩾ $ε_0$ existiert. Sei h : $ℝ^+ → ℝ$
eine Funktion, die jedem δ > 0 so ein x zuordnet. Wir wenden
wieder das Lösungsaxiom, und zwar für infinitesimale δ > 0, an:
Es ist dann h*(δ) ≈ c, aber nicht f*(h*(δ)) ≈ d, ein Widerspruch.
Analog läßt sich zeigen, daß auch die gleichmäßige Stetigkeit
ein legitimer Begriff ist.

Schließlich behandeln wir noch das Riemann'sche Integral.

<u>25. Satz:</u> Der Integralbegriff ist legitim.

<u>Beweis:</u> Sei $[a,b]$ ein reelles Intervall und $f : [a,b] \to \mathbb{R}$ eine Funktion.

Es sei f in $[a,b]$ im klassischen Sinne (Riemann-) integrierbar und es sei

$$\int_a^b f(x) \, dx = d.$$

Betrachten wir ein $g : \mathbb{N}^2 \to \mathbb{R}$, welches infinitesimale Partitionen von $[a,b]$ definiert. Für jedes m bilden dann die $g(n,m)$, $0 \leqslant n \leqslant m$, eine Zerlegung des Intervalls $[a,b]$ in m Teilintervalle. Zunächst zeigen wir:

Für alle $\delta > 0$ gibt es ein m_o mit:

Wenn $m \geqslant m_o$ und $0 \leqslant n < m$, so ist $\Delta x_n = g(n+1,m) - g(n,m) < \delta$.

Denn andernfalls gäbe es zwei Funktionen $h_i : \mathbb{N} \to \mathbb{N}$, $i = 1,2$, so daß für alle $m > 0$

$$h_1(m) \geqslant m, \quad h_2(m) < m$$

und

$$g(h_2(m)+1, \, h_1(m)) - g(h_2(m), \, h_1(m)) \geqslant \delta$$

gelten würde. Das Lösungsaxiom ergibt dann aber bei Wahl eines unendlichen m einen Widerspruch, weil g infinitesimale Partitionen definiert. Wir haben daher eine Funktion $h : \mathbb{R}^+ \to \mathbb{N}$, so daß für jedes $\delta > 0$ und jedes $m > h(\delta)$ alle $g(n+1,m) - g(n,m) < \delta$, $0 \leqslant n < m$, sind.

Nach Voraussetzung gibt es weiter eine Funktion $k : \mathbb{R}^+ \to \mathbb{R}^+$, so daß wir für alle $\varepsilon > 0$ und jede Folge ξ von Teilpunkten für g haben:

Wenn $m > h(k(\varepsilon))$, so $|S_{f,g,\xi}(m) - d| < \varepsilon$.

Für unendliche ω ist aber $\omega > h(k(\varepsilon))$ wieder unabhängig von ε erfüllt; dies zeigt $S^*_{f,g,\xi}(\omega) \approx d$.

Für die Umkehrung setzen wir

$$\int_a^b f(x) \, dx = d$$

im Sinne der Nichtstandardanalysis voraus, nehmen aber an, daß das Integral im klassischen Sinne nicht existiert oder $\neq d$ ist. Dann gibt es ein $\varepsilon_o > 0$, so daß für alle $\delta > 0$ eine Zerlegung $(x_n \, / \, 0 \leqslant n \leqslant m)$ von $[a,b]$ und eine Folge $(\xi_n \mid 0 \leqslant n < m)$ von

Zwischenpunkten existiert, für die gilt:

$x_o = a$, $x_m = b$, $x_n \leqslant \xi_n \leqslant x_{n+1}$ und $0 < x_{n+1} - x_n < \delta$
für alle $n < m$, aber

$$\left| \sum_{n=0}^{m-1} f(\xi_n)(x_{n+1}-x_n)-d \right| \geqslant \varepsilon_o.$$

Wir können annehmen, daß das m injektiv von δ abhängt. Für
spezielle m haben wir damit Zerlegungen von [a,b] und Folgen
von Zwischenpunkten; für die restlichen m nehmen wir etwa äquidistante Zerlegungen und beliebige Zwischenpunktfolgen. Dadurch
verschaffen wir uns schließlich ein g, welches infinitesimale
Partitionen definiert,und eine Folge von Zwischenpunkten für g.
Weiter haben wir nach Konstruktion eine Funktion $h : \mathbb{R}^+ \to \mathbb{N}$
mit

$$\left| S_{f,g,\xi}(h(\delta))-a \right| \geqslant \varepsilon_o$$

für alle $\delta > 0$. Wählen wir wieder δ infinitesimal, so muß $h(\delta)$
unendlich groß werden und wir erhalten unseren gesuchten Widerspruch.

IV. DIE METHODE DER NICHTSTANDARD-ERWEITERUNG IM ALLGEMEINEN FALL

1. Vorbemerkungen

Wir haben im letzten Kapitel die hyperreellen Zahlen als eine
Erweiterung der reellen Zahlen kennengelernt. Dies ergab uns
dann die hyperreelle Erweiterung von beliebigen Teilmengen
$X \subseteq \mathbb{R}^n$ und führte uns beispielsweise zu den hypernatürlichen
Zahlen. Dabei waren nun zwei Dinge von entscheidender Bedeu-
tung:

(a) Es handelte sich, jedenfalls bei unendlichen Mengen, stets
    um echte Erweiterungen.

(b) Die hyperreelle Erweiterung X* von X hatte im gewissen
    Sinne "dieselben Eigenschaften" wie X.

Dabei ist hier nicht ganz klar, wie man den Begriff "Eigenschaft" zu deuten hat. Das Lösungsaxiom garantierte uns die
Bedingung (b), wenn wir "Implikation zwischen endlichen Mengen
von Gleichungen und Ungleichungen" für "Eigenschaft" einsetzen.
Offen blieb, ob noch allgemeinere Eigenschaften der Bedingung
(b) genügten, aber wir haben auch gesehen, daß ganz beliebige
Eigenschaften dies jedenfalls nicht tun. So konnte man etwa
mittels des Begriffes "endlich" die beiden Mengen $\mathbb{N}$ und $\mathbb{N}$*
unterscheiden. Dies ist nun in der Tat eine große Trivialität:
Wenn X* eine echte Erweiterung von X ist, so kann man diese
beiden Mengen durch die Eigenschaft, Element von X zu sein,
also durch eine auf X selbst referierende Eigenschaft, unterscheiden.
Unser Ziel ist nun, Hyper-, oder wie wir ab jetzt auch sagen
werden, Nichtstandard-Erweiterungen im allgemeinen Fall so
einzuführen, daß (a) und (b) möglichst weitgehend gelten.
Dies wird wieder durch Angabe von Axiomen geschehen. Dabei
werden natürlich die oben zitierten Selbstreferenzen vermieden werden müssen; wie sich herausstellen wird, ist dies aber
im wesentlichen das Einzige, vor dem man sich vorsehen muß.
Vorher müssen wir uns jedoch darüber klar werden, was wir denn

eigentlich als den "allgemeinen Fall" ansehen wollen. Dies ist
sehr einfach zu sagen: Wir betrachten einen Mathematiker, der
seine Theorien im (heute üblichen) Rahmen der Mengenlehre entwickelt, genauer gesagt, im Rahmen der Zermelo-Fraenkel'schen
Mengenlehre unter Einbeziehung des Auswahlaxioms (vgl. Kap.IX).

Ohne hier formal zu werden, wollen wir doch das für uns Wichtigste kurz festhalten:

Die Grundbegriffe in der Mengenlehre, auf die sich alles andere reduzieren läßt, sind die Elementbeziehung und die Gleichheitsrelation. Das heißt, jede mengentheoretische Eigenschaft
(oder "Formel", wie wir jetzt auch sagen werden) ist in endlich vielen Schritten aus Formeln der Gestalt "x $\in$ y" und
"x = y" mittels der logischen Zeichen $\wedge$, $\vee$, $\neg$, $\Rightarrow$, $\Leftrightarrow$, $\forall$, $\exists$
("und", "oder", "nicht", "wenn-so", "genau dann, wenn", "für
alle", "es gibt"; diese Wörter werden wir häufig statt der
formalen Symbole benutzen) aufgebaut. Die Grundbegriffe "$\in$"
und "=" werden nicht mehr definiert, der Umgang mit ihnen
wird durch die Axiome der Mengenlehre geregelt. Die Reduktion
anderer Begriffe auf diese Grundbegriffe muß nun in der Praxis
nicht fortwährend vorgenommen werden, meistens genügt es zu
wissen, daß sie prinzipiell möglich ist.

Auf diese prinzipielle Möglichkeit wird häufig großer Wert ge-
legt; so enthalten heutzutage viele mathematische Monographien
zur moralischen Beruhigung ihrer Leser einen Vorspann oder An-
hang zur Mengenlehre, in dem gewöhnlich sehr glaubhaft versichert wird, daß sich der behandelte Stoff auch mit "$\in$" und
"=" niederschreiben ließe.

Für den weiteren Verlauf sollte der Leser eine ihm "gut bekannte" Menge (etwa die der reellen Zahlen) zur Verfügung haben, wo ihm die vorkommenden Mengenbildungsprozesse vertraut
sind. Fragen wir uns doch, von welcher Art solche Prozesse eigentlich sind. Man bildet: Teilmengen, Mengen von Teilmengen
(insbesondere ungeordnete und geordnete Paare), Relationen,

Funktionen, Mengen von Relationen und Funktionen usw.. Ein solches Vorgehen kann man auch formal beschreiben, man vgl. hierzu auch Kap. IX; eine bereits sehr allgemeine Konstruktion wollen wir durch Induktion erklären. Dabei ist es praktisch, statt von einer Grundmenge G gleich von einer ganzen Familie $\{G_i \mid i \in I\}$ auszugehen. Weiter empfiehlt es sich, Mengen intuitiv verschiedenen "Typs", etwa zweistellige und dreistellige Relationen oder gar Mengen von solchen, streng auseinanderzuhalten; zu diesem Zwecke müssen also "Typen" erklärt und gesagt werden, wann eine Menge einen gewissen Typ hat (vgl. auch Kap. IX). Der skizzierte Iterationsprozeß wird nun folgendermaßen erklärt:

Gegeben seien Grundmengen I und G_i für $i \in I$.

1) Elemente von Grundmengen erhalten den Typ O;

2) wenn A_j die Menge aller Mengen vom Typ τ_j ist für $1 \leqslant j \leqslant n$, dann ist jedes $R \subseteq A_1 \times \ldots \times A_n$ eine Menge vom Typ $(\tau_1, \ldots, \tau_n)$.

Die *Mengenhierarchie* $\mathcal{H} = \mathcal{H}(I, \{G_i \mid i \in I\})$ enthält alles, was man in endlich vielen Schritten aus 1) und 2) erhält. $\mathcal{H}$ ist also eine Familie von Mengen; sie ist ziemlich kompliziert, jedoch kommt man in den meisten praktischen Fällen mit Mengen sehr einfacheren Typs aus. Die Typen sind geschachtelte Tupel, in denen ganz innen Nullen stehen.

Im Augenblick, und für den größten Teil dieses Buches, spielen die Mengenhierarchien noch keine Rolle. Die Axiome für die Nichtstandardwelt zerfallen in drei Gruppen. Die beiden ersten Gruppen stehen in genauer Analogie zur Einteilung des Axiomensystems für die hyperreellen Zahlen in Kap. II.2:

Gruppe I wird beschreiben, daß uns die bisher bekannte Welt unverändert erhalten bleibt;

Gruppe II wird uns die Erweiterung geben und die Beziehungen zum Bisherigen regeln.

Die Gruppe III behandelt Beziehungen zwischen der neuen Mengenwelt und der bisherigen Mengenlehre.

Die durch diese Axiome beschriebene Welt soll eine Erweiterung
der alten Mengenwelt sein, die hierdurch erklärte Mengenlehre
soll "interne Mengenlehre" heißen; der Name "intern" motiviert
sich später von selber. Auch in der internen Mengenlehre werden
wir einfach von "Mengen" sprechen, nur wenn wir die interne
Mengenlehre mit der "gewöhnlichen" Mengenlehre vergleichen wollen, werden wir auch von "internen" Mengen sprechen.

Bei den Axiomen für die hyperreellen Zahlen haben wir zwischen
Zahlen und Zahlzeichen, Funktionen und Funktionszeichen, allgemeiner zwischen sprachlichen Objekten und den durch sie bezeichneten Objekten unterschieden. Eigentlich müßten wir hier
genauso vorgehen und etwa zwischen der Elementbeziehung und
dem sprachlichen Symbol, das sie bezeichnet, trennen; Formeln
wie zum Beispiel die Axiome sind sprachliche Dinge, die in gewissen Bereichen richtig oder falsch sein können. In unseren
Bezeichnungen lassen wir diesen Unterschied hier jedoch wieder
fallen (in Kap. IX werden wir jedoch wieder formal).

Insgesamt nehmen wir im Moment einen naiv-deskriptiven Standpunkt ein. Das Hauptziel des Kapitels ist es, den Leser in den
Begriffen und Techniken der neuen Mengenwelt *einzuüben*. Aber
weil hier nicht nur eine bestimmte mathematische Struktur mit
gewissen Axiomen vorgestellt wird, sondern das ganze Fundament
verändert wird, gewinnt die (mathematische) Bedeutung normalerweise so undiskutierter Begriffe wie "Menge", "Eigenschaft",
"Wahrheit" etc. an Relevanz. Um sich hier Klarheit zu verschaffen, wird der Leser gelegentlich Kap. IX. zu Rate ziehen
wollen; wo es unumgänglich nötig erschien, wurden auch hier
schon Elemente der mathematischen Logik eingearbeitet. Aus
Kap. IX wird auch klar, daß wir, grundlagentheoretisch gesehen, einen modelltheoretischen Standpunkt einnehmen; bei der
naiven Betrachtungsweise ist dies nicht immer ganz deutlich.

2. Das Axiomensystem für die interne Mengenlehre und erste Folgerungen

Zur äußeren Dokumentation dessen, daß wir uns in der internen
Mengenlehre befinden, wollen wir ab jetzt das Symbol "ε" für
die Elementbeziehung gebrauchen, gegenüber dem früheren Zeichen "$\in$". Ein weiterer Grund für diese Unterscheidung ergibt
sich, wenn man interne Mengenlehre und gewöhnliche Mengenlehre
vergleichen will. Die Objekte unserer Betrachtung nennen wir
wieder Mengen; wollen wir uns gegenüber der üblichen Mengenlehre abgrenzen, reden wir auch von "internen Mengen".

I. Gruppe:

Für "ε" und "$=$" gelten die Axiome der Zermelo-Fraenkel'schen
Mengenlehre einschließlich des Auswahlaxioms.

Das bedeutet: Alle Definitionen, Eigenschaften und Sätze der
klassischen Mathematik, die sich (im Prinzip) mittels der Elementbeziehung und Gleichheit formulieren lassen, gelten unverändert weiter. *Bisher* war dies in der klassischen Mathematik
alles, was überhaupt vorkam (von gewissen Ausnahmen abgesehen,
die mit dem Russel'schen Paradoxon zusammenhängen). Insbesondere behalten alle Objekte der klassischen Mathematik wie natürliche, reelle, komplexe Zahlen etc. ihre gewohnte Definition.
Auf den Zusammenhang mit den hyperreellen Zahlen werden wir
in Kap. IV.3 eingehen.

Zusätzlich zu "ε" und "$=$" betrachten wir jetzt ein weiteres un-
definiertes Grundprädikat "standard(x)", gelesen als "x ist
standard" oder "x ist Standardmenge" etc..

Um Formeln ("Eigenschaften") der internen Mengenlehre zu bilden, haben wir jetzt drei Grundprädikate zur Verfügung:

<u>1. Def.</u>: Die *Formeln der internen Mengenlehre* werden in endlich
vielen Schritten aus Formeln der Gestalt "x ε y",
"x = y" und "standard(x)" mittels der logischen Zei-

chen $\wedge$, $\vee$, $\neg$, $\Rightarrow$, $\Leftrightarrow$, $\forall$, $\exists$ aufgebaut (in der üblichen
Weise).

Auch hier braucht die Reduktion auf die Grundaussagen aktual
meist gar nicht vorgenommen werden (und wird hier auch in der
Regel nicht). So läßt sich etwa "f ist eine holomorphe Funktion" $\wedge$ "standard(f)" im Prinzip in eine Formel der internen
Mengenlehre umschreiben. Wichtig ist aber, im Auge zu behalten, wo das Prädikat "standard" eingeht.

<u>2. Def.</u>: Eine *interne Formel* ist eine mengentheoretische For-
mel, die nur aus Formeln der Gestalt x ε y und x = y
aufgebaut ist; in ihnen kommt das Prädikat "standard"
also nicht vor. Formeln, in denen dieses Prädikat vorkommt, heißen *extern*.

Aus dem bisherigen ist klar, daß die mengentheoretischen Axiome nur für interne Formeln gelten; wir können "standard" nicht
mit "ε" und "=" definieren. Wichtig ist dies vor allem bei den
Mengenbildungen. So kann man für eine Menge X und eine Formel
P(z) die Menge

$$Y = \{z \ \varepsilon \ X \mid P(z) \ \text{gilt}\}$$

nur dann bilden, wenn P(z) eine interne Formel ist. Nur dann
nämlich garantieren die Axiome eine Menge Y mit

$$z \ \varepsilon \ Y \Leftrightarrow z \ \varepsilon \ X \wedge P(z),$$

und dann ist dieses Y auch eindeutig bestimmt. Etwas unter Miß-
brauch der Terminologie wollen wir für externes P(z)

$$\{z \ \varepsilon \ X \mid P(z)\}$$

auch eine *unerlaubte Mengenbildung* nennen. Man muß betonen, daß
"unerlaubt sein" eine Eigenschaft eines sprachlichen Objektes
(hier: einer mißglückten Definition) ist, denn die Menge wird
ja gar nicht erklärt; jedenfalls ist dies nicht garantiert.

Das Verbot, mit externen Formeln Mengen zu bilden, wirkt auf
den ersten Blick sicher etwas befremdlich. In der klassischen
Mathematik ist man so sehr gewöhnt, "Eigenschaften" und "Teil-

mengen" (einer Menge) parallel zu handhaben, daß man beides
nahezu identifiziert. Dieses Vorgehen wäre auch hier möglich,
nur müßte man dann später fortwährend zwischen extern definierten und intern definierten Mengen unterscheiden, was wegen ihrer Verschiedenartigkeit zu beträchtlichen terminologi-
schen Schwierigkeiten führen würde. Das Verbot, "unerlaubte
Mengen" zu bilden, ist also weniger "ontologisch" als vielmehr rein technisch motiviert.

Die externen Eigenschaften sind nämlich genau diejenigen, welche zu den oben angesprochenen "Selbstreferenzen" führen würden; ihr schrankenloser Gebrauch würde also zu Widersprüchen
führen. (Wie etwa die hemmungslose Anwendung von Mengenbildungen auch zur Russel'schen Antinomie geführt hat.) Die Ausdrucks-
weise: "Externe Formel", "unerlaubte Menge" soll also vor allem
ein Warnzeichen sein und zu höchster Achtsamkeit mahnen.

Wenn man mit dem Standardprädikat auch keine Menge bilden darf,
so können wir doch mit externen Formeln über Mengen reden.
Wenn P eine (externe oder interne) Formel ist, benützen wir
folgende Abkürzungen:

$$\forall^{st}x(P) \qquad \text{für } \forall x(\text{standard}(x) \Rightarrow P),$$
$$\exists^{st}x(P) \qquad \text{für } \exists x(\text{standard}(x) \wedge P),$$

$$\forall^{fin}x(P) \qquad \text{für } \forall x(x \text{ endlich} \Rightarrow P),$$
$$\exists^{fin}x(P) \qquad \text{für } \exists x(x \text{ endlich} \wedge P),$$

$$\forall^{stfin}x(P) \qquad \text{für } \forall x^{st}(x \text{ endlich} \Rightarrow P),$$
$$\exists^{stfin}x(P) \qquad \text{für } \exists^{st}x(x \text{ endlich} \wedge P).$$

Dabei ist "x endlich" selbst eine Abkürzung, nämlich für eine
interne Formel, die die Endlichkeit von x garantiert (etwa: x
ist gleichmächtig zu der Menge der Vorgänger einer natürlichen
Zahl). Weiter entstehe P^{st} aus P, indem man alle Quantoren $\forall$
(bzw. $\exists$) durch $\forall^{st}$ (bzw. $\exists^{st}$) ersetzt.

II. Gruppe:

In der Gruppe II haben wir drei Axiome

(T) <u>Transferaxiom:</u>

Wenn P eine interne Formel ist, welche höchstens die Variablen $x, y_1, \ldots, y_n$ frei, d.h. unquantifiziert enthält, dann gilt

$$\forall^{st} y_1, \ldots, y_n [\forall^{st} x P(x, y_1, \ldots, y_n) \Leftrightarrow \forall x P(x, y_1, \ldots, y_n)].$$

Hieraus folgt die umgangssprachliche Version (die wir weiter unten erläutern):

Eine Behauptung P gilt genau dann, wenn die Behauptung P^{st}, die aus P entsteht, wenn man nur Standardmengen betrachtet (insbesondere, wenn man alle "All-" und alle "Existenz-" Aussagen nur auf Standardmengen bezieht), richtig ist.

Ein Beispiel für diesen letzten Prozeß ist: Sei P die Aussage "Für alle Mengen M gibt es eine Menge Q, welche alle Elemente x von M und wenigstens noch ein weiteres Element enthält", dann ist P^{st} die Aussage "Für alle standard Mengen M gibt es eine standard Menge Q, welche alle standard Elemente x von M und wenigstens noch ein weiteres standard Element enthält". Will man diese Aussage nur für eine bestimmte Menge M_o machen (d.h. M_o ist ein Parameter der Aussage), so darf das Transferaxiom nur dann angewendet werden, wenn M_o standard ist. Ein Beispiel für eine externe Formel ist $\forall x (\text{standard}(x))$. Es ist klar, daß diese Eigenschaft in einer Nichtstandardwelt nicht gelten kann und motiviert die Einschränkung des Transferaxioms auf interne Formeln.

(I) <u>Axiom vom idealen Punkt:</u>

Sei $P(y,z)$ eine interne Formel, in der y und z frei sind; über weitere Variablen ist nichts ausgesagt. Es gilt

$$[\forall^{stfin} x \exists y \forall z \varepsilon x (P(y,z))] \Leftrightarrow [\exists y \forall^{st} z (P(y,z))].$$

Umgangssprachlich:

Es sei $P(x,y)$ eine intern definierte binäre Relation. Wenn

für jede endliche Standardmenge x ein y existiert, welches
mit allen z ε x in der Relation P(y,z) steht, dann gibt es
schon ein y, welches mit allen standard z schlechthin in
der Relation P(y,z) steht; y ist die "ideale Menge".

(S) <u>Axiom für die Standardmengenbildung:</u>

Sei P(x) eine beliebige externe oder interne Formel, in
der x frei ist; über andere Variable ist nichts ausgesagt.
Dann gilt

$$\forall y^{st} \exists z^{st} \forall^{st} x [x\varepsilon z \leftrightarrow x\varepsilon y \wedge P(x)].$$

Umgangssprachlich:

Sei P(x) eine beliebige Eigenschaft. Dann gibt es für jede
Standardmenge y eine Standardmenge z, deren Standardelemen-
te gerade die Standardelemente von y mit der Eigenschaft
P sind.

Möchte man für gewisse Elemente, Mengen, Funktionen etc. Konstante in die Formeln einsetzen, so darf man diese drei Axiome
unter Beachtung einer Vorsichtsmaßregel unverändert übernehmen: Alle Konstanten, die in einer Formel P bei Anwendung des
Transferaxioms auftreten, müssen das Standardprädikat erfüllen.

Zunächst vermerken wir, daß man Axiom (T) durch eine etwas
schwächere aber äquivalente Form ersetzen könnte:

<u>Axiom (T'):</u>

Wenn $P(x, t_1, \ldots, t_n)$ eine interne Formel ist, die außer x,
$t_1, \ldots, t_n$ keine weiteren freien Variablen enthält, dann gilt

$$\forall^{st} t_1 \ldots \forall^{st} t_n \; [\forall^{st} x P(x, t_1, \ldots, t_n) \Rightarrow \forall x P(x, t_1, \ldots, t_n)].$$

Klarerweise impliziert nämlich Axiom (T) das Axiom (T'). Für
die umgekehrte Richtung konsultiere man die Betrachtungen vor
dem nächsten Satz.

Dem Leser, der bisher erfolgreich sein mathematisches Gebiet
ohne mathematische Logik und axiomatische Mengenlehre betreiben konnte, sei versichert, daß er dies auch weiterhin so tun
kann, die umgangssprachlichen Axiome werden dazu völlig aus-
reichen. Auch in der klassischen Mathematik liegt diese Situation vor: Indem man den Umgang mit Mengen meist nicht völlig
festlegt, wird prinzipiell ein gewisser Mangel an Präzision
zugelassen; dieser wird jedoch völlig bewußt in Kauf genommen.
Wir verfolgen allerdings den Hintergedanken, beim Leser eine
gewisse Neugier zu wecken, warum dieser ganze Aufbau der Nichtstandard-Mathematik zulässig ist. Dazu sind nun in der Tat gewisse Begriffe und Methoden der mathematischen Logik notwendig; diese werden in Kap. IX behandelt.

Das nächste Ziel muß sein, eine Vorstellung über die neu gewonnene Welt der internen Mengen zu bekommen. Ein Vergleich
mit dem Axiomensystem für die hyperreellen Zahlen lehrt zunächst:

1.) Das Transferaxiom (insbesondere in der Form T') ent-
    spricht dem Lösungsaxiom (HR3).

2.) Das Axiom vom idealen Punkt entspricht Axiom (HR4), wel-
    ches nicht reelle hyperreelle Zahlen garantierte.

3.) Das Standardmengenaxiom entspricht der Möglichkeit der
    hyperreellen Erweiterung von reellen Funktionen und Men-
    gen reeller Zahlen.

Diese Analogie ist im Moment aber noch recht vage. Wir werden zwar die hyperreellen Zahlen inhaltlich in der internen
Mengenlehre wiederentdecken, formal (was die unerlaubten
Mengenbildungen angeht) bestehen jedoch gewisse Unterschie-
de, die letzten Endes eine Konsequenz des Wunsches sind,
die ganze Mengenlehre (d.h. die "ganze Mathematik") im Sinne
der Nichtstandardanalysis aufzuziehen.

Wenn wir so tun, als sei die Welt der internen Mengen unsere
mathematische Welt, dann haben wir eine Erweiterung der übli-

chen Mengenlehre durch die Axiome (T), (I) und (S). Einigen
einfachen, jedoch gelegentlich überraschenden Folgerungen aus
unseren Axiomen wollen wir uns jetzt zuwenden.

Zunächst vermerken wir einige Umformulierungen und Konsequenzen des Transferaxioms (T); dazu gehören auch die umgangssprachliche Version und das Axiom (T'). Man beweist sie sämtlich über
den induktiven Aufbau der Formeln; es geht hier also ein, daß
sich alle unsere Eigenschaften im Prinzip aus den Grundbegrif-
fen mittels logischer Zeichen aufbauen lassen. Diese logischen
Überlegungen gehören eigentlich nach Kap. IX, sie haben jedoch
so elementaren Charakter, daß wir dem Leser das nötige Rüstzeug
bereits hier zusammenstellen. Erst einmal gilt ganz allgemein:

Aus $\forall x(P(x) \leftrightarrow Q(x))$ folgt $\forall xP(x) \leftrightarrow \forall xQ(x)$,

aus $\forall x(P(x) \leftrightarrow Q(x))$ und $\forall x(Q(x) \leftrightarrow R(x))$ folgt $\forall x(P(x) \leftrightarrow R(x))$,

aus $\forall x(P(x) \leftrightarrow Q(x))$ folgt $\forall x(\neg P(x) \leftrightarrow \neg Q(x))$.

Für internes P erhalten wir:

a) $\forall^{st} y_1, \ldots, y_n [P(y_1, \ldots, y_n) \leftrightarrow P^{st}(y_1, \ldots, y_n)]$.

   Ein typischer Induktionsschritt verläuft so:
   Sei $P = \forall xQ$ und für Q gelte die Behauptung:

   $(\forall^{st} y_1, \ldots y_n \forall^{st} x)[Q(x_1, y_1, \ldots, y_n) \leftrightarrow Q^{st}(x, y_1, \ldots, y_n)]$,

   $(\forall^{st} y_1, \ldots, y_n)[\forall^{st} xQ(x, y_1, \ldots, y_n) \leftrightarrow \forall^{st} xQ^{st}(x, y_1, \ldots, y_n)]$,

   und daraus mittels (T)

   $(\forall^{st} y_1, \ldots, y_n)[\forall xQ(x, y_1, \ldots, y_n) \leftrightarrow \forall^{st} xQ^{st}(x, y_1, \ldots, y_n)]$.

b) Wenn P keine freien Variablen hat, so gilt $P \leftrightarrow P^{st}$; dies
   ist ein Spezialfall von a).

c) $(\forall^{st} y_1, \ldots, y_n)[\exists^{st} xP(x, y_1, \ldots, y_n) \leftrightarrow \exists xP(x, y_1, \ldots, y_n)]$
   (Hierzu benutzt man, daß "$\exists$" gerade "$\neg \forall \neg$" ist.)

Im nächsten Satz bedeute "$\exists! x$" soviel wie "es gibt genau ein
x".

3. Satz: Sei P eine interne Formel.

(i)   Es gelte $(\forall y_1,\ldots,y_n \exists!x)P(x,y_1,\ldots,y_n)$. Wenn
      dann für $a_1,\ldots,a_n,b$ die Eigenschaft P gilt
      und wenn die $a_1,\ldots,a_n$ standard sind, dann ist
      auch b standard.

(ii) Wenn $P(x)$ nur die eine freie Variable x enthält
      und wenn es genau eine Menge a mit $P(a)$ gibt,
      dann ist a standard.

Beweis: (ii) ist ein Spezialfall von (i). Zum Beweise von (i)
verbessere man (c) so, daß "$\exists x$" durch "$\exists!x$" ersetzt wird, indem man die Eindeutigkeitsbehauptung in den Rest der Formel
hereinnimmt. Daraus folgt, daß das eindeutig bestimmte x schon
das Standardprädikat erfüllt.

Als Beispiel betrachten wir die Potenzmengenbildung $\mathscr{P}(y)$.
$\mathscr{P}(y)$ ist für jedes y die eindeutig bestimmte Menge z mit

$$\forall x(x\varepsilon z \leftrightarrow \forall u(u\varepsilon x \Rightarrow u\varepsilon y)).$$

Der letzte Satz lehrt uns: Die Potenzmenge einer Standardmenge
ist eine Standardmenge.
Ein Spezialfall von 3(i) ist: Eine Standardfunktion bildet
Standardargumente in Standardwerte ab.

Ein drittes Beispiel sind Mengen oder Strukturen, für die in
der Mengenlehre eine eindeutige Konstruktionsvorschrift besteht, wie zum Beispiel die natürlichen oder reellen Zahlen:
Sie erfüllen alle das Standardprädikat.

4. Satz: Zwei Standardmengen sind bereits dann gleich, wenn
         sie die gleichen Standardelemente haben.

Beweis: Man wende das Transferaxiom an.

Ganz entsprechend zu Satz 11 aus II.2 erhalten wir:

5. Satz: Sei X eine Menge. Dann ist X genau dann standard
         und endlich, wenn alle Elemente von X standard sind.

<u>Beweis:</u> Wir wenden das Axiom vom idealen Punkt auf die Formel
$P(y,z)$: $y \in X$ und $y \neq z$ an. Dann ist die rechte Hälfte dieses
Axioms, $\exists y \forall^{st} z(P(y,z))$, gleichbedeutend mit $(\exists y \in X)$ (y nicht
standard). Der Übergang zur Negation liefert:

$$(\forall y \in X)(\text{standard } (y)) \leftrightarrow \exists^{stfin} x \forall y \; \exists z \in x(y \notin X \vee y = z)$$
$$\leftrightarrow \exists^{stfin} x(X \subseteq x).$$

Wenn nun X eine endliche Standardmenge ist, dann wählen wir
$x = X$ und erkennen alle Elemente $y \in X$ als standard. Wenn umgekehrt alle Elemente von X standard sind, dann ist $X \subseteq x$ für
eine endliche Standardmenge x; als Teilmenge einer endlichen
Menge ist X erst einmal selbst endlich. Weiter ist aber X auch
ein Element der Potenzmenge $\mathscr{P}(x)$, welche eine endliche Standardmenge ist und daher nur Standardelemente hat, wie wir gerade feststellten.

Es hat also jede unendliche Menge Nichtstandardelemente. Speziell gibt es nichtstandard reelle Zahlen und wir erkennen
(wieder) das Axiom (I) vom idealen Punkt als eine Verallgemeinerung des Axioms (HR4), welches die Existenz von hyperreellen, nichtstandard reellen Zahlen sichert. Der nächste
Satz zeigt jedoch die große Tragweite und Allgemeinheit des
Axioms (I). Wir bitten den geneigten Leser, diesen Satz nicht
als Zumutung aufzufassen, denn in gewissem Sinne wird die
Existenz von endlichen Mengen mit unendlich vielen Elementen
behauptet.

<u>6. Satz:</u> Es gibt eine endliche Menge X, welche alle Standard-
mengen als Elemente enthält.

<u>Beweis:</u> Man wende das Axiom (I) auf die Formel $P(X,z):X$ ist
endlich und $z \in X$ an.

Schauen wir uns nun an, was dieser Satz *nicht* behauptet. Er
sagt nicht, daß die Gesamtheit aller Standardmengen endlich
ist. Dies ist nämlich gar keine (interne) Menge, denn wie
sollte sie gebildet sein, etwa als die Teilmenge aller Standardmengen von der Menge aller Mengen? Das ist doch aus zwei

Gründen unerlaubt:

1. Die Menge aller Mengen gibt es nicht;

2. Mengenbildungen mit dem Standardprädikat sind
   unerlaubt.

Die fragliche endliche Menge, die alle Standardmengen enthält,
muß also noch andere Elemente haben. Aber auch das ist noch
merkwürdig genug.

Es erscheint an dieser Stelle angebracht, sich die (relative)
Widerspruchsfreiheit des Axioms vom idealen Punkt wenigstens
plausibel zu machen. Einen eventuellen Widerspruch erhält man
durch eine gewisse Argumentation, und diese kann nur endlich
lang sein. Außerdem kann niemand über unendlich viele Dinge
gleichzeitig sprechen, es sei denn, er habe sie in irgendeiner
Weise zusammengefaßt ("finitarisiert"), womit man dann wieder
eine Aussage über ein Ding erhält. Widersprüche stellen sich
also, wenn überhaupt, schon in "endlichen" Situationen ein.
Genau diese sollen aber beim Axiom (I) vermieden werden. Es
ist auch wenig hilfreich, sich zu überlegen, ob oder in wel-
chem Sinne die idealen Punkte "wirklich existieren": Wir können so tun, als ob es sie gäbe und von ihnen reden; es interessiert uns einzig und allein, ob dies nützlich und zweckmäßig
ist.

Im nächsten Abschnitt IV.3 werden wir uns die natürlichen und
reellen Zahlen in der internen Mengenlehre weiter ansehen und
auch die Beziehungen zu den hypernatürlichen und hyperreellen
Zahlen herstellen. Es ist nicht schwer zu erraten, daß die Anzahl der Elemente der endlichen Menge, die alle Standardzahlen
enthält, soviel wie eine hypernatürliche Zahl im Sinne von
Kap. III sein wird. Wir müssen an dieser Stelle akzeptieren,
daß auch der Begriff "endlich" ein im Rahmen der Mengenlehre
(hier: internen Mengenlehre!) definierter Begriff ist. Er ist
zwar mit verschiedenen, von "außen" kommenden Vorstellungen be-
lastet, z.B., daß wir bis zu jeder natürlichen Zahl selber hin-
zählen könnten (was nun auch wieder eine recht stramme Ideali-

sierung ist). Aber genauso, wie wir den Endlichkeitsbegriff
in der klassischen Mathematik nur im Sinne seiner Definition
(wofür es ja verschiedene gleichwertige Möglichkeiten gibt)
benutzen dürfen, so müssen wir es hier halten. Es sei noch
einmal betont: Die Definition von "endlich" ist in der internen Mengenlehre dieselbe wie sonst auch! Nur können wir jetzt
mit Hilfe des Standardprädikats noch zusätzliche und in gewissem Sinne ungewohnte Aussagen machen.

Betrachten wir noch das Axiom der Standardmengenbildung. Es
liefert einen Ersatz für die unerlaubten Mengenbildungen mit
externen Formeln. Die Standardmenge z, die im Axiom (S) gebildet wird, ist wegen Satz 4 eindeutig bestimmt. Sie ist jedoch von der (evtl. unerlaubten) Menge, an die man versucht
ist zu denken, ziemlich weit entfernt, wie das folgende Beispiel zeigt:
Sei R(x,y) die Formel : x und y sind natürliche Zahlen mit
x < y. Wenn n eine nichtstandard natürliche Zahl ist, liefert Axiom (S)

a) für die Formel $P_1(x)$: R(x,n) die Menge aller natürlichen
   Zahlen,

b) für die Formel $P_2(x)$: R(n,x) die leere Menge.

Aber jedenfalls liefert das Transferaxiom, daß man in (S)
$z \subseteq y$ erhält, weil nämlich beide standard sind.

7. <u>Def.</u>: (i)   Die durch Axiom (S) gelieferte Menge bezeich-
                 nen wir mit $\{x \in y \mid P(x)\}^*$.

         (ii) Wenn f eine Funktion ist, für die mit
               standard(x) auch standard(f(x)) gilt,
               dann sei
               $\hat{f} = \{ <x, y> \mid y = f(x)\}^*$.

Mit dem Transferaxiom zeigt man noch den nächsten Satz, der
ein Definitionsprinzip für Funktionen beinhaltet.

8. <u>Satz:</u> Wenn $f = \{<x_1,x_2> \; \varepsilon \; y \; | \; P(x_1,x_2)\}^*$ und wenn f re-
lativiert auf die standard Welt sich wie eine
Funktion verhält, dann ist f bereits selbst eine
Funktion.

In der folgenden Situation läßt sich das Zusammenwirken der
drei Axiome (T), (I) und (S) noch einmal gut demonstrieren.

Sei $(I, \leqslant)$ eine *nach oben gerichtete Menge*, d.h. "$\leqslant$" ist eine
teilweise Ordnung und für i, j ε I existiert ein k mit i $\leqslant$ k
und j $\leqslant$ k.

Ein *inverses oder projektives Mengensystem* über $(I, \leqslant)$ ist
dann von der Form $((I, \leqslant), \{A_i \; | \; i \; \varepsilon \; I\}, \quad \{f_{ij} \; | \; i, \; j \; \varepsilon \; I,$
$i \leqslant j\})$, wobei die A_i Mengen und die $f_{ij} : A_j \rightarrow A_i$ Abbildun-
gen sind und außerdem gilt:

1) $f_{ij} \circ f_{jk} = f_{ik}$ für $i \leqslant j \leqslant k$ sowie

2) $f_{ii} = id_{A_i}$ für $i \; \varepsilon \; I$.

Ein *inverser oder projektiver Limes* dieses Systems besteht aus
einer Menge A zusammen mit Abbildungen $f_i : A \rightarrow A_i$, i ε I, so
daß

1) $f_i = f_{ij} \circ f_j$ für alle i, j ε I mit i $\leqslant$ j gilt;

2) wenn $(A', \{f_i' \; | \; i \; \varepsilon \; I\}), \; f_i' : A' \rightarrow A_i$ ebenfalls 1) genügt,
so existiert genau ein h : A $\rightarrow$ A' mit $f_i \circ h = f_i'$ für alle
i ε I.

Notiert wird dies auch durch $A = \varprojlim_{i \varepsilon I} A_i$. Eine solche Menge A
ist bis auf eine Bijektion eindeutig bestimmt, z.B. kann man
sie sich denken als

$$\{(a_i)_{i \varepsilon I} \; \varepsilon \; \prod_{i \varepsilon I} A_i \; | \; a_i = f_{ij}(a_j), \; i, \; j \; \varepsilon \; I, \; i \leqslant j\}.$$

Solche Elemente des kartesischen Produktes müssen aber nicht
existieren, d.h. der projektive Limes kann leer sein, und zwar
selbst dann, wenn alle f_{ij} surjektiv sind. Jedoch gilt:

<u>9. Satz</u>: Der projektive Limes von nichtleeren endlichen Mengen
eines projektiven Systems über einer gerichteten Menge ist nicht leer.

<u>Beweis</u>: Es genügt, die Behauptung für den Fall zu zeigen, daß
das projektive System standard ist. Das Axiom vom idealen Punkt
liefert uns zunächst ein $i_o \varepsilon I$ mit $i_o \geqslant i$ für alle standard $i\varepsilon I$,
denn $(I,\leqslant)$ ist gerichtet. Betrachten wir die Abbildungen

$$f_{ji_o} : A_{i_o} \to A_j$$

für standard j; weil diese A_j standard und endlich sind, sind
nach Satz 5 auch alle ihre Elemente standard. Weiter ist $A_{i_o} \neq \emptyset$;
wählen wir also ein $c \varepsilon A_{i_o}$ und sehen, daß alle $f_{ji_o}(c)$ standard sind. Das Axiom (S) erlaubt uns nun, eine Standardmenge

$$a = \{<i,a_i> \ | \ \forall^{st} i (a_i = f_{ii_o}(c))\}^*$$

zu bilden (wobei man benutzt, daß mit x und y auch $<x,y>$ standard ist). A priori ist (wegen der nichtstandard i) nicht einmal klar, ob uns mit a ein Element von $\Pi(A_i | i\varepsilon I)$ gegeben ist.
Auf den standard $i\varepsilon I$ verhält sich a aber wie ein Element des
Produktes (d.h. a ist funktional, alle standard $i\varepsilon I$ kommen als
Argumente vor etc.), ja sogar wie ein Element des projektiven
Limes. Weil alle auftretenden Parameter standard sind, können
wir das Transferaxiom(T) anwenden und erhalten die Behauptung.

Um anzudeuten, daß wir uns in der internen Mengenlehre befinden, treffen wir noch folgende

<u>Verabredung</u>: Bei allen Mengen (algebraischen Strukturen, topologischen Räumen etc.), die in der "gewöhnlichen" Mathematik
eine eingebürgerte Bezeichnung haben (wie etwa $\mathbb{R}$ und $\mathbb{N}$), fügen
wir dieser Bezeichnung einen "*" hinzu (etwa $\mathbb{R}^*$ und $\mathbb{N}^*$).

Im Sinne von Def.7 ist dann $\mathbb{R}^* = \{x \ | \ x \text{ reell}\}^*$ vernünftig. Im
nächsten Abschnitt werden wir sehen, daß es ebenso nicht der
Terminologie von Kap.II widerspricht.

Der grundlagentheoretisch wenig geübte Leser sollte vorerst den
Rest dieses Abschnitts überschlagen, er wird nur in Kap. VI

benötigt und ist darüber hinaus nur vom Standpunkt der mathematischen Logik (speziell der Modelltheorie) von Interesse.

In der jetzt zu behandelnden Gruppe III der Axiome soll die interne Mengenlehre zur gewöhnlichen Mengenlehre direkt in Beziehung gesetzt werden; diese beiden Theorien sollen gewissermaßen ineinandergeschachtelt werden. Dazu benötigen wir auch zwei Elementrelationen: eine Relation "$\in$" für die gewöhnliche Mengenlehre und eine Relation "ε" für die interne Mengenlehre.

Dazu müssen wir noch einmal ganz von vorn anfangen und von einer "gewöhnlichen" Mengenlehre mit der Elementrelation "$\in$" ausgehen. Wir kommen zu den Axiomen der

III. Gruppe:

Hier gehen wir nicht von der gesamten Mengenwelt aus, sondern von einer festgehaltenen Mengenhierarchie $\mathcal{H} = \mathcal{H}(I, \{G_i \mid i \in I\})$. Es seien zwei undefinierte Prädikate "intern(x)" und "standard(x)" gegeben, die Mengen, auf die sie zutreffen, heißen *interne Mengen* und *standard Mengen*; die nicht internen Mengen heißen *extern*. Weiter sei eine zweistellige Relation "ε" für interne Mengen gegeben.

Wir haben jetzt den Ausdruck "intern" in zwei verschiedenen Bedeutungen benutzt: Formeln können intern sein und Mengen auch. Dies dürfte aber nicht zu Mißverständnissen führen.

Einbettungsaxiome:

1) Jede standard Menge ist intern.

2) Im Bereich der internen Mengen zusammen mit "ε", "$=$" und dem Standardprädikat gelten die Axiome der Gruppe I und II derart eingeschränkt, daß statt des Ersetzungsaxioms nur das Aussonderungsaxiom gilt (siehe Kap. IX, 3).

3) Mit den Prädikaten intern(x) und standard(x) dürfen gewöhnliche Mengen gebildet werden.

4) Für jede interne Menge x gibt es eine Menge $\bar{x}$ mit
$$y \in \bar{x} \Leftrightarrow y \; \varepsilon \; x$$
für alle y.

Was bei den beiden Elementbeziehungen hier eigentlich vorliegt,
ist: Wir haben zwei Interpretationen ein und desselben sprachlichen Symbols. Hierdurch kommt aber auf eine etwas subtile
Weise eine leichte Doppeldeutigkeit herein. Sei X eine interne
Menge, und P(z) eine interne Formel. Die Schreibweise
$$Y = \{z \; \varepsilon \; X \mid P(z) \text{ gilt}\}$$
kann man nämlich einmal im Sinne der internen Mengen lesen, man
könnte sie aber auch als Kurzform für
$$Y = \{x \in X \mid x \; \varepsilon \; X \text{ und } P(z)\}$$
lesen, also als "gewöhnliche" Menge deuten. In diesem Sinne
könnte man dann Y sogar für externe Formeln bilden, es wäre
dann eine externe Menge. Wir wollen diese letztere Deutung
aber für das Weitere ausschließen, falls nichts Gegenteiliges
vermerkt ist. Aber prinzipiell kann X zwei Sorten von Elementen haben: Die $\in$-Elemente und die ε-Elemente. Es sei noch eine
Bemerkung über die formale Natur der mengentheoretischen Axiome
angeschlossen: Sofern man nur die Axiome von Zermelo-Fraenkel
betrachtet, kommt es eben auch nur auf diese an; es ist dann
völlig gleichgültig, ob man sich in der gewöhnlichen Mengenlehre oder in der internen Mengenlehre befindet: Der Unterschied wird dann zu dem rein schreibtechnischen zwischen "$\in$"
und "ε". Erst durch die weiteren Axiome wird der Unterschied
von Bedeutung.

10. Def.: Zu jeder Menge M sei M^{st} die folgende gewöhnliche
        Menge:
$$M^{st} = \{x \mid x \; \varepsilon \; M \text{ und x ist standard}\}.$$

M^{st} ist i.a. eine externe Menge; weil die Mengenbildung unerlaubt ist, entspricht ihr auch keine interne Menge.

Das letzte Axiom ist:

(E) <u>Erweiterungsaxiom für die Mengenhierarchie</u>

Der Mengenhierarchie $\mathcal{H} = \mathcal{H}(I, \{G_i \mid i \in I\})$ ist eine
interne Mengenhierarchie $\mathcal{H}^* = \mathcal{H}^*(I^*, \{H_i \mid i \in I^*\})$ und
eine injektive Abbildung $j : \mathcal{H} \to \mathcal{H}^*$ zugeordnet mit

1) für alle $x, y \in \mathcal{H}$ gilt: $x \in y \Leftrightarrow j(x) \varepsilon j(y)$;

2) Die Standardmengen in $\mathcal{H}^*$ sind genau die Bilder unter j;

3) $\{j(i) \mid i \in I\} = (I^*)^{st}$, $j(I) = I^*$

$\{j(x) \mid x \in G_i\} = (H_{j(i)})^{st}$, $j(G_i) = H_{j(i)}$ für $i \in I$.

Schreibweise: x^* für $j(x)$, $x \in \mathcal{H}$, also insbesondere $H_{j(i)} = G_i^*$,
$i \in I$. $\mathcal{H}^*$ heißt auch die Nichtstandard-Erweiterung von $\mathcal{H}$. $\mathcal{H}^*$
ist eine Mengenhierarchie in der Welt der internen Mengen,
enthält jedoch eine Kopie von $\mathcal{H}$. Verglichen mit dieser Kopie
hat $\mathcal{H}^*$ jedoch evtl. mehr Grundmengen, auch können diese größer
geworden sein (genau die unendlichen Mengen vergrößern sich).
Man kann das System $\mathcal{H}$ aus $\mathcal{H}^*$ zurückgewinnen, wenn man die
(externen) Teilmengen der Standardelemente von Grundmengen
von $\mathcal{H}^*$ betrachtet. Betrachtet man speziell die $\in$-Relation
in $\mathcal{H}$, so wird die Bedeutung der vielleicht etwas geheimnis-
vollen internen ε-Relationen etwas deutlicher: Sie ist die
Nichtstandard-Erweiterung der gewöhnlichen $\in$-Relation.

Es sei noch einmal ausdrücklich vermerkt, daß wir hier von
einer festen Mengenhierarchie $\mathcal{H}$ ausgegangen sind. Arbeitet
man mit den Axiomen der Gruppe III, so ist zu beachten, daß
die zugeordnete interne Mengenwelt (und auch der "*" und
die Einbettung j) jeweils von $\mathcal{H}$ abhängig sind.

Das Axiom (E) wird, wie wir sehen werden, besonders in Ver-
bindung mit dem Axiom (I) des idealen Punktes verwandt werden, um vorgegebenen Strukturen neue Punkte, etwa zum Zwecke
der Kompaktifizierung bei topologischen Räumen, hinzuzufügen.

3. Die reellen Zahlen in der internen Mengenlehre

In der internen Mengenlehre, in der wir uns jetzt befinden
(dies wird in Zukunft nicht mehr extra vermerkt werden), wollen wir uns als erstes Beispiel die reellen Zahlen anschauen,
auch um einen Vergleich mit den hyperreellen Zahlen aus Kap.II
zu bekommen. Zur Erinnerung: Die natürlichen und reellen Zahlen sind auf die in der klassischen Mathematik üblichen Weise
erklärt, nämlich:

a) Die Peanoaxiome einschließlich des Axioms von der vollständigen Induktion definieren die natürlichen Zahlen.

b) Die reellen Zahlen werden als archimedisch geordneter
   Körper, in dem das Dedekind'sche Vollständigkeitsaxiom
   gilt, erklärt.

In beiden Axiomensystemen kommt das Standardprädikat wie auch
das Prädikat "intern" nicht vor (wie sollte es auch, die klassische Mathematik kennt es doch gar nicht), die natürlichen
und reellen Zahlen sind also durch interne Eigenschaften definiert.

Die Tatsache, daß sie in der klassischen Mathematik und in der
internen Mengenlehre die gleichen Definitionen haben, bedeutet
allerdings nicht, daß sie in beiden Fällen auch die "gleichen
Dinge" sind. Im Gegenteil ist es ja gerade die Idee der internen Mengenlehre, durch die neuen Axiome den klassischen Strukturen zusätzliche externe Eigenschaften zu verschaffen, die
zur Untersuchung dieser Strukturen nützlich sein können. In
der Situation von Kapitel II war man noch gezwungen gewesen,
sich ein gutes Axiomensystem für die hyperreellen Zahlen ein-
fallen zu lassen; auch haben wir uns dort $\mathbb{R}^*$ als Erweiterung
von $\mathbb{R}$ vorgestellt. Die Axiome der internen Mengenlehre machen
nun solche individuellen Axiomensysteme überflüssig; sie garantieren, daß die reellen Zahlen automatisch bereits so etwas
wie hyperreelle Zahlen sind. Deswegen ist unser Blickwinkel
jetzt auch gewissermaßen entgegengesetzt: Wir erweitern nicht
mehr zu den hyperreellen Zahlen, sondern wir "finden" die Stan-

dardzahlen unter den reellen Zahlen (wenn auch nur als unerlaubte Menge). Hat man sich diese Änderung des Standpunktes
aber einmal klar gemacht, dann braucht bei inhaltlichen Überlegungen gegenüber Kap.II nicht mehr umgedacht zu werden. Man
kann etwa die rationalen Zahlen zu den reellen erweitern oder
die letzteren direkt axiomatisieren; im Anfangsstadium einer
Theorie baut man meist "von unten nach oben" auf, während im
fortgeschrittenen Stadium häufig die direkte Beschreibung der
Erweiterung vorgezogen wird.

Wir erinnern noch an unsere Verabredung, in der internen Mengenlehre Strukturen wie natürliche und reelle Zahlen mit $\mathbb{N}^*$
bzw. $\mathbb{R}^*$ zu bezeichnen.

Als erstes vermerken wir eine leichte Verschärfung des Induktionsprinzips:

<u>11. Satz:</u> Sei P(x) eine evtl. externe Formel; es gelte P(O)
und für jedes standard natürliche n gelte
P(n) → P(n+1). Dann gilt P(n) für alle standard
natürlichen n.

<u>Beweis:</u> Durch das Standardmengenaxiom erhält man
$M = \{n \in \mathbb{N}^* \mid P(n)\}^*$. Wenn $M \neq \mathbb{N}^*$ ist, so sei $n = \min(\mathbb{N}^* \setminus M)$;
die Voraussetzung impliziert dann, daß n nichtstandard ist.
M enthält also alle standard Zahlen; für die standard Zahlen
n in M gilt aber P(n) nach Definition von M.

Als nächstes kommen wir zu den reellen Zahlen.

Nun können wir jetzt natürlich nicht etwa zeigen, daß die
Standardelemente einen Teilkörper von $\mathbb{R}^*$ bilden, denn das
wäre wieder unerlaubt. Hingegen ist es legitim zu sagen:
"Die Körperaxiome, relativiert auf die Standardzahlen, sind
wahr" oder: "Die Standardzahlen erfüllen die Körperaxiome";
dies reicht uns auch völlig. In diesem Sinne erlauben wir
uns, den nächsten Satz zu formulieren.

<u>12. Satz:</u> Sei K ein angeordneter Körper, in dem

       (i)   das Dedekind'sche Vollständigkeitsaxiom gilt;

      (ii) das Axiom von Archimedes in folgender Form gilt:

           für alle $x \in K$ existiert $n \in \mathbb{N}^*$ mit $|x| \leqslant n$; dabei sei $\mathbb{N}^*$ eine Kopie der natürlichen Zahlen (von der wir wissen, daß K sie als angeordneter Körper enthält).

   Dann erfüllt K die Axiome der hyperrellen Zahlen.

<u>Beweis:</u> Wie wir bereits sahen, ist K standard. Das Transferaxiom(T) sichert uns, daß die Standardelemente alle Axiome eines angeordneten Körpers erfüllen, obwohl, wie gesagt, die Menge der Standardzahlen eine unerlaubte Mengenbildung ist. Ebensowenig können wir von Funktionen reden, die Standardzahlen in Standardzahlen abbilden, jedoch haben wir als Ersatz: Eine Standardfunktion f bildet wegen Satz 3 Standardzahlen in Standardzahlen ab, wegen Satz 4 ist f auch durch seine Werte auf den Standardzahlen eindeutig bestimmt (wir erinnern uns: eine Funktion ist eine Menge von geordneten Paaren!). Weil Gleichungen und Ungleichungen allemal interne Formeln sind, liefert uns das Transferaxiom die Gültigkeit des Lösungsaxioms $(\mathbb{HR}3)$.

Das Transferaxiom (T) sichert uns das Axiom des Archimedes in folgender Form: Jede standard reelle Zahl wird von einer standard natürlichen Zahl übertroffen.

Die Definition von unendlich groß, unendlich klein, endlich und infinitesimal benachbart aus Def. 4, (i) - (iv) von Kap.II können wir fast unverändert übernehmen; die einzige Änderung ist: Man ersetze "$x \in \mathbb{R}$" durch "x ist standard". Die Monade aus Def.4 (v) dürfen wir als unerlaubte Menge auch nicht bilden. Satz 5 liefert die Existenz einer Nichtstandardzahl, d.h. wir haben $(\mathbb{HR}4)$ gesichert.

Es bleibt noch $(\mathbb{HR}5)$ nachzuweisen. Sei $a \in K$ eine endliche Zahl, o.B.d.A. sei $a \geqslant 0$. Dann gibt es eine Standardzahl $r > 0$ mit $a \leqslant r$. Das Axiom (S) liefert uns eine Standardmenge $X \subseteq K$, so daß für alle standard x gilt

$$x \; \varepsilon \; X \leftrightarrow x \; \varepsilon \; K \text{ und } x \leqslant a.$$

Weil r eine obere Schranke für alle Standardelemente von X ist,
muß wegen des Transferaxioms r auch eine obere Schranke für
ganz X sein. Weiter ist $X \neq \emptyset$, weil etwa $-r \; \varepsilon \; X$ ist. Das Vollständigkeitsaxiom sichert uns daher eine kleinste obere Schran-
ke b der (standard) Menge X; da b sich eindeutig aus X bestimmt,
muß b wegen Satz 3 standard sein.

Wir wollen jetzt $a \approx b$ zeigen. Es gibt zwei Fälle.

1) $a \geqslant b$: Falls es ein standard $z > 0$ mit $b + z \leqslant a$ gibt, dann
   ist $b + z$ ein standard Element von X; wir haben dann einen
   Widerspruch, weil b obere Schranke von X ist.

2) $b \geqslant a$: Falls ein standard $z > 0$ mit $a \leqslant b - z$ existiert,
   dann ist die Standardzahl $b - z$ eine obere Schranke für
   alle Standardelemente von X und daher eine obere Schranke
   für X selbst, ein Widerspruch, weil b die kleinste obere
   Schranke von X war.

Wir schreiben wieder $\mathbb{R}^*$ statt K.

Weil nun in $\mathbb{R}^*$ alle Axiome für die hyperreellen Zahlen gelten,
stimmen auch alle Folgerungen aus ihnen. Insbesondere können
wir den früheren in die Analysis einführenden Abschnitt übernehmen, nur müssen wir uns vor unerlaubten Mengenbildungen hü-
ten, z.B. ist auch die Funktion st(x) unerlaubt, hingegen werden wir st(x) als Bezeichnung für die eindeutig bestimmte Standardzahl r mit $r \approx x$ in aller Ruhe weiter verwenden. Man sollte
dies aber nicht als störend empfinden, sondern es vielmehr
(wie wir es auch schon früher besprochen haben) als eine Hilfe
betrachten, etwa das Transferaxiom korrekt anzuwenden. Ein Vorteil gegenüber unserem früheren Abschnitt ist, daß die Axiome
(I), (T) und (S) uns viel stärkere und bequemere Hilfsmittel
in die Hand geben.

Durch eine typische Anwendung des Standardmengenaxioms erhal-
ten wir auch einen befriedigenden Ersatz für die unerlaubte
Funktion st:
Wenn eine reelle Funktion f(x) an standard Argumenten endliche
Argumente annimmt, dann gibt es eine Funktion g(x) mit

$$g(x) = st(f(x))$$

für alle standard x.

Einige Erfahrungen des letzten Satzes wollen wir in einer *Merktabelle* schematisch zusammenfassen; sie ist eine gute Anweisung für die Vorstellung.

Es entsprechen sich:

In Kapitel II	In der internen Mengenlehre
$\mathbb{R}^*$	Menge der reellen Zahlen
$\mathbb{R}$	Keine interne Menge (unerlaubte Mengenbildung)
Eine Menge der Form X^*, $X \subseteq \mathbb{R}$	Eine standard Menge von reellen Zahlen
Eine Menge $X \subseteq \mathbb{R}$	Unerlaubte Mengenbildung
Eine Funktion der Form f^*, $f : \mathbb{R} \to \mathbb{R}$	Eine standard reelle Funktion
Eine Funktion der Form $f : \mathbb{R} \to \mathbb{R}$	Unerlaubte Mengenbildung

Das Standardmengenaxiom ist ein Ersatz für die unerlaubten Mengenbildungen. Auf der anderen Seite entspricht manchen Objekten der internen Mengenlehre aber nichts in Kap.II, z.B. den nichtstandard Funktionen. Die einfachsten (und wichtigsten) solcher Funktionen $f(x)$ entstehen aus Funktionen $g(x,y)$ von zwei Variablen, wie etwa $f(x) = \exp(-ax^2)$, a unendlich groß.

Speziell entsprechen weiter die hypernatürlichen Zahlen des letzten Abschnittes den natürlichen Zahlen der internen Mengenlehre. Besteht da aber nicht ein Widerspruch, weil $\mathbb{N}^*$ doch das Induktionsaxiom und $\mathbb{R}^*$ das Vollständigkeitsaxiom nicht erfüllen? Keineswegs, denn diejenigen Eigenschaften, die zu solchen Widersprüchen führen würden, sind externe Eigenschaften

(etwa die Eigenschaft, standard reelle Zahl zu sein); für
externe Eigenschaften verlangt das Induktionsaxiom nichts,
und das Vollständigkeitsaxiom verlangt auch kein Supremum
für eine beschränkte externe (d.h. im internen Sinne gar
nicht existente) Menge. Erinnern wir uns daran, daß im letzten Abschnitt f und f* dasselbe Funktionszeichen $\underset{\sim}{f}$ inter-
pretierten; in diesem Lichte gesehen ist das Transferaxiom
eine Verstärkung des Lösungsaxioms. Weiter könnte man sagen:
"standard" bedeutet soviel wie "real", alle anderen Mengen
sind "ideal". Aber letzteres ist ja in der Mathematik auch
wieder real ... .
A priori ist nicht ausgeschlossen, daß man mit Hilfe ge-
schickter interner Beschreibungen doch noch die Menge der
Infinitesimalien, der endlichen Zahlen usw. bilden könnte.
Der nächste Satz schließt dies jedoch aus.

13. Satz: (i)   Wenn eine Menge alle positiven reellen Stan-
               dardzahlen enthält, dann enthält sie auch
               eine infinitesimale Zahl.

        (ii)   Die Menge der Infinitesimalien, der unend-
               lichen und der endlichen Zahlen existiert
               nicht.

Beweis: (i) Sei $x \in X$ für alle $x > 0$ und x standard. Wir bilden $Y = \{x \in X \mid x > 0\}$. Y ist nach unten beschränkt, besitzt
also eine untere Grenze $y = \inf Y$. Weil mit y auch $\frac{y}{2}$ positiv
und standard wäre, kann y nicht standard sein. Wenn aber $y = 0$
oder y infinitesimal ist, muß Y auch selbst Infinitesimalien
enthalten, denn sonst wäre mit y auch $y + \eta$ für jedes infinitesimale η eine untere Schranke für Y.
(ii) Dies ist eine unmittelbare Folge von (i).

Entsprechend erhalten wir für natürliche Zahlen:

14. Satz: Sei $X \subseteq M \subseteq \mathbb{N}^*$, M standard, X enthalte alle nicht-
        standard Elemente von M. Dann ist auch X standard
        und es existiert ein standard n mit $Y = \{m \in M \mid m \geqslant n\} \subseteq X$.

<u>Beweis:</u> Wir betrachten $Y = \{m \; \varepsilon \; M \mid m \leqslant m' \; \varepsilon \; M \Rightarrow m' \varepsilon \; X\}$ und setzen n = min Y. Wenn M nichtstandard Zahlen enthält, ist M unendlich und hat deshalb keine kleinste nichtstandard Zahl; n ist daher standard.

Zum Schluß besehen wir uns einige der früheren Resultate aus Kap.III noch einmal im neuen Lichte. Im Sinne unserer jetzigen Terminologie war damals das Haupthilfsmittel, daß interne Eigenschaften äquivalente externe Beschreibungen hatten.

Betrachten wir stetige Funktionen. Die klassische Stetigkeitsdefinition ist eine interne Formel, ebenso wie die Definition der Differenzierbarkeit und Integrierbarkeit. Im letzten Kapitel haben wir jedoch schon Charakterisierungen dieser Begriffe mit Mitteln der Nichtstandardanalysis kennengelernt. Diese Charakterisierungen waren externe Formeln, weil über infinitesimale Größen geredet wurde. Jetzt lautet die Nichtstandardbeschreibung etwa der Stetigkeit:
Eine Standardfunktion f ist an einem Standardpunkte c genau dann stetig, wenn $f(c+\eta) \approx f(c)$ für jedes infinitesimale η gilt.
Der Beweis verläuft wortwörtlich wie früher. Wenn wir nun aber wieder die interne Beschreibung der Stetigkeit verwenden, so liefert uns das Transferaxiom:
Eine Standardfunktion f ist genau dann stetig, wenn f an allen Standardpunkten stetig ist.
Und weiter:
Ein Satz über alle stetigen Funktionen gilt genau dann, wenn er bereits für alle stetigen Standardfunktionen richtig ist.
Das Standardmengenaxiom würde uns auch erlauben, die (standard-) Menge der stetigen Funktionen mittels der externen Nichtstandarddefinition zu erklären. Dies erlaubt uns, so wie im letzten Kapitel vorzugehen. Allerdings haben wir jetzt den Vorteil, nicht nur nichtstandard Zahlen, sondern auch nichtstandard Funktionen zur Verfügung zu haben. Ganz entsprechend wie die Stetigkeit können wir auch alle Definitionen und Sätze über Differenzierbarkeit und Integrierbarkeit aus dem letzten

Kapitel übernehmen. Manche der früheren Sätze lassen sich
jetzt noch etwas eleganter gewinnen, wofür wir zwei Beispiele anführen wollen, den Satz vom Maximum und den Zwischenwertsatz:

Sei f standard und sei $X = [a,b] \subseteq \mathbb{R}^*$ mit a, b standard und
f stetig in X. Nach Satz 7 haben wir eine endliche Menge M,
welche alle Standardzahlen enthält.
Es sei $Y = M \cap [a,b]$, Y ist wieder endlich und es sei $y_0 \in Y$
so gewählt, daß $f(y_0) = \max(f(y) \mid y \in Y)$.
y_0 ist nicht unbedingt standard, aber $\mathrm{st}(y_0) \in [a,b]$ und die
stetige Funktion f nimmt an y_0 ihr Maximum unter den Standardzahlen an.
Wenn zusätzlich $f(a) < 0$ und $f(b) > 0$, so betrachten wir
$Z = M \cap \{c \in [a,b] \mid f(c) \geq 0\}$;
genau wie eben erhält man für $z_0 = \min(z \in Z)$ die Gleichung
$f(\mathrm{st}(z_0)) = 0$, d.h. man erhält den Zwischenwertsatz.

V. Fortgeschrittenes Kapitel zur Analysis

1. Differentialgleichungen

Mit unseren neuen, verstärkten Hilfsmitteln wollen wir jetzt
Kapitel III fortsetzen und uns weiteren Anwendungen in der Analysis zuwenden. Dabei wollen wir uns zunächst mit Differentialgleichungen beschäftigen.

Betrachten wir die gewöhnliche Differentialgleichung

$$y' = f(x,y);$$

wir interessieren uns für Lösungsmöglichkeiten $y(x)$. Wir vermerken noch einmal, daß der "*" eine Erinnerung bedeutet (wie
wir ja auch jetzt "ε" statt "$\in$" schreiben).

__1. Existenzsatz von Peano:__

> Es sei $f : [a,b] \to \mathbb{R}^*$ stetig und sei $y_0 \; \varepsilon \; \mathbb{R}^*$. Dann
> gibt es eine in $[a,b]$ definierte Funktion $y(x)$ mit
> $y'(x) = f(x,y(x))$ für $x \; \varepsilon \; [a,b]$ und $y(a) = y_0$.

__Beweis:__ Sei $|f|$ durch $M \geqslant 0$ beschränkt. Wegen des Transferaxioms
genügt es, den Satz für f,a,b und M standard zu beweisen, denn
der Existenzsatz ist eine interne Formel.
Wir versuchen, die gewünschte Funktion $y(x)$ durch Streckenzüge
$y_n(x)$ zu approximieren. Dazu betrachten wir Partitionen von
$[a,b]$:
Es sei $n \; \varepsilon \; \mathbb{N}^*$, $n \geqslant 1$; wir setzen für $0 \leqslant m \leqslant n$:

$$x_m = a + m \cdot \frac{b-a}{n}, \; \Delta x_m = x_{m+1} - x_m, \; 0 \leqslant m \leqslant n, \; y_n(x_0) = y_0$$

$$y_n(x_{m+1}) = y_n(x_m) + f(x_m, y_n(x_m)) \cdot \Delta x_m;$$

für $x_m \leqslant x \leqslant x_{m+1}$ interpolieren wir linear:

$$y_n(x) = y_n(x_m) + f(x_m, y_n(x_m)) \cdot (x - x_m).$$

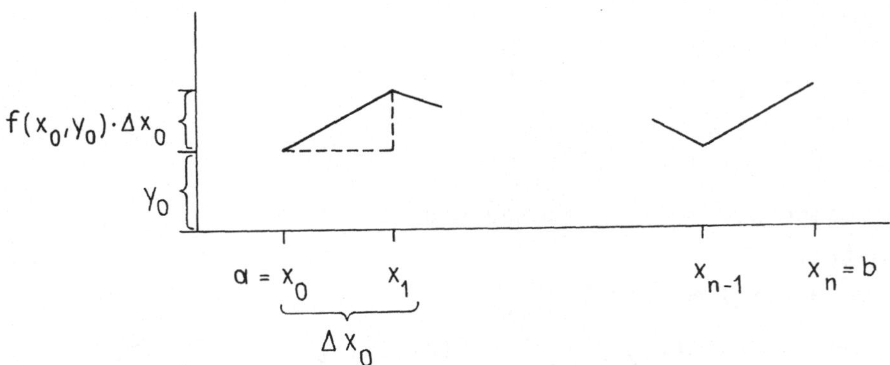

An den Stützstellen ist also

$$y_n(x_m) = y_0 + \sum_{k=0}^{m-1} f(x_k, y_n(x_k)) \cdot \Delta x_k.$$

Eine (standard) obere Schranke für y_n ist

$$K = y_0 + M \cdot |b-a|,$$

$y_n(x)$ ist also für jedes $x \varepsilon [a,b]$ endlich.

Bis hierher war die Argumentation völlig vertraut. Das erste ungewöhnliche ist die Wahl eines nichtstandard $n \varepsilon \mathbb{N}*$; dann erhalten wir eine infinitesimale Partition von $[a,b]$. Intuitiv gesehen suchen wir eine standard Funktion $y(x)$, die durch die nichtstandard Funktion $y_n(x)$ hinreichend gut approximiert wird. Die (typische) Durchführung dieses Plans gelingt wie folgt:

Mittels des Axioms (S) bilden wir die Standardfunktion y mit

$$<x,z> \quad \varepsilon \quad y \leftrightarrow z = st(y_n(x))$$

für alle standard x. Kurz schreiben wir

$$y(x) = st(y_n(x)), \quad x \varepsilon [a,b], \quad x \text{ standard}.$$

Um $y(x)$ als die gesuchte Lösung nachzuweisen, benötigen wir zuerst die Stetigkeit von $y(x)$. Dazu haben wir jetzt zwei Be-

schreibungsmöglichkeiten; in diesem Fall ist die klassische
Charakterisierung zweckmäßig.

Für $x, \bar{x} \in [a,b]$ ist

$$|y(x) - y(\bar{x})| = st(|y_n(x) - y_n(\bar{x})|) \leqslant K \cdot |x-\bar{x}|,$$

daher ist $y(x)$ stetig und also ist auch $f(x,y(x))$ stetig;

Weiter gilt nach Konstruktion für y_n und $x, \bar{x} \in [a,b]$:

$$|y_n(x) - y_n(\bar{x})| \leqslant M \cdot |x-\bar{x}|,$$

also gilt

$$x \approx \bar{x} \Rightarrow y_n(x) \approx y_n(\bar{x}).$$

Dies fassen wir jetzt zusammen und erhalten für $x \in [a,b]$ und
$x_0 = st(x)$:

$$y(x) \approx y(x_0) \approx y_n(x_0) \approx y_n(x).$$

Weil $\alpha = \max_{0 \leqslant k \leqslant n} (|f(x_k,y(x_k)) - f(x_k,y_n(x_k))|) \approx 0$ ist, so

folgt für standard $t \in [a,b]$ und $x_m \approx t$:

$$y_0 + \int_a^t f(x,y(x))dx = y_0 + st\left(\sum_{k=0}^{m-1} f(x_k,y(x_k))\Delta x_k\right)$$

$$= y_0 + st\left(\sum_{k=0}^{m-1} f(x_k,y_n(x_k))\Delta x_k\right)$$

$$= st(y_n(x_m))$$

$$= y(t)$$

und der Hauptsatz der Differential- und Integralrechnung liefert die Behauptung.

Die bei diesem Beweis benutzte Approximationsmethode ist, für
standard Einteilungen des Intervalls, als <u>Euler-Cauchy'sches
Streckenzugverfahren</u> bekannt. Unter den Voraussetzungen des
letzten Satzes ist die Lösung der Differentialgleichung jedoch
i.A. nicht eindeutig; das liegt daran, daß man beim schrittweisen Vorgehen die Steigungen der einzelnen Teilstrecken noch
infinitesimal variieren kann. So hat z.B. die Differentialgleichung

$$y' = 3 \cdot \sqrt[3]{y^2}$$

mit der Anfangsbedingung $y(0) = 0$ die Lösungen $y(x) = 0$ und $y(x) = x^3$ für $x \geqslant 0$.

Hintergrundbemerkung:

Auch der klassische Beweis dieses Satzes benutzt ein "Finitarisierungsar-gument". Es ist das Kompaktheitsargument, welches das Lemma von Arzêla-Ascoli liefert und welches hier überflüssig wird.

Wenn $f(x,y)$ noch zusätzliche Voraussetzungen erfüllt (z.B. die Lipschitzbedingung, die besagt, daß für eine geeignete Konstan-te M stets $|f(x,y) - f(x,z)| \leqslant M \cdot |y-z|$ gilt), dann ist die Lösung von $y' = f(x,y)$ bei Vorgabe eines Anfangswertes $y(a)$ auch eindeutig bestimmt. Dasselbe gilt für Differentialglei-chungen zweiter Ordnung, nur muß man dann $y(a)$ und $y'(a)$ vor-geben. In unserem zweiten Beispiel wollen wir das *Sturm-Liou-ville'sche Randwertproblem* betrachten. Dazu stellen wir uns einige Hilfsmittel zusammen; Details möge man etwa in [Bi-Ro] oder [Co-Le] nachlesen. Wir betrachten einen Differentialope-rator

$$L[y] = p_0(x)y'' + p_1(x)y' + p_2(x)y,$$

wobei $p_0(x)$ im Intervall $[a,b]$ stetig differenzierbar und $\neq 0$ sein soll; die anderen p_i werden als stetig vorausgesetzt. Wei-ter soll angenommen werden, daß der Operator L *selbstadjungiert* ist, sich also in der Form

$$L[y] = \frac{d}{dx}\left(p(x)\frac{dy}{dx}\right) + q(x)y$$

schreiben läßt. Des weiteren interessieren wir uns an den Enden unseres Intervalles für die Randbedingungen

$$\text{(RB)} \quad \alpha_1 y(a) + \alpha_2 y'(b) = 0, \quad \beta_1 y(b) + \beta_2 y'(b) = 0,$$

wobei α_1, α_2, β_1, β_2 vorgegebene reelle Zahlen sind.

Wenn λ eine reelle Zahl ist, so heißt die Gleichung $L[y]=\lambda \cdot y$ zusammen mit den Randbedingungen (RB) ein *Eigenwertproblem*. Es besitzt im Intervall $[a,b]$ immer die triviale Lösung, die über-all Null ist. Hat es eine nichttriviale Lösung y, so heißt λ ein *Eigenwert* und y eine *Eigenfunktion*. Für die weitere Behand-

lund des Eigenwertproblems wollen wir annehmen, daß sowohl der
Operator L als auch die Randbedingungen (RB) standard sind;
dies ist wegen des Transferaxioms völlig ausreichend.

Ein wichtiges Hilfsmittel für das folgende ist die *Green'sche
Funktion*. Dies ist eine auf $[a,b]^2$ erklärte Funktion $G(t,s)$, die
außerdem noch von dem Parameter λ abhängt, also eigentlich
$G(t,s) = G(t,s,\lambda)$; dabei ist G nicht erklärt, wenn λ ein Eigenwert ist. Die charakteristischen Eigenschaften dieser Funktion
sind:

i) $G(t,s)$ ist in beiden Variablen stetig, $\frac{\partial G}{\partial t}$ existiert und
ist stetig außer für $t = s$.

ii)   Für infinitesimales $\zeta > 0$ ist $\frac{\partial G}{\partial t}(t+\zeta,s) - \frac{\partial G}{\partial t}(t-\zeta,s)$

$$\approx (p_0(x))^{-1}.$$

iii)   Als Funktion von t gesehen erfüllt G die Gleichung
$L[G] = \lambda \cdot G$ an allen Stellen $t \neq s$.

iv)   Für jedes $s \in [a,b]$ erfüllt G als Funktion von t die
Randbedingungen (RB).

Eine solche Funktion konstruiert man sich mit Hilfe zweier
linear unabhängiger Lösungen von $L[y] = y$, wenn λ kein Eigenwert ist; weiter ist G dann durch die Bedingungen i) - iv)
eindeutig bestimmt. Weil die genaue Form von G für das folgende nicht benötigt wird, lassen wir die Konstruktion hier aus;
jedenfalls ist G eine standard Funktion. Weil nicht alle Zahlen Eigenwerte sind, können wir o.B.d.A. annehmen, daß O kein
Eigenwert ist (andernfalls führe man eine geeignete Transformation durch). Wir setzen jetzt $G = G(t,s) = G(t,s,O)$ und erklären einen Integraloperator, der wieder mit G bezeichnet
wird durch

$$G[f](t) = \int_a^b G(t,s)f(s)ds,$$

wobei $t \in [a,b]$ und f dort stetig sei. Aus den charakteristischen Eigenschaften der Green'schen Funktion folgt nun, daß

der Operator G invers zu dem Operator L ist in dem Sinne, daß

$$L[G[f]] = f \text{ und } G[L[y]] = y$$

für jedes in [a,b] stetige f und zweimal stetig differenzier-
bare y, welches die Randbedingungen (RB) erfüllt. Daraus erhält
man dann, daß die Operatoren L und G die gleichen Eigenfunktio-
nen haben und die Eigenwerte zueinander reziprok sind. Um einen
Eigenwert λ unseres Randwertproblems zu finden, haben wir
also für $\mu = \lambda^{-1}$ die Beziehung $G[y] = \mu \cdot y$ nachzuweisen.

<u>2. Satz</u>: Das Eigenwertproblem besitzt unendlich viele
Eigenwerte.

<u>Beweis</u>: Wir ziehen uns auf den Integraloperator G zurück und
zeigen zunächst die Existenz eines Eigenwertes. Es sei C die
Menge der auf [a,b] stetigen Funktionen und für u, v ε C sei

$$(u,v) = \int_a^b u(x)v(x)dx; \text{ weiter sei } \|u\| = (u,u)^{\frac{1}{2}}$$

Wenn $\mathscr{H} = \{y \varepsilon C \mid \|y\| = 1\}$, so gibt es eine endliche Menge
$\mathscr{H}_0 \subseteq \mathscr{H}$, die alle standard Funktionen aus $\mathscr{H}$ enthält. Aus $\mathscr{H}_0$ wählen wir uns nun ein solches u, für das $(G[u],u)$ maximal wird,
es sei $\mu_0 = (G[u],u)$. Weil G durch eine standard Zahl beschränkt
ist, gilt dasselbe auch für G[u] und wir können mittels des
Standardmengenaxioms wie beim letzten Satz eine Funktion y mit
$y(x) = st(G[u](x))$ für standard x bilden. Daraus folgt auch
gleich die (gleichmäßige) Stetigkeit von y. Weil auch μ_0 endlich ist, können wir $\mu = st(\mu_0)$ bilden. Es gilt dann

(i) $0 \leqslant \|G[y] - \mu \cdot y\| \approx \|G[G[u]] - \mu_0 G[u]\|$,

und die rechte Seite hiervon müssen wir als infinitesimal er-
kennen. Dazu wählen wir uns ein v ε $\mathscr{H}_0$, für welches $\|G(v)\|$
maximal wird. Dann haben wir

$$|\mu_0| = |(G[u],u)| \leqslant \|G[u]\| \cdot \|u\| \leqslant \|G(v)\|.$$

Weiter gilt für beliebige w, $\overline{w}$ ε $\mathscr{H}_0$

$$(G[w+\overline{w}], \; w+\overline{w}) = (G[w],w) + (G[\overline{w}],\overline{w}) + 2(G[w],\overline{w}) \leq \mu_0 \|w+\overline{w}\|^2,$$
$$(G[w-\overline{w}], \; w-\overline{w}) = (G[w],w) + (G[\overline{w}],\overline{w}) - 2(G[w],\overline{w}) \geq -\mu_0 \|w-\overline{w}\|^2,$$

und somit $4(G[w],\overline{w}) \leq 2\mu_0(\|w\|^2 + \|\overline{w}\|^2)$. Wir spezialisieren

$$w = v \quad \text{und} \quad \overline{w} = \frac{G[v]}{\|v\|};$$

erklärt man noch z analog zu $\overline{w}$ wie y zu u erklärt wurde, dann ist z standard mit Norm 1 und somit in $\mathcal{H}_0$. Daraus folgt

$$4 \cdot \|G[v]\| \leq 2 \cdot \mu_0 (1 + \frac{G[v]}{\|v\|}) \approx 4\mu_0, \quad \text{d.h.}$$

(ii) $\quad |\mu_0| \approx \|G[v]\|.$

O.B.d.A. können wir sogar $\|G[v]\| \approx \mu_0$ annehmen, andernfalls gingen wir zu $- \mu_0$ über. Daraus erhalten wir

$$0 \leq \|G[u] - \mu_0 \cdot u\|^2 = \|G[u]\|^2 + \mu_0^2 \|u\|^2 - 2\mu_0(G[u],u) \leq$$
$$\leq \|G[v]\|^2 - \mu_0^2 \approx 0, \quad \text{also}$$

(iii) $\quad \|G[u] - \mu_0 u\| \approx 0.$

Aus (iii) folgt nun für (i):

$\|G[G[u]] - \mu_0 G[u]\| = \|G[G[u] - \mu_0 \cdot u]\| \approx 0.$ Weil außerdem $\|u\| = 1$, verschwindet y nicht identisch und ist somit die gesuchte Eigenfunktion. Wenn man y normalisiert, also

$$y_1 = \frac{y}{\|y\|}$$

setzt, erhält man durch den Übergang von G zu
$$G_1(t,s) = G(t,s) - y_1(t)y_1(s)$$
einen zweiten Eigenwert, indem man das obige Verfahren auf G_1 anwendet. Vollständige Induktion liefert dann die Behauptung.

Weitere Informationen über das Eigenwertproblem kann man erhalten, indem man den Differentialoperator L durch einen nichtstandard Differenzenoperator ersetzt. Wir vereinfachen die Situation jetzt dadurch, daß wir als Spezialfall

$$L[y] = y'' - q(x)y \; , \quad q(x) \geq 0 \text{ in } [a,b],$$

und
$$(RB) \qquad y(a) = y(b) = 0$$

wählen. Das Intervall [a,b] überziehen wir mit einer infinitesimalen Partition, wobei wir äquidistante Teilpunkte

$$a_k = a + \frac{k}{\omega} \, , \ 0 \leqslant k \leqslant \omega,$$

ω eine nichtstandard natürliche Zahl, wählen. Die zweiten Ableitungen werden nun wie in III.1 durch die Differenzenquotienten

$$\frac{y(a_{k+1}) - 2y(a_k) + y(a_{k-1})}{\omega^{-2}}$$

an den einzelnen Teilpunkten ersetzt. Setzen wir noch
$y_k = y(a_k)$ und $q_k = q(a_k)$ sowie $f_k = f(a_k)$ für eine beliebige stetige Funktion $f(x)$, $0 \leqslant k \leqslant \omega$, und erklären wir eine
$(\omega-1) \times (\omega-1)$ Matrix $A = (a_{ik})$ durch $a_{i,i} = 2\omega^2 + q_i$,
$a_{i,i+1} = a_{i,i-1} = -\omega^2$ und $a_{i,j} = 0$ sonst, dann können wir
die Differentialgleichungen

$$L[y] = f(x) \quad \text{bzw.} \quad L[y] = \lambda \cdot y$$

mit den Randbedingungen (RB) ersetzen durch die linearen Glei-
chungssysteme

$$A \cdot (y_k) = (f_k) \quad \text{bzw.} \quad A \cdot (y_k) = \lambda \cdot (y_k)$$

zusammen mit $y_0 = y_\omega = 0$. Bei der Matrix A handelt es sich um
eine besonders einfache: Sie ist symmetrisch und hat nur in den
drei mittleren Diagonalen von Null verschiedene Glieder (man
spricht auch von *Tridiagonalmatrizen*, wenn die letztere Eigenschaft vorliegt); ihre Diagonalglieder sind positiv und über-
wiegen die Nebendiagonalglieder (d.h. A ist *diagonal dominant*)
und schließlich ist A *irreduzibel*, d.h. A kann nicht durch Kon-
jugation mit einer Matrix, die in jeder Reihe und Spalte genau
eine 1 und sonst nur Nullen hat, in eine obere Dreiecksmatrix
transformiert werden. Daraus folgt, daß A nicht singulär und
sogar positiv definit ist (vgl. z.B. [Va]).

Betrachten wir nun die Differentialgleichung $L[y] = f(x)$ für
eine stetige Funktion f zusammen mit den Randbedingungen (RB).
Aus den Eigenschaften der Green'schen Funktion folgt, daß $G[f]$
die (eindeutig bestimmte) Lösung dieses Problems ist. Da auch
die Lösung z von $A \cdot (y_k) = (f_k)$ eindeutig bestimmt ist und außer-

dem $(G[f]_k) \approx z_k$ ist (d.h. $G[f]$ erfüllt die Differenzengleichungen an den Stützpunkten bis auf einen infinitesimalen Fehler), können wir die Lösung des ursprünglichen Randwertproblems aus den Differenzengleichungen zurückgewinnen, indem
wir mittels des Standardmengenaxioms eine standard Funktion
y mit $y(st(a_k)) = st(z_k)$ erklären. Dies ist nichts anderes als
ein Konvergenzsatz für ein numerisches Verfahren zur Lösung
von Randwertproblemen mittels Differenzengleichungen.

Kommen wir zurück zum Eigenwertproblem $L[y] = \lambda \cdot y$. Da auch die
Eigenlösungen hiervon bis auf einen infinitesimalen Fehler Eigenlösungen des diskreten Problems sind, interessieren wir uns
für dessen Eigenwerte. Dazu betrachten wir zunächst eine Matrix A', die sich von A dadurch unterscheidet, daß die Diagonalglieder die Form $a_{i,i} = 2\omega^2$ haben. Die Eigenwerte dieser
Matrix sind

$$\bar{\lambda}_j = 4 \cdot \sin^2 \left(\frac{\pi}{2} \cdot \frac{j}{\omega}\right) \omega^2,$$

aus $\sin(x) \approx x$ für $x \approx 0$ folgt dann $\bar{\lambda}_j \approx \pi^2 \cdot j^2$. Wenn wir nun
zwei reelle Zahlen $q,Q \geqslant 0$ mit $q \leqslant q(x) \leqslant Q$ für $x \varepsilon [a,b]$
wählen, so folgt aus dem Mini-Max-Theorem für symmetrische
Matrizen die Ungleichung

$$q + \pi^2 j^2 \leqslant \lambda_j \leqslant Q + \pi^2 j^2$$

für die Eigenwerte λ_j der Matrix A, von denen die Eigenwerte
von $L[y] = \lambda \cdot y$ infinitesimal entfernt sind.

Einige Hintergrundbemerkungen:

Die Transformation des Randwertproblems in ein Eigenwertproblem für die
Green'sche Funktion benötigt prinzipiell nur die Existenz und Eindeutigkeit des Anfangswertproblems für Differentialgleichungen zweiter Ordnung.
Die nichtstandard Behandlung des Integralgleichungsproblems ersetzt wieder den sonst üblichen Einsatz des Lemmas von Arzêla-Ascoli. Die Methode
der nichtstandard Differenzengleichungen kann auch für Existenzbeweise
beim Eigenwertproblem herangezogen werden, vgl. [MaD]. Die Problematik
hierbei ist jedoch, daß man von der Lösung (y_k) des diskreten Problems
$y_k \approx y_j$ für $a_k \approx a_j$ zeigen muß, um die Lösung des Ausgangsproblems zu ge-

winnen. Dies läßt sich etwa durch Abschätzungen von expliziten Lösungen
des diskreten Problems erreichen, aber es ist nicht ganz ohne Mühe. Die
Tridiagonalmatrizen sind zwar einer der Hauptgegenstände bei der numeri-
schen Behandlung von Randwertproblemen, hingegen werden auch dort die
Existenzsätze anders bewiesen.

Zum Schluß wollen wir die inhomogene Gleichung $L[y] = f(x)$ physikalisch
als die Gleichgewichtsbedingung einer schwingenden Saite unter dem Einfluß
einer Kraft $f(x)$ interpretieren. Die Gleichung $G[L[y]] = y$ geht dann in
$G[f] = y$ über; anschaulich bedeutet dies, unter Berücksichtigung von
$L[G[f]] = f$, daß wir die kontinuierlich verteilte Kraft $f(x)$ durch eine
im Punkte $x = t$ konzentrierte Kraft ersetzt haben, deren Effekt auf die
Saite gerade $G(x,t)$ ist. Dies ist die sog. *Deltafunktionsdeutung* der
Green'schen Funktionen; sie soll uns als Überleitung zum nächsten Abschnitt dienen, in dem wir derartige "Funktionen" systematischer studieren wollen.

2. Distributionen

Orts- oder zeitabhängige Vorgänge werden in der Physik und in
der Technik in der Regel durch Funktionen beschrieben; diese
Funktionen erscheinen häufig als Lösungen von Gleichungen oder
Differentialgleichungen. Dabei kann es passieren, insbesondere
wenn man von der realen physikalischen Situation drastisch ab-
strahiert, daß es die verlangten Funktionen dann gar nicht mehr
gibt, jedenfalls nicht mehr in dem Sinne, daß man von dem "Wert
der Funktion an einer bestimmten Stelle" sprechen kann. Andererseits macht es aber häufig noch Sinn, von dem Integral einer
solchen "Funktion" über ein bestimmtes Intervall zu sprechen
(wie man auch bei einem Ton eine Weile hinhören muß, um ihn zu
identifizieren). Ein typisches und historisch das erste Beispiel
einer solchen gar nicht zugelassenen Funktion ist die Dirac'sche
Deltafunktion δ. Man verlangt von ihr, neben allen möglichen Re-
gularitätseigenschaften, auch noch

$$\int_a^b \delta(x)\,dx = \begin{cases} 0 \text{ für } a < b < 0 \\ 1 \text{ für } a < 0 < b \\ 0 \text{ für } 0 < a < b. \end{cases}$$

Abgesehen davon, daß es eine solche Funktion im Rahmen der
klassischen Analysis nicht geben kann, hat man auch intuitive Schwierigkeiten, sie sich als eine "reale" Funktion vorzustellen, müßte doch jedenfalls $\delta(0)$ unendlich groß sein.
Dem wollen wir als Beispiel drei Situationen gegenüberstel-
len, in denen man die Deltafunktion gern zur Verfügung hätte.

a) Die Deltafunktion selber könnte eine Punktladung der Gesamt-
   größe 1 beschreiben, die im Nullpunkte konzentriert ist.
   Für eine stetige Funktion $\varphi(x)$ wäre dann

$$\int_{-\infty}^{+\infty} \delta(x)\varphi(x) = \varphi(0)$$

sehr plausibel.

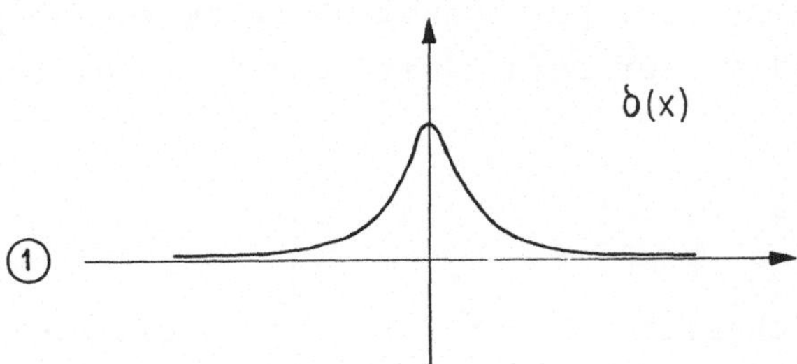

b) Traut man sich zu, δ(x) zu differenzieren, so könnte die Ableitung δ'(x) einen Dipol vom Momente 1 beschreiben:

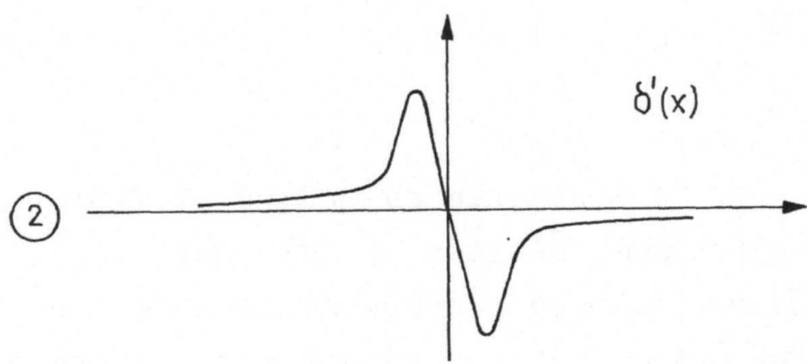

c) Das Integral der Deltafunktion wäre bereits eine gewöhnliche, wenn auch unstetige Funktion H(x):

$$H(x) \; = \; \begin{cases} 0 \text{ für } x < 0 \\ 1 \text{ für } x \geqslant 0 \end{cases}$$

Man nennt sie gewöhnlich die *Heaviside-Funktion*. Sie tritt etwa bei Einschaltvorgängen auf. Betrachten wir einen einfachen Stromkreis

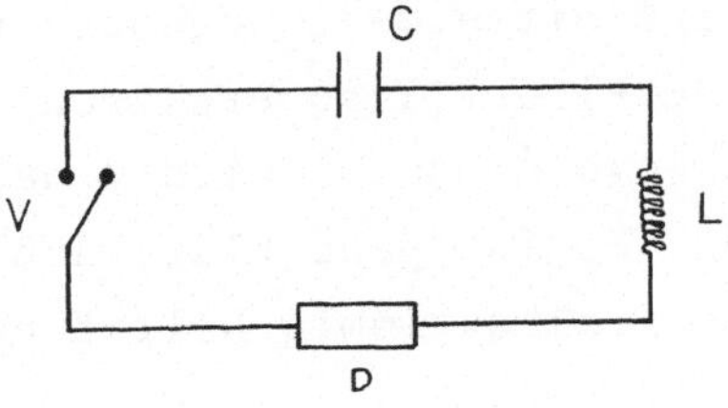

mit einem Schalter, einem Widerstand, einer Induktionsspule
und einem Kondensator. Der Zusammenhang zwischen Spannung V(t)
und dem Strom I(t) zur Zeit t wird durch die Differentialgleichung

$$\frac{\partial V}{\partial t} = L \cdot \frac{\partial^2 I}{\partial t} + R \cdot \frac{\partial I}{\partial t} + \frac{1}{C} \cdot I$$

beschrieben. Schaltet man zur Zeit t = O eine konstante Spannung V_O ein, so ist

$$V(t) = V_O \cdot H(t)$$

und man hat

$$V_O \cdot \delta(t) = L \cdot \frac{\partial^2 I}{\partial t} + R \cdot \frac{\partial I}{\partial t} + \frac{1}{C} \cdot I,$$

die Deltafunktion tritt also in einer Differentialgleichung
auf.

In der Theorie der Distributionen und verallgemeinerten Funktionen ist es gelungen, Gebilde wie die Deltafunktion zu be-
heimaten und ihnen eine solide Grundlage zu geben. Dies geschah auf verschiedene Weisen, jedoch mußte stets ein Preis
bezahlt werden: Ausdrücke wie "Funktion", "Argument", "Wert"
etc. haben ihre ursprüngliche Bedeutung verloren; sie sind
nur noch Sprechweise und umschreiben komplizierte Sachverhalte.
Wir wollen jetzt die Anfänge dieser Theorie in unserem Rahmen
beschreiben. Der (jedenfalls begriffliche) Hauptvorteil wird
sein: Wir haben wieder Funktionen vor uns. Allerdings wird
die Deltafunktion "real" nicht mehr existieren; sie wird eine
nichtstandard ("ideale") Funktion werden. Unser Vorgehen ist
anschaulich völlig klar: Man muß $\delta(x)$ so erklären, daß die
Funktion sich auf den Standardargumenten den obigen Wünschen
gemäß verhält, die infinitesimale Umgebung von O muß man ausnutzen und $\delta(x)$ gemäß Bild (1) so erklären, daß die restlichen
Forderungen erfüllt werden; dabei wird δ nahe bei O unendlich
große Werte annehmen. Es ist ganz klar, daß es bei diesem Vorgehen nicht nur eine wohlbestimmte Deltafunktion geben wird.

Wir wollen uns also jetzt zuerst diesen Deltafunktionen zuwenden und anschließend die Distributionen etwas allgemeiner betrachten. Historisch war die Deltafunktion auch einer der Anstöße für die Entwicklung der Nichtstandard-Analysis (vgl. [Schm-Lau], [Lau1]).

<u>3. Def.</u>: Eine stetige Funktion $\delta : \mathbb{R}^* \to \mathbb{R}^*$ heißt *Deltafunktion*,
falls gilt:

(i) $\delta(x) \geq 0$ f.a. $x \in \mathbb{R}^*$;

(ii) Es gibt ein $\eta \approx 0$ mit $\delta(x) < \eta$ f.a. $x \not\approx 0$;

(iii) $\int\limits_{-a}^{+a} \delta(x)dx \approx 1$ f.a. $a > 0$, a unendlich.

Die Eigenschaft, Deltafunktion zu sein, ist offensichtlich extern. Anschaulich ist diese Definition recht einsichtig. Wir wollen dies noch dadurch untermauern, indem wir einige zu erwartende Sätze beweisen.

<u>4. Satz</u>: Sei δ eine Deltafunktion, b standard und $b > 0$.
Dann gilt:

(i) $\int\limits_{-b}^{+b} \delta(x)dx \approx 1$;

(ii) für jedes unendliche $a > 0$ ist
$$\int\limits_{-a}^{-b} \delta(x)dx \approx 0 \approx \int\limits_{b}^{a} \delta(x)dx;$$

(iii) δ hat keine standard obere Schranke in $[-b,b]$.

Beweis: Zu (i): Wir wählen uns eine infinitesimale obere Schranke $\eta \neq 0$ für $\{\delta(x) \mid x \not\approx 0\}$ und setzen $a_o = \sqrt{\dfrac{1}{\eta}}$. Dann haben wir

$$1 \approx \int\limits_{-a_o}^{+a_o} \delta(x)dx = \int\limits_{-a_o}^{-b} \delta(x)dx + \int\limits_{-b}^{+b} \delta(x)dx + \int\limits_{b}^{a_o} \delta(x)dx$$

sowie

$$|\int\limits_{-a_o}^{-b} \delta(x)dx + \int\limits_{b}^{a_o} \delta(x)dx| < 2\eta \left(\dfrac{1}{\sqrt{\eta}} - b\right) \approx 0.$$

Zu (ii): Wir spalten für beliebige unendliche a > 0 auf:

$$1 \approx \int\limits_{-a}^{b} \delta(x)dx + \int\limits_{-b}^{b} \delta(x)dx + \int\limits_{b}^{a} \delta(x)dx.$$

Wegen (i) ist das mittlere Integral $\approx$ 1. Weil aber $\delta(x) \geqslant 0$ ist, sind die beiden anderen Integrale infinitesimal, denn sie sind nicht negativ.

Zu (iii): Nehmen wir an, c > 0 sei eine standard obere Schranke für δ in [-b,b]. Nach (i) hätten wir für jedes standard d > 0

$$1 \approx \int\limits_{-b/d}^{b/d} \delta(x)dx \leqslant \frac{2bc}{d} \; ,$$

was für d = k·b·c, k standard und > 2 zum Widerspruch führt.

Eine leichte Verschärfung ist:

5. Satz: Sei δ eine Deltafunktion. Dann existiert ein infinitesimales $\eta > 0$, so daß für jedes unendliche a > 0 gilt:

$$\text{(i)} \qquad \int\limits_{-a}^{-\eta} \delta(x)dx \approx 0 \approx \int\limits_{\eta}^{a} \delta(x)dx$$

$$\text{(ii)} \qquad \int\limits_{-\eta}^{\eta} \delta(x)dx \approx 1.$$

Beweis: Es genügt, (i) zu zeigen. Wir betrachten die Menge

$$M = M(\delta) = \{b > 0 \mid \text{ex. } c \geqslant b \text{ mit } \int\limits_{-d}^{-b} \delta(x)dx + \int\limits_{b}^{d} \delta(x)dx < b$$

$$\text{f.a. } d \geqslant c\}.$$

M enthält wegen des letzten Satzes alle standard b > 0, daher muß M nach Satz 13 aus IV.3 auch ein positives Infinitesimal enthalten.

Für ein solches η gilt unsere Behauptung (i) dann also nach Definition von M wenigstens für gewisse unendliche a; (ii) des letzten Satzes, sowie die Tatsache, daß δ nicht negativ

ist, liefert die Behauptung aber auch sofort für alle unendlichen a.

6. Satz: Sei δ eine Deltafunktion und a > 0 unendlich. Sei
weiter f eine stetige, beschränkte Standardfunktion.
Dann ist

$$\int_{-a}^{a} \delta(x)f(x)dx \approx f(0).$$

Beweis: Weil f standard ist, hat |f| wegen des Transferaxioms
auch eine standard obere Schranke. Wir benutzen jetzt einen
Mittelwertsatz der Integralrechnung, welcher für integrierba-
re Funktionen g und h mit $g(x) \geqslant 0$ für jedes Intervall [c,d]
ein ξ, $c \leqslant \xi \leqslant d$ mit

$$\int_{c}^{d} h(x)g(x)dx = h(\xi) \int_{c}^{d} g(x)dx$$

sichert. Wählen wir noch ein infinitesimales $\eta > 0$, welches
dem letzten Satz genügt, so erhalten wir für jedes unendliche a > 0:

$$\int_{-a}^{a} \delta(x)f(x)dx = \int_{-a}^{-\eta} \delta(x)f(x)dx + \int_{-\eta}^{\eta} \delta(x)f(x)dx + \int_{\eta}^{a} \delta(x)f(x)dx$$

$$= f(\xi_1) \cdot \int_{-a}^{-\eta} \delta(x)dx + f(\xi_2) \cdot \int_{-\eta}^{\eta} \delta(x)dx + f(\xi_3) \cdot \int_{\eta}^{a} \delta(x)dx$$

$$\approx 0 + f(\xi_2) + 0 = f(\xi_2) \approx f(0)$$

für $-a \leqslant \xi_1 \leqslant -\eta$, $-\eta \leqslant \xi_2 \leqslant \eta$, $\eta \leqslant \xi_3 \leqslant a$, denn die $f(\xi_i)$ sind
alle endlich und f ist stetig.

Als Zusatz erhalten wir daraus unter denselben Voraussetzungen
für standard t:

$$\int_{-a}^{a} \delta(x)f(t-x)dx \approx f(t).$$

Nun wollen wir uns zwei Beispiele von Deltafunktionen anschauen.

__1. Beispiel:__

$$\delta_1(x) = \sqrt{\frac{c}{\pi}} \cdot \exp(-cx^2), \quad c > 0, \ c \text{ unendlich.}$$

Es ist $\delta_1(x) \geq 0$ für alle x; an der Stelle $x_0 = \dfrac{1}{\sqrt[4]{c}}$ (≈ 0) erhalten wir

$$\delta_1(x_0) = \sqrt{\frac{c}{\pi}} \cdot \exp(-\sqrt{c}) \approx 0$$

und aus den Monotonie-Eigenschaften der Exponentialfunktion folgt (ii) aus Def. 3. Um auch (iii) nachzuweisen, betrachten wir die allgemein für a > 0 geltenden Ungleichungen

$$(1-\exp(-ca^2))^{1/2} \leq \sqrt{\frac{c}{\pi}} \cdot \int_{-a}^{a} \exp(-cx^2)dx \leq (1-\exp(-2ca^2))^{1/2}.$$

Für unendliches a wird

$$\exp(-ca^2) \approx 0 \approx \exp(-2ca^2)$$

woraus

$$\int_{-a}^{a} \delta_1(x)dx \approx 1$$

folgt.

__2. Beispiel:__

$$\delta_2(x) = \frac{c}{\pi(c^2x^2+1)} \quad \text{für } c > 0, \ c \text{ unendlich.}$$

Es ist $\delta_2(x) \geq 0$ für alle x und für $\eta = \dfrac{1}{\pi \cdot \sqrt{c}}$ gilt für $x \neq 0$

$$\delta_2(x) < \eta.$$

Benutzen wir

$$\int \frac{dx}{u^2x^2+v^2} = \frac{1}{u \cdot v} \arctan\left(\frac{ux}{v}\right) + D$$

für reelle u, v und D, so erhalten wir für unendliches a > 0:

$$\int_{-a}^{a} \frac{c}{\pi(c^2x^2+1)} \, dx = \frac{1}{\pi} \cdot (\arctan(c \cdot a) - \arctan(-c \cdot a))$$

$$= \frac{2}{\pi} \cdot (\arctan(c \cdot a) \approx 1,$$

(wobei wir auch $\lim\limits_{x\to\infty} \arctan(x) = \frac{\pi}{2}$ verwandt haben).

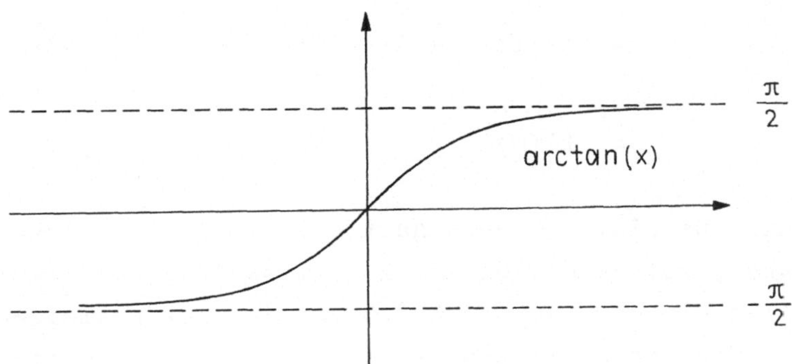

Für unendliches c > 0 wird arctan(x·c) die erwartete "infinitesimale Approximation" der Sprungfunktion.

Auch Beispiele von nicht differenzierbaren oder gar unstetigen
Delta-Funktionen lassen sich leicht finden, wir überlassen
dies dem Leser.

Die Stammfunktion und die eventuelle Ableitung einer Deltafunktion δ wollen wir uns noch allgemein anschauen.

Sei a > 0 und unendlich. Für x ≥ -a sei

$$F(x) = \int\limits_{-a}^{x} \delta(t)dt.$$

Nach unseren Überlegungen existiert ein η ≈ 0, η > 0 mit

$$F(x) \approx \begin{cases} 0 \text{ für } x < -\eta \\ 1 \text{ für } x > \eta, \end{cases}$$

in [-η,η] ist F(x) monoton steigend und außerdem ist immer
F(x) ≥ 0. Wenn f und δ stetig differenzierbar sind und f
beschränkt ist, dann erhalten wir für unendliches a > 0
nach den Regeln der partiellen Integration

$$\int_{-a}^{a} \delta'(x)f(x)\,dx = [\delta(x)f(x)]_{-a}^{a} - \int_{-a}^{a} \delta(x)f'(x)\,dx$$

$$= \delta(a)f(a) - \delta(-a)f(-a) - \int_{-a}^{a} \delta(x)f'(x)\,dx$$

$$\approx -f'(0).$$

Nachdem wir uns einige Eigenschaften von Deltafunktionen ange-
schaut haben, wollen wir unsere Begriffswelt etwas erweitern;
dabei wollen wir uns hauptsächlich von den Integraleigenschaften der Deltafunktion leiten lassen. In der Distributionen-
theorie ist es für fortgeschrittene Resultate nötig, den Le-
besgue'schen Integralbegriff zugrunde zu legen; für viele einfache Resultate genügt jedoch das von uns behandelte Riemann'-
sche Integral.

Es bezeichne C^{∞} die Menge aller unendlich oft differenzierbaren
Funktionen $\mathbb{R}^* \to \mathbb{R}^*$; der Träger einer Funktion f ist $\{x \mid f(x) \neq 0\}$.

7. Def.: (i)   Eine *Testfunktion* ist eine Funktion $f \in C^{\infty}$ mit
beschränktem Träger; die Menge der Testfunktio-
nen nennen wir $\mathscr{T}$.

(ii)   Für zwei Funktionen f, g ist

$$<f,g> = \int_{-\infty}^{\infty} f(x)g(x)\,dx,$$

falls dieses Integral existiert.

(iii)   f heißt *$\mathscr{T}$-Distribution*, falls für alle standard
$g \in \mathscr{T}$ das Integral $<f,g>$ existiert und endlich
(also durch eine Standardzahl beschränkt) ist,
und falls für alle endlichen a,b das Integral

$$\int_{a}^{b} f^2(x)\,dx$$

existiert.

(iv)   Zwei $\mathcal{T}$-Distributionen f und g heißen $\mathcal{T}$-*infinitesimal benachbart*, falls für alle standard
h $\varepsilon\ \mathcal{T}$

$$\langle f,h\rangle \approx \langle g,h\rangle$$

ist. Wir notieren dies durch f $\sim_{\mathcal{T}}$ g oder auch kurz durch f $\sim$ g. Insbesondere heißen die zur Nullfunktion $\mathcal{T}$-infinitesimal benachbarten $\mathcal{T}$-Distributionen auch $\mathcal{T}$-infinitesimal.

$\mathcal{T}$ ist eine standard Menge, aber die Begriffe $\mathcal{T}$-Distribution, $\sim_{\mathcal{T}}$ und $\mathcal{T}$-infinitesimal sind wieder extern. $\mathcal{T}$ ist ein reeller Vektorraum und der Operator $\langle f,g\rangle$ hat die Eigenschaften eines Skalarproduktes. Für eine $\mathcal{T}$-Distribution f ist

$$T_f(g) = \langle f,g\rangle\ ,\ g\ \varepsilon\ \mathcal{T},\ g\ \text{standard},$$

ein lineares Funktional mit endlichen Werten; f $\sim_{\mathcal{T}}$g bedeutet dann auch $st(T_{f-g}(h)) = 0$ für alle standard h $\varepsilon\ \mathcal{T}$.

Man erhält wieder $\mathcal{T}$-Distributionen, wenn man diese addiert oder mit Standardzahlen multipliziert.

Jede Deltafunktion ist eine $\mathcal{T}$-Distribution mit $T_\delta(g) \approx g(0)$ für alle standard Testfunktionen g; je zwei Deltafunktionen δ_1 und δ_2 sind $\mathcal{T}$-infinitesimal benachbart.

Ebenso wie für die Deltafunktionen wollen wir bei beliebigen $\mathcal{T}$-Distributionen besonders "schöne" Funktionen entdecken.

Unter einer orthonormalen Basis für $\mathcal{T}$ wollen wir eine (standard) Menge H = $\{h_\nu \mid \nu\ \varepsilon\ \mathbb{N}^*\} \subseteq C^\infty$ verstehen, so daß

$$\int_{-1}^{+1} h_1(x)h_2(x)\,dx = \begin{cases} 0\ \text{für } h_1 \neq h_2 \\[2mm] 1\ \text{für } h_1 = h_2 \end{cases}$$

und sich jedes g $\varepsilon\ \mathcal{T}$ als g = $\sum\limits_{\nu=0}^{\infty} a_\nu h_\nu$ in [-1,+1] darstellen läßt.

Ein Beispiel für solch ein H bilden die *Legendrepolynome*

$$\sqrt{n+\tfrac{1}{2}} \cdot \frac{1}{2^n \cdot n!} \cdot \frac{d^n}{dx^n} (x^2-1)^n.$$

8. Satz: Für jede $\mathcal{T}$-Distribution f gibt es ein Polynom p(x)
       mit f $\sim$ p(x).

Beweis: Wir wählen eine orthonormale Basis $H = \{h_\nu \mid \nu \in \mathbb{N}^*\}$
für $\mathcal{T}$ und eine (standard) Basis $\mathcal{T}_0 \subseteq \mathcal{T}$ des Vektorraumes der
Testfunktionen.

Das Standardmengenaxiom sichert uns eine Standardmenge

$$C = \{c_g \mid g \in \mathcal{T}\} \subseteq \mathbb{R}^*$$

mit $c_g = \text{st}(<f,g>)$ für g standard. Es würde genügen, folgendes
zu zeigen:

Es gibt ein $\omega \in \mathbb{N}^*$ und b_ν, $0 \leq \nu \leq \omega$ mit $<\sum\limits_{\nu=0}^{\infty} b_\nu h_\nu, g> = c_g$

für alle standard $g \in \mathcal{T}_0$. Dies ω wollen wir uns mit dem Axiom
vom idealen Punkt verschaffen. Das heißt aber: zu je endlich
vielen standard Funktionen $g_1, \ldots, g_n$ müssen wir ein m und b_ν,
$0 \leq \nu \leq m$, mit

$$<\sum\limits_{\nu=0}^{m} b_\nu h_\nu, g_i> = c_{g_i} \ , \ 1 \leq i \leq n,$$

finden. Setzen wir $c_i = c_{g_i}$, $1 \leq i \leq n$. O.B.d.A. können wir
annehmen, daß der Träger aller g_i in [0,1] enthalten ist, denn
dies können wir durch eine Variablentransformation erreichen.
Nach Voraussetzung ist

$$g_i = \sum\limits_{k=0}^{\infty} a_{ik} h_k \ , \ 1 \leq i \leq n;$$

weil die g_i linear unabhängig sind, hat die Matrix (a_{ik}) den
Rang n. O.B.d.A. sei $A = (a_{ik})$, $1 \leq i,k \leq n$, regulär. Wenn wir

$$h = \sum\limits_{\nu=1}^{n} b_\nu h_\nu$$

mit unbestimmten Koeffizienten ansetzen, dann haben wir für
$1 \leq i \leq n$

$$\langle h, g_i \rangle = \int_{-1}^{+1} \left(\sum_{\nu=1}^{n} b_\nu h_\nu(x) \right) \left(\sum_{\nu=0}^{\infty} a_{i\nu} h_\nu(x) \right) dx$$

$$= \sum_{\nu=1}^{n} b_\nu \cdot a_{i\nu} \int_{-1}^{+1} h_\nu^2(x) \, dx.$$

Weil aber die Matrix A regulär ist, können wir das Gleichungssystem

$$c_i = \sum_{\nu=1}^{n} b_\nu a_{i\nu} \int_{-1}^{+1} h_\nu^2(x) dx, \quad 1 \leqslant i \leqslant n,$$

nach den b_ν auflösen, was die Behauptung beweist (denn die Rücktransformation der Variablen führt wieder zu Polynomen).

Insbesondere ist also jede $\mathcal{T}$-Distribution zu einer C^∞-Funktion, nämlich zu einem (gewöhnlichen oder trigonometrischen) Polynom (von evtl. unendlichem Grad) infinitesimal benachbart. Die Eigenschaft "~" ist mit der Differentiation verträglich:

9. Satz: (i)   Die Ableitungen stetig differenzierbarer $\mathcal{T}$-Distributionen sind wieder $\mathcal{T}$-Distributionen.

       (ii)   Für stetig differenzierbare $\mathcal{T}$-Distributionen $f \sim g$ gilt $f' \sim g'$.

Beweis: Wir gehen wie bei den Deltafunktionen durch partielle Integration vor und erhalten für jede standard Testfunktion h:

$$\langle f',h \rangle - \langle g',h \rangle = -\langle f,h' \rangle + \langle g,h' \rangle \approx 0.$$

Die Umkehrung dieses Satzes ist etwas komplizierter. Wir vereinfachen die Situation durch eine leichte Zusatzvoraussetzung.

10. Satz: (i)   Sei f eine stetige $\mathcal{T}$-Distribution, die in einem Standardintervall [a,b] endlich ist. Dann ist eine Stammfunktion von f wieder eine $\mathcal{T}$-Distribution.

      (ii) Seien f und g stetig mit den Stammfunktionen F

und G; f,g,F und G seien $\mathscr{T}$-Distributionen und es gelte f ~ g. Dann gilt F - G ~ k_c, wobei k_c eine konstante Funktion mit dem Wert c ist.

<u>Beweis:</u> Es liegt nahe, wie beim letzten Satz vorzugehen. Für eine standard Testfunktion h haben wir nämlich

$$\langle F - G, h'\rangle = - \langle f - g, h\rangle \approx 0$$

und

$$\langle k_c, h'\rangle = c \cdot [h(x)]_{-\infty}^{\infty} \approx 0$$

für jedes reelle c. Eine Schwierigkeit liegt darin, daß nicht jede Testfunktion die Ableitung einer Testfunktion ist. Wir helfen uns mit einer standard Testfunktion $\varphi(x)$, welche außerhalb von [a,b] verschwindet; nach geeigneter Normierung können wir o.B.d.A. annehmen, daß

$$\int_a^b \varphi(x)\,dx = 1$$

ist. Wir setzen nun

$$h_1 = h - \varphi \cdot \int_{-\infty}^{\infty} h(x)\,dx;$$

dann prüft man sofort nach, daß h_1 die Ableitung einer Testfunktion ist, also der vereinfachte Fall vorliegt. Wir erhalten jetzt für die Stammfunktion F von f:

$$\langle F,h\rangle = \langle F,h_1\rangle + \int_{-\infty}^{\infty} h(x)\,dx \cdot \langle F,\varphi\rangle.$$

Aus der Endlichkeit von f in [a,b] folgt aber die Endlichkeit von $\langle F,\varphi\rangle$ und somit die Endlichkeit von $\langle F,h\rangle$; dies beweist (i). Bei (ii) gehen wir entsprechend vor und setzen

$$c = st(\langle F-G,\varphi\rangle)$$

woraus sich

$$\langle F-G,h\rangle = \langle F-G,h_1\rangle + \int_{-\infty}^{\infty} h(x)\,dx \cdot \langle F-G,\varphi\rangle$$

$$\approx c \cdot \int_{-\infty}^{\infty} h(x)\,dx$$

ergibt, was (ii) beweist.

Manchmal sind $\mathscr{T}$-Distributionen auch zu Standardfunktionen infinitesimal benachbart. Diese ist jedoch im stetigen Falle eindeutig bestimmt:

<u>11. Satz:</u> Wenn f und g stetig, standard und $\mathscr{T}$-Distributionen sind, dann folgt aus f $\sim$ g schon f = g.

<u>Beweis:</u> Wenn f $\neq$ g ist, dann gibt es ein standard x_0 und eine Standardumgebung $U(x_0)$, in der f(x) $\neq$ g(x) .ist. Man konstruiere sich dann eine nicht negative standard Testfunktion h mit $h(x_0) \neq 0$, und h(x) = 0 für x $\notin U(x_0)$. Dann ist a = <f-g,h> $\neq$ 0 und somit auch a $\not\approx$ 0, denn a ist standard.

Im allgemeinen lassen sich $\mathscr{T}$-Distributionen punktweise nicht sinnvoll Standardzahlen zuordnen. In gewissen Fällen geht dies jedoch:

<u>12. Def.:</u> Sei f eine $\mathscr{T}$-Distribution, die für Standardargumente endliche Werte liefert. Dann erklären wir mittels des Standardmengenaxioms die Standardfunktion $\bar{f}$ durch $\bar{f}(x) \approx st(f(x))$ für x standard.

Für eine Deltafunktion δ ist $\bar{\delta}$ nicht erklärt, wohl aber für ihre Stammfunktion; für deren Integral f ist $\bar{f}$ sogar stetig.

Dies führt zu folgender Definition:

<u>13. Def.:</u> Eine $\mathscr{T}$-Distribution f heißt von *endlicher Ordnung*, wenn ein standard n und eine Funktion h existieren mit
(i)   h $\sim \bar{h}$ und $\bar{h}$ ist stetig;
(ii) f ist die n-te Ableitung von h;
(iii) das minimale solche n heißt in einem solchen Falle die Ordnung von f.

Eine Deltafunktion ist z.B. von der Ordnung 2. $\mathscr{T}$-Distributionen endlicher Ordnung haben Stammfunktionen und Ableitungen, die wieder von dieser Art sind. (Die tatsächliche Zählung der Ord-

nung verläuft meist auf etwas andere Weise, so daß die Deltafunktion gewöhnlich die Ordnung 0 hat. Uns kommt es hier aber
nur auf den Begriff "endliche Ordnung" an.)

Weiter oben hatten wir für jede $\mathcal{T}$-Distribution f und jedes
standard g ε $\mathcal{T}$ gefordert, daß $T_f(g)$ = <f,g> endlich war. Dies
läßt sich ausnutzen, auch ein standard lineares Funktional zu
erklären.

14. Def.: Für eine $\mathcal{T}$-Distribution f sei nach dem Standardmengenaxiom $\hat{T}_f$: $\mathcal{T} \to \mathbb{R}^*$ diejenige standard Funktion, die für standard f ε $\mathcal{T}$ den Wert $st(T_f(g))$
hat.

Dann ist $\hat{T}_f$ ein lineares Funktional. Aus f $\sim$ h folgt $\hat{T}_f = \hat{T}_h$,
$\mathcal{T}$-infinitesimal benachbarte $\mathcal{T}$-Distributionen erklären also
dasselbe Funktional. Insbesondere definieren alle Deltafunk-
tionen dasselbe $\hat{T}_\delta$. In der klassischen Distributionstheorie
besteht *eine* Möglichkeit, die Distributionen zu definieren
darin, sie als gewisse lineare Funktionale einzuführen. Die
Einschränkung im Raum der Funktionale besteht in der Forderung
der Stetigkeit bei geeigneter Topologie auf $\mathcal{T}$. Die Funktionale
der Form $\hat{T}_f$, f eine $\mathcal{T}$-Distribution, genügen aber nicht immer
solchen Einschränkungen. Das Axiom vom idealen Punkt liefert
nämlich, daß jedes standard lineare Funktional $\mathcal{T} \to \mathbb{R}^*$ für
eine geeignete $\mathcal{T}$-Distribution f als $\hat{T}_f$ zu gewinnen ist. Es
stellt sich also die Aufgabe, die Menge der $\mathcal{T}$-Distributionen
geeignet durch topologische Restriktionen einzuschränken. Für
die topologischen Begriffe und ihre Nichtstandard-Beschreibung
verweisen wir auf das Kapitel VI sowie auf IX.4. Um eine Topologie bzw. Uniformität zu definieren, genügt es, die Monaden
der Umgebungsfilter bzw. die Monade der Uniformität anzugeben;
im Falle eines topologischen Vektorraumes genügt die Monade
der Null. Die Angabe dieser Monade besteht in der Angabe der
sie definierenden (externen) Eigenschaft. Wir wollen heraus-
heben, was bei dieser Eigenschaft wichtig ist: Einmal muß
die Eigenschaft tatsächlich die Monade eines standard Filters
erklären; dies ist nach IX.4 eine syntaktische Angelegenheit,

es muß sich um eine topologische Formel handeln (oder gleichwertig nach geeigneter logischer Umformung um eine Formel der
Gestalt ($\forall^{st}y)\psi,\psi$ intern). Zum anderen muß gewährleistet werden, daß die Vektorraumoperationen stetig sind; dies ist eine
Abstraktion desselben Sachverhaltes bei den hyperreellen Zahlen, wo wir dies auch schon mittels der Monaden ausdrücken
konnten.

Zuerst kommen wir zu einigen Topologien auf $\mathscr{T}$. Als Bezeichnungen haben wir noch:

$$\text{Comp} = \{K \subseteq \mathbb{R}^* \mid K \text{ kompakt}\} \; ; \; f^{(n)} = \text{n-te Ableitung von } f,$$

$$\|f\|_{K,n} = \sup_{\nu \leqslant n} \sup_{x \in K} |f^{(\nu)}(x)| \; ; \; \mathscr{T}_K = \{f \in \mathscr{T} \mid f(x) = 0 \text{ für } x \notin K\};$$

$$\mathscr{D}(\mathscr{T}) \; : \; \text{lineare Funktionale } T : \mathscr{T} \to \mathbb{R}^*.$$

Diese Bezeichnungen muß man nur leicht variieren, wenn man
Testfunktionen von n Variablen (also auf $(\mathbb{R}^*)^n$) nimmt. Die
ganzen folgenden Betrachtungen ließen sich dann auch für
diesen erweiterten Fall durchführen und ebenso, wenn man
komplexwertige Funktionale zuläßt.

$\mathscr{T}$ und die $\mathscr{T}_K$ sind Vektorräume, die zu topologischen Vektor-
räumen gemacht werden sollen. Betreffs der topologischen stan-
dard und nichtstandard Begriffe machen wir eine Anleihe beim
nächsten Kapitel. Im Falle topologischer Vektorräume sehen
wir dort, daß wir nur diejenigen Elemente angeben müssen, die
zur 0 infinitesimal benachbart sind. Die Definition der Monade der 0 darf aber wie bemerkt nicht völlig beliebig erfolgen,
sondern war gewissen Bedingungen unterworfen, die in unseren
Situationen aber erfüllt sein werden.

15. Def.: (i)   Für $n \in \mathbb{N}^*$ sei
$$f \approx_n 0 \leftrightarrow (\forall^{st} K \in \text{Comp}) (\|f\|_{K,n} \approx 0)$$

(ii) $f \approx_\infty 0 \leftrightarrow (\forall^{st} n \in \mathbb{N}^*) (f \approx_n 0)$

$$(iii) \quad f \approx_D 0 \Leftrightarrow (\forall^{st} (a_n)_{n \in \mathbb{N}^*}) \ (\forall^{st} (r_n)_{n \in \mathbb{N}^*})$$

$$(\forall \ n \ \varepsilon \ \mathbb{N}^*) \ (r_n \cdot \|f\|_{K'(n), a_n} \approx 0)$$

Hierbei sollen die $a_n \ \varepsilon \ \mathbb{N}^*$ und die
$r_n \ \varepsilon \ \mathbb{R}^*$, $r_n > 0$, sein und
$K'(n) = \mathbb{R}^* \smallsetminus \{x \ \varepsilon \ \mathbb{R}^* \ \mid \ |x| < n\}$.

Die entsprechenden Räume bezeichnen wir mit $(X, \approx_n)$, $(X, \approx_\infty)$
und $(X, \approx_D)$, wobei $X = \mathcal{T}$, C^∞ oder $\mathcal{T}_K$. Bei allen diesen infinitesimalen Relationen handelt es sich um externe Eigenschaften,
die topologische (sogar $\forall^{st}$-) Eigenschaften sind; unsere Vektorräume sind auch tatsächlich topologische Vektorräume. Funktionen f mit $f \approx_D 0$ müssen im unendlichen Teil von $\mathbb{R}^*$ sehr
stark abfallen, stärker als jede standard Folge, und man fragt
sich, ob sie dort überhaupt von 0 verschieden sein können. Dies
läßt sich aber mit dem Axiom vom idealen Punkt sehr leicht erreichen. Der Begriff "$\approx_\infty$" ist von Bedeutung, weil er einerseits
handlicher ist als "$\approx_D$", andererseits aber gilt:

<u>16. Satz:</u> $(\mathcal{T}_K, \approx_\infty) = (\mathcal{T}_K, \approx_D)$ für jedes standard $K \ \varepsilon$ Comp.

<u>Beweis:</u> Sei $f \ \varepsilon \ \mathcal{T}_K$, K standard. Wenn $f \approx_\infty 0$ ist, dann haben
wir für standard $n \ \varepsilon \ \mathbb{N}^*$

$$r_n \cdot \|f\|_{K'(n), a_n} \approx 0,$$

weil r_n endlich ist; für unendliches n ist aber $\|f\|_{K'(n), n} = 0$.
Wenn umgekehrt $f \approx_D 0$ ist, wähle man $r_n = 1$ für alle n und die
Folgen $(a_n)_{n \in \mathbb{N}^*}$ lasse man alle standard konstanten Folgen durch-
laufen.

Die Aussage des letzten Satzes läßt sich auch dadurch ausdrük-
ken, daß $(\mathcal{T}, \approx_D)$ der direkte (oder induktive) Limes der Räume
$(\mathcal{T}_K, \approx_\infty)$ ist. Wenn C^∞ der Raum der unendlich oft differenzierbaren Funktionen $f : \mathbb{R}^* \rightarrow \mathbb{R}^*$ ist, dann gilt sogar, daß C^∞ die
abgeschlossene Hülle von $\mathcal{T}$ (wo man kompakten Träger fordert)
in der $\approx_\infty$-Topologie ist. Zu der infinitesimalen Relation $\approx_D$
benötigen wir noch einen entsprechenden "Endlichkeitsbegriff"

(diese Sprechweise wird etwas weiter unten motiviert).

17. Def.: Ein $f \in \mathcal{T}$ heißt *D-endlich*, falls f außerhalb eines
standard Kompaktums K verschwindet und in K alle
$\|f\|_{K,n}$, n standard, durch standard Zahlen beschränkt
sind; formal:

$$f \text{ D-endlich} \leftrightarrow (\exists^{st} K \in \text{Comp}) \; (\exists^{st} (a_n)_{n\in\mathbb{N}*}) \; (\forall n \in \mathbb{N}*)$$

$$(\|f\|_{K,n} \leqslant a_n \wedge \text{Träger}(f) \subseteq K).$$

Beachten wir, daß alle standard $f \in \mathcal{T}$ automatisch endlich sind.
Jetzt kommen wir zu den Topologien auf den Dualräumen. In der
nächsten Definition sei $T \in \mathcal{D}(\mathcal{T})$.

18. Def.: (i) $\quad T \approx_\sigma 0 \leftrightarrow (\forall^{st} f \in \mathcal{T}) \; (T(f) \approx 0)$

(ii) $\quad T \approx_{D'} 0 \leftrightarrow (\forall f \in \mathcal{T}) \; (f \text{ D-endlich} \rightarrow T(f) \approx 0)$

Wir vermerken wieder, daß es sich in beiden Fällen um topologische Eigenschaften handelt. Bei (i) ist dies klar. Für (ii)
beachte man, daß D-endlich eine $\exists^{st}$-Eigenschaft ist, die entsprechenden $\exists$-Variablen aber in $\approx_{D'}$ links von "$\rightarrow$", also negativ vorkommen. Setzt man noch

$$\mathcal{D}_\sigma = \{T \in \mathcal{D}(\mathcal{T}) \mid T \text{ ist } \approx_\infty\text{-stetig}\}$$

und

$$\mathcal{D}' = \{T \in \mathcal{D}(\mathcal{T}) \mid T \text{ ist } \approx_D\text{-stetig}\},$$

so erhält man zwei topologische Vektorräume $(\mathcal{D}_\sigma, \approx_\sigma)$ und
$(\mathcal{D}', \approx_{D'})$. (Diese lassen sich auch als Dualräume mit einer
schwachen bzw. starken Topologie beschreiben; $\mathcal{D}_\sigma$ ist gleichzeitig der Dualraum von $(C^\infty, \approx_\infty)$; $\mathcal{D}_\sigma$ enthält alle stetigen
Funktionale mit kompaktem Träger.) Der Raum $(\mathcal{D}', \approx_{D'})$ ist
nun der Raum der *klassischen Distributionen*. Die Topologie
auf $\mathcal{D}'$ wird klassisch natürlich auf etwas andere Weise erklärt (man hat ja auch keine Monaden), jedoch ist unsere Definition legitim. (Das beruht hauptsächlich darauf, daß sich
die sog. beschränkten Mengen mit Hilfe des Begriffes D-endlich

beschreiben lassen.)

Wir wollen jetzt die vorgelegten Räume von Funktionen und Funktionalen etwas näher studieren; insbesondere sollen ihre Vollständigkeitseigenschaften betrachtet werden. Vollständigkeit in einem uniformen Raum bedeutet bekanntlich die Konvergenz aller Cauchyfilter (wobei $\mathscr{F}$ genau dann ein *Cauchyfilter* ist, wenn für jedes U der Uniformität ein X ε $\mathscr{F}$ mit X x X $\subseteq$ U existiert). In standard Räumen heißt dies, daß jeder standard **Cauchyfilter** gegen einen standard Punkt konvergiert. In $\mathbb{R}^*$ bedeutet die Vollständigkeit, daß jeder endliche Punkt faststandard ist. Die Eigenschaft, faststandard zu sein, ist jedoch zur Definition von Monaden nicht geeignet, weil es sich weder um eine topologische Eigenschaft noch um die Negation einer solchen handelt; als Ersatz haben wir den Begriff "endlich" (hier: D-endlich) gewählt. In $\mathbb{R}^*$ fallen "endlich" und "faststandard" zusammen, was an der Lokalkompaktheit von $\mathbb{R}^*$ liegt. Im allgemeinen ist dies nicht mehr der Fall. So liefert uns das Axiom vom idealen Punkt in $(\mathscr{T}, \approx_D)$ leicht ein f mit f $\approx_D$ 0, dessen Träger in keinem standard kompakten K enthalten ist, welches also nicht D-endlich ist. Wir haben jedoch:

<u>19. Satz:</u> Jedes D-endliche f ε $\mathscr{T}$ ist faststandard.

<u>Beweis:</u> Wir erklären mittels des Standardmengenaxioms eine standard Folge $(g_\nu \mid \nu \in \mathbb{N}^*)$ von Funktionen, so daß für standard ν und standard x gilt: $g_\nu(x) = \mathrm{st}(f^{(\nu)}(x))$. Dann ist g_ν standard für standard ν und wir wollen $g = g_0$ als die gesuchte Funktion mit $g \approx_{D'} f$ entlarven. Wegen der D-Endlichkeit von f reduziert sich die Frage auf den Nachweis von $f \approx_\infty g$ sowie die Hoffnung, daß die g_ν die Ableitungen von g sind. Weil die dazu nötigen Überlegungen im Prinzip genau diejenigen sind, welche beim Beweis des Existenzsatzes von Peano vorkommen, können wir uns hier etwas kürzer fassen. Zunächst erkennt man aus $|g_\nu(x_1)-g_\nu(x_2)| = \mathrm{st}(|f^{(\nu)}(x_1)-f^{(\nu)}(x_2)|)$ für standard x_1, x_2 die Stetigkeit der g_ν (ν standard), wenn man die klassische Stetigkeitsdefinition benützt. Daraus bekommt man dann

$g_\nu \approx_0 f^{(\nu)}$, indem man zuerst standard Stellen betrachtet und dann die nichtstandard Definition der Stetigkeit ausnützt. Die Betrachtung der Stammfunktionen der g_ν und $f^{(\nu)}$ liefert sodann $g'_0 = g' = f'$ und induktiv $g^{(\nu)} = f^{(\nu)}$; damit hat man dann auch $g \approx_\nu f$ für jedes standard ν, also $g \approx_\infty f$.

Ganz ähnlich geht man vor, um die Vollständigkeit der Funktionenräume zu beschreiben.

20. Satz: Die Räume $(C^\infty, \approx_\infty)$, $(\mathscr{T}_K, \approx_\infty)$ und $(\mathscr{T}, \approx_D)$ sind vollständig.

Beweis: Wir betrachten zuerst $(C^\infty, \approx_\infty)$ und einen standard Cauchyfilter $\mathscr{F}$ in diesem Raum; sei $f \varepsilon C^\infty$ eine Funktion in der Monade dieses Filters, d.h. es gelte $\mu_{\mathscr{F}}(f)$. Wir erklären wie eben eine standard Folge $(g_\nu \mid \nu \varepsilon \mathbb{N}^*)$ mit $g_\nu = g_0^{(\nu)}$, $g_0 \approx_\infty f$. Diese Definition ist unabhängig vom gewähltem f. Unser gesuchter Konvergenzpunkt ist dann die standard Funktion $g = g_0 \varepsilon C^\infty$. Wie oben erhält man weiter, daß $g \varepsilon \mathscr{T}_K$ für ein standard kompaktes K gilt, falls $\mathscr{F}$ ein Cauchyfilter in $(\mathscr{T}_K, \approx_\infty)$ ist. Somit bleibt nur noch der Fall, daß $\mathscr{F}$ ein standard Cauchyfilter in $(\mathscr{T}, \approx_D)$ ist, zu behandeln. Weil $\mathscr{F}$ dann auch ein Cauchyfilter in $(\mathscr{T}, \approx_\infty)$ ist, erhalten wir nach den vorangegangenen Überlegungen erst einmal ein standard $g \varepsilon C^\infty$, so daß für jedes f mit $\mu_{\mathscr{F}}(f)$ die Beziehung $f \approx_\infty g$ gilt. Als nächstes weisen wir $g \varepsilon \mathscr{T}$ nach. Falls dies nicht der Fall wäre, gäbe es eine (standard) Folge $(x_n)_{n \varepsilon \mathbb{N}^*}$ mit

$$x_n \varepsilon K'(n) = \mathbb{R}^* \smallsetminus \{x \varepsilon \mathbb{R}^* \mid |x| < n\},$$

so daß $s_n = |g(x_n)| > 0$. Wir setzen $r_n = s_n^{-1}$ und wählen ein f mit $\mu_{\mathscr{F}}(f)$; für ein $n \varepsilon \mathbb{N}^*$ ist dann $f(x) = 0$ in $K'(n)$. Weiter gilt $(\forall^{st} n \varepsilon \mathbb{N}^*)(\forall^{st} x \varepsilon \mathbb{R}^*)(\exists h)(\mu_{\mathscr{F}}(h) \wedge r_n \cdot h(x) \approx r_n \cdot g(x))$.

Schreibt man sich diese Formel aus und wendet das Transferaxiom an, so erkennt man auch
$$(\forall\, n \varepsilon \mathbb{N}^*)\ (\forall\, x \varepsilon \mathbb{R}^*)\ (\exists\, h)\ (\mu_{\mathscr{F}}(h) \wedge r_n \cdot h(x) \approx r_n \cdot g(x)).$$
Nehmen wir uns zu f ein genügend großes n und dazu ein genügend großes x_n und dazu schließlich ein geeignetes h, so erhalten wir

$$O = |f(x_n)| \cdot r_n \approx |h(x_n)| \cdot r_n \approx |g(x_n)| \cdot r_n = 1,$$

was ein Widerspruch ist. Es bleibt noch zu zeigen, daß $\mathscr{F}$ auch in der $\approx_D$-Topologie gegen g konvergiert. Wenn μ die Monade von g in der Topologie ist, dann haben wir also zu zeigen

$$\mu_{\mathscr{F}}(f) \Rightarrow \mu(f).$$

Dazu betrachten wir wieder standard Folgen $(r_n)_{n\in\mathbb{N}^*}$ und $(a_n)_{n\in\mathbb{N}^*}$ von positiven reellen bzw. von natürlichen Zahlen. Für $n \in \mathbb{N}^*$, $|x| > n$, $\nu \leqslant a_n$ und f mit $\mu_{\mathscr{F}}(f)$ haben wir dann

$$r_n \cdot f^{(\nu)}(x) \approx r_n \cdot g^{(\nu)}(x).$$

Weil g ein Konvergenzpunkt von f in der $\approx_\infty$-Topologie ist, folgt

$$(\forall^{st} n \in \mathbb{N}^*)\ (\forall^{st} \nu \in \mathbb{N}^*)\ (\forall^{st} x \in K'(n))\ (\exists h)\ (\mu_{\mathscr{F}}(h) \wedge$$
$$\wedge\ r_n \cdot g^{(\nu)}(x) \approx r_n \cdot h^{(\nu)}(x)).$$

Durch Ausschreiben dieser Formel und Anwendung des Transferaxioms können wir die drei $\forall^{st}$-Quantoren in gewöhnliche $\forall$-Quantoren verwandeln und erhalten

$$r_n \cdot g^{(\nu)}(x) \approx r_n \cdot h^{(\nu)}(x) \approx r_n \cdot f^{(\nu)}(x),$$

woraus die Behauptung folgt.

Schließlich wenden wir uns noch dem klassischen Distributionenraum $(\mathscr{D}',\ \approx_{D'})$ zu. Im nächsten Satz ist (iii) die am meisten gebräuchliche Weise, Distributionen zu erklären.

<u>21. Satz:</u> Sei $T \in \mathscr{D}(\mathscr{F})$ ein standard lineares Funktional. Dann sind äquivalent:
  (i) $T \in \mathscr{D}'$
  (ii) $(\forall f \in \mathscr{F})$ (f D-endlich $\Rightarrow$ T(f) endlich)
  (iii) $(\forall^{st} K \in \text{Comp})\ T \upharpoonright \mathscr{F}_K : (\mathscr{F}_K,\ \approx_\infty) \to \mathbb{R}^*$
          ist stetig).

<u>Beweis:</u> (i) $\Rightarrow$ (ii): Wenn f D-endlich ist, so gibt es ein standard g mit $f \approx_D g$. Die Behauptung folgt aus $T(f) \approx T(g)$, weil T(g) standard ist.

     (ii) $\Rightarrow$ (iii): Wir gehen indirekt vor und nehmen an, für ein standard kompaktes K sei $T \upharpoonright \mathscr{F}_K$ nicht stetig. Dann erhalten wir der Reihe nach:

$$(\exists\ f\ \varepsilon\ \mathscr{T}_K)\ (f \approx_\infty 0 \wedge T(f) = 1)$$

$$(\exists\ f\ \varepsilon\ \mathscr{T}_K)\ (\forall^{st}\ n\ \varepsilon\ \mathbb{N}^*)\ (\|f\|_{K,n} \leqslant \tfrac{1}{n} \wedge T(f) = 1)$$

$$(\forall^{st}\ n\ \varepsilon\ \mathbb{N}^*)\ (\exists\ f\ \varepsilon\ \mathscr{T}_K)\ (\|f\|_{K,n} \leqslant \tfrac{1}{n} \wedge T(f) = 1)$$

$$(\forall\ n\ \varepsilon\ \mathbb{N}^*)\ (\exists\ f\ \varepsilon\ \mathscr{T}_K)\ (\|f\|_{K,n} \leqslant \tfrac{1}{n} \wedge T(f) = 1)$$

$$(\forall\ n\ \varepsilon\ \mathbb{N}^*)\ (\exists\ f\ \varepsilon\ \mathscr{T}_K)\ (\|f\|_{K,n} \leqslant 1 \wedge T(f) = n)$$

Somit erhalten wir eine standard Folge $(f_n \mid n\ \varepsilon\ \mathbb{N}^*)$ von Funktionen aus $\mathscr{T}_K$ mit $\|f\|_{K,n} \leqslant 1$ und $T(f) = n$. Wir erkennen sämt-·liche f_n, $n\ \varepsilon\ \mathbb{N}^*$, als D-endlich; für unendliches n ist aber $T(f_n)$ nicht endlich, ein Widerspruch zu (ii).

(iii) $\Rightarrow$ (i): In einer Vorbetrachtung benötigen wir zunächst die Existenz einer gewissen Partition der Eins; genauer gesagt: Es gibt eine standard Folge $(\alpha_n)_{n \varepsilon \mathbb{N}^*}$ von Funktionen aus $\mathscr{T}$ mit

(1) Träger $(\alpha_n) \subseteq L_n := [n,n+2]$;

(2) $0 \leqslant \alpha_n(x) \leqslant 1$;

(3) $\displaystyle\sum_{n=0}^{\omega} \alpha_n(x) \approx 1$ f.a. endlichen $x\ \varepsilon\ \mathbb{R}^*$ und unendlichen
$\omega \in \mathbb{N}^*$.

Die Existenz einer solchen Folge wollen wir hier voraussetzen (einen (klassischen) Beweis findet man z.B. in [Bre1], 3.5 und 3.6). Für $f\ \varepsilon\ \mathscr{T}$ und standard n und m gilt dann $\|f\|_{L_n,m} \approx 0$; aus den Eigenschaften der α_n folgt dann $\alpha_n \cdot f\ \varepsilon\ L_n$ und $\alpha_n \cdot f \approx_\infty 0$, weshalb die Stetigkeit von $T \upharpoonright \mathscr{T}_{L_n}$ dann $T(\alpha_n f) \approx 0$ liefert. Wir haben somit formal:

$$(\forall^{st}\ n\ \varepsilon\ \mathbb{N}^*)\ (\forall\ f\ \varepsilon\ \mathscr{T})\ [(\forall^{st}\ m\ \varepsilon\ \mathbb{N}^*)\ (\forall^{st}\ r > 0)\ \|f\|_{L_n,m} <$$

$$< r \Rightarrow (|T(\alpha_n \cdot f)| < 2^{-n}].$$

Eine Umformung nach bewährtem Muster ergibt schließlich

$$(\forall n \ \varepsilon \ \mathbb{N}^*) \ (\exists \ m \ \varepsilon \ \mathbb{N}^*) \ (\exists \ r > 0) \ (\forall \ f \ \varepsilon \ \mathscr{T}) \ (\|f\|_{L_{n,m}} < r \Rightarrow$$

$$\Rightarrow |T(\alpha_n \cdot f)| < 2^{-n}).$$

Dies liefert uns standard Folgen $(m_n)_{n\varepsilon\mathbb{N}^*}$, $(r_n)_{n\varepsilon\mathbb{N}^*}$ von natürlichen bzw. positiv reellen Zahlen, so daß für jedes $f \ \varepsilon \ \mathscr{T}$
gilt:

$$\|f\|_{L_{n,m_n}} < r_n \Rightarrow |T(\alpha_n \cdot f)| < 2^{-n}.$$

Nach dieser Vorüberlegung gehen wir indirekt vor und nehmen
an, (i) sei falsch. Dann gibt es ein f mit $f \approx_D 0$ und $T(f) > 3$.
Für so ein f erhalten wir für jedes $n \ \varepsilon \ \mathbb{N}^*$

$$\frac{1}{r_n} \cdot \|f\|_{K'(n),m_n} \approx 0,$$

also können wir auf

$$T(\alpha_n \cdot f) < 2^{-n}$$

schließen. Somit erhalten wir für unendliches ω

$$3 < T(f) \approx \sum_{n=0}^{\omega} T(\alpha_n \cdot f) \leqslant \sum_{n=0}^{\infty} 2^{-n} = 2,$$

was ein Widerspruch ist.

Schließlich kommen wir zur Vollständigkeit des klassischen
Distributionraumes.

<u>22. Satz:</u> Der Raum $(\mathscr{D}', \approx_{D'})$ ist vollständig.

<u>Beweis:</u> Sei ein Cauchyfilter $\mathscr{F}$ in $(\mathscr{D}', \approx_{D'})$ gegeben. Weil für
alle standard $f \ \varepsilon \ \mathscr{T}$ zunächst die $T(f)$ mit $\mu_{\mathscr{F}}(T)$ in ein und
derselben Monade eines standard Punktes von $\mathbb{R}^*$ liegen, können
wir uns mit dem Standardmengenaxiom ein standard $T_0 \ \varepsilon \ \mathscr{D}(\mathscr{T})$
verschaffen, für welches $T_0 \approx_\sigma T$ für alle diese T mit $\mu_{\mathscr{F}}(T)$
gilt. Benutzt man nun, daß D-endliche Funktionen faststandard
sind, T_0 standard Funktionen in standard Zahlen abbildet und
T_0 außerdem stetig ist, so erkennt man, daß T_0 eine D-endliche Funktion in eine endliche Zahl abbilden muß. Daher ist
$T_0 \ \varepsilon \ \mathscr{D}'$. Schließlich macht man sich ähnlich klar, daß T_0 Konvergenzpunkt von $\mathscr{F}$ in der $\approx_{D'}$-Topologie ist.

Wir merken noch an (vgl. unsere früheren Ausführungen über Differentiation und Integration von $\mathscr{T}$-Distributionen), daß die
klassischen Distributionen in folgendem Sinne unter Differentiation und Integration abgeschlossen sind: Wenn f und g zwei
$\mathscr{T}$-Distributionen mit f' = g sind und wenn $\hat{T}_f$ und $\hat{T}_g$ die zugehörigen standard Funktionale in $\mathscr{D}(\mathscr{T})$ sind, so ist $\hat{T}_f$ genau dann
in $\mathscr{D}'$, wenn $\hat{T}_g$ dies ist. Dies erlaubt es z.B., Differentialgleichungen mit Distributionen explizit mittels $\mathscr{T}$-Distributio-
nen zu lösen. Die vorangegangenen Betrachtungen über klassische Distributionen sind Teil der Theorie von L.Schwartz (vgl.
etwa [Schw]); weitere Erörterungen der nichtstandard Distribu-
tionentheorie findet man in [Lu-Str], [Lau2] und [Be]. Wir kehren nun zu unseren $\mathscr{T}$-Distributionen zurück und fragen uns, ob
und warum z.B. die Deltafunktionen klassische Distributionen
sind. Zunächst fällt auf, daß unsere Definition der Deltafunktion keine topologische Formel ist, und zwar wegen der Bedingung (iii). Man formt sich diese Bedingung jedoch sofort in
eine äquivalente topologische Eigenschaft um; die Deltafunktionen bilden daher die Monade eines standard Cauchyfilters.
Aus unseren früheren Überlegungen folgt weiter für zwei Deltafunktionen φ und ψ: Wenn f $\varepsilon\ \mathscr{T}$ D-endlich ist, so ist
$\langle\varphi,f\rangle \approx f(0) \approx \langle\psi,f\rangle$, daher ist auch $T_\varphi \approx_{D'} T_\psi$. Die T_φ, φ Deltafunktion, bilden somit die Monade eines standard Cauchyfilters
Δ in $(\mathscr{D}', \approx_{D'})$ und die Vollständigkeit dieses Raumes liefert
einen standard Konvergenzpunkt von Δ, der nur unser Deltafunk-
tional $\hat{T}_\delta$ sein kann. Dieses Vorgehen legt eine Verallgemeinerung nahe. Es sei nämlich φ eine $\mathscr{T}$-Distribution und Γ eine topologische Eigenschaft mit:

(i) $\Gamma(\varphi)$ gilt;

(ii)   Wenn für zwei $\mathscr{T}$-Distributionen $\Gamma(\varphi_1)$ und $\Gamma(\varphi_2)$

      gilt, so folgt $T_{\varphi_1} \approx_{D'} T_{\varphi_2}$.

Unter diesen Umständen ist dann $\hat{T}_\varphi$ eine (standard) klassische
Distribution. Um zu zeigen, daß eine solche Eigenschaft Γ auch
immer gegeben ist, wenn $\hat{T}_\varphi$ eine standard klassische Distribution ist, geht man zweckmäßigerweise in die komplexe Analysis.
Wir nehmen daher gleich an, daß unsere Funktionale jetzt kom-

plexwertig sind. Unter einer *analytischen Darstellung* einer klassischen Distribution T verstehen wir eine Funktion $F_T(z)$, welche in ganz $\mathbb{C}^*$ außer eventuell der reellen Achse holomorph ist und für die für jedes $\varphi \in \mathcal{T}$

$$T(\varphi) = \lim_{y\downarrow +0} \ <F_T(x+iy) - F_T(x-iy), \varphi(x)> \ ; \quad x, y \in \mathbb{R}^*,$$

gilt; $F_T(x+iy) - F_T(x-iy)$ heißt dann auch *analytischer Repräsentant* von T. Ohne Beweis (vgl. etwa [Ti], [Bre1], [Bre2]) erwähnen wir:

(a) Jede klassische Distribution besitzt eine analytische Darstellung;

(b) Wenn F_T und G_T zwei analytische Darstellungen desselben T sind, dann ist $F_T - G_T$ eine ganze (d.h. in ganz $\mathbb{C}^*$ holomorphe) Funktion;

(c) Sei
$\mathcal{H} = \{F \mid F$ holomorph in $\mathbb{C}^* \smallsetminus \mathbb{R}^*$; für jedes abgeschlossene Intervall I existiert ein M und ein $n \in \mathbb{N}^*$ mit $|F(x+iy)| < M \cdot \dfrac{1}{y \cdot n}, \ x \in I, \ 0 < |y| < 1, \ y \in \mathbb{R}^*\}$.

Dann ist $\mathcal{H}$ genau die Klasse aller analytischen Darstellungen von klassischen Distributionen.

Wenn nun φ eine $\mathcal{T}$-Distribution ist, für die $\hat{T}_\varphi$ eine klassische Distribution ist, dann existiert dazu eine standard analytische Darstellung F. Wir erklären unsere gesuchte (externe) Eigenschaft Γ als
$$\Gamma(\psi) \Leftrightarrow (\exists \ \rho > 0, \ \rho \in \mathbb{R}^*) \ (\forall^{st} \ r > 0, \ r \in \mathbb{R}^*) \ (|\rho| < r \wedge \psi(x) =$$
$$= F(x+i\rho) - F(x-i\rho)).$$

Γ ist dann unsere gesuchte topologische Formel; ihr entspricht die (unerlaubte, externe) Menge derjenigen Funktionen, wenn man in der analytischen Darstellung infinitesimal von der reellen Achse weggeht.

Ein Beispiel für einen analytischen Repräsentanten der Deltafunktion mit infinitesimalem ρ ist:

$$\delta_\rho(x) = -\frac{1}{2\pi i}\left[\frac{1}{x+i\rho} - \frac{1}{x-i\rho}\right] = \frac{\rho}{\pi}\cdot\frac{1}{x^2+\rho^2} \; .$$

Hierbei handelt es sich um die sog. Cauchydarstellung (vgl. [Fre1]). Setzen wir noch $c = \frac{1}{\rho}$, so ergibt sich

$$\delta_\rho(x) = \frac{c}{\pi(c^2 x^2 + 1)} \; ,$$

und wir entdecken einen alten Bekannten aus diesem Abschnitt wieder, nämlich die Funktion $\delta_2(x)$. Man sieht hier besonders gut, was die analytischen Repräsentanten leisten: Wir haben es nur noch mit standard Funktionen zu tun, in die ein nicht-standard Parameter eingesetzt wurde.

Die analytischen Darstellungen sind auch für das letzte Thema dieses Abschnittes von Nutzen. Hierbei handelt es sich um die Multiplikation von Distributionen. Die Addition und die Multiplikation mit Skalaren von Distributionen ist harmlos, sowohl im klassischen als auch im Nichtstandard-Aufbau. Einmal handelt es sich dabei um Operationen mit linearen Funktionalen, im anderen Falle darum, daß diese Operationen verträglich mit der Beziehung "$\sim$" sind. Anders sieht es mit der Multiplikation aus. Schon anschaulich ist klar, daß man sich gelegentlich Ärger einhandeln wird; nehmen wir nur folgende (Pseudo-) Betrachtung:

$$\int_{-\infty}^{+\infty} \delta(x)\cdot\delta(x)\varphi(x) = \delta(0)\cdot\varphi(0),$$

welches unendlich für $\varphi(0) \neq 0$ ist. Allgemein stellen wir folgendes fest:

(1) Wenn φ,ψ zwei $\mathscr{T}$-Distributionen sind, so muß $\varphi\cdot\psi$ nicht unbedingt eine $\mathscr{T}$-Distribution sein;

(2) Aus $\varphi \sim \varphi_1$ und $\psi \sim \psi_1$ folgt nicht $\varphi\cdot\psi \sim \varphi_1\cdot\psi_1$.

Klassisch steht demgegenüber, daß das Produkt zweier linearer Funktionale i.a. nicht mehr linear ist. Nichtsdestoweniger ist man (von physikalischen Anwendungen motiviert) daran interessiert, Distributionen "möglichst häufig" (und "möglichst vernünftig") doch noch zu multiplizieren. Zunächst täuscht die Vermutung, daß für eine Deltafunktion δ die Funktion δ^2 allein deshalb keine Distribution ist, weil sie "zu groß" ist, nicht: Aus der Definition der Deltafunktionen folgt nämlich die Existenz eines (unendlichen) $\alpha \in \mathbb{R}^*$, so daß $\frac{1}{\alpha} \cdot \delta^2$ wieder eine Deltafunktion ist. Dieses Vorgehen führt jedoch bei der Multiplikation zweier verschiedener Deltafunktionen nicht weiter, denn das Produkt könnte auch sehr klein ausfallen. Anstatt eine klassische Distribution allgemein durch eine $\mathcal{T}$-Distribution vertreten zu lassen, wählen wir spezielle (nichtstandard) analytische Repräsentanten. Der nächste Satz rechtfertigt dieses Vorgehen. Dabei sei $F^\rho(x) = F(x+i\rho) - F(x-i\rho)$.

<u>23. Satz:</u> Seien S und T zwei klassische standard Distributionen. F_S und G_S bzw. F_T und G_T seien je zwei analytische Darstellungen von S bzw. T. Sei weiter $\rho \in \mathbb{R}^*$ ein positives reelles Infinitesimal. Dann gilt für jede standard Testfunktion $h \in \mathcal{T}$

$$\langle F_S^\rho \cdot F_T^\rho, h \rangle \approx \langle G_S^\rho \cdot G_T^\rho, h \rangle$$

(d.h.
$$F_S^\rho \cdot F_T^\rho \sim G_S^\rho \cdot G_T^\rho \;).$$

<u>Beweis:</u> Es gibt, wie oben bemerkt, zwei (standard) ganze Funktionen $f(z)$ und $g(z)$ mit $F_S(z) = G_S(z) + f(z)$ und $F_T(z) = G_T(z) + g(z)$. Wir erhalten somit für eine standard Funktion h:

$$\langle F_S^\rho \cdot F_T^\rho, h \rangle - \langle G_S^\rho \cdot G_T^\rho, h \rangle$$

$$= \langle G_T^\rho(x) \cdot (f(x+i\rho) - f(x-i\rho)), h(x) \rangle$$

$$+ \langle G_S^\rho(x) \cdot (g(x+i\rho) - g(x-i\rho)), h(x) \rangle$$

$$+ \langle (f(x+i\rho) - f(x-i\rho)) \cdot (g(x+i\rho) - g(x-i\rho)), h(x) \rangle.$$

Die drei Summanden werden einzeln ausgewertet; der letzte ist trivialerweise infinitesimal. Von den anderen beiden Summanden betrachten wir o.B.d.A. nur den ersten; dazu wählen wir nun eine Testfunktion $h_1(x)$ mit $h_1(x) \cdot h(x) = h(x)$ und erhalten:

$$\langle (G_T(x+i\rho) - G_T(x-i\rho)) \cdot (f(x+i\rho) - f(x-i\rho)), h(x) \rangle$$

$$= \langle h_1(x) \cdot (G_T(x+i\rho) - G_T(x-i\rho)), (f(x+i\rho) - f(x-i\rho)) \cdot h(x) \rangle.$$

Dieses Skalarprodukt ist aber infinitesimal, weil f ganz ist und $G_T \in \mathcal{H}$ ist.

Der Wert von $\langle F_S^\rho \cdot F_T^\rho, h \rangle$ ist zwar unendlich, läßt sich aber immerhin mit standard Potenzen von $\frac{1}{\rho}$ abschätzen. Es sei näm- lich der Träger von h in dem standard abgeschlossenen Inter- vall I enthalten; weil F_S und F_T in $\mathcal{H}$ sind, existieren stan- dard Zahlen M_S und M_T in $\mathbb{R}^*$ und standard Zahlen n_S und n_T in $\mathbb{N}^*$, so daß für $0 < |y| < 1$ und $x \in I$ gilt:

$$|F_T^\rho(x)| < 2 \cdot M_T \cdot \left(\frac{1}{\rho}\right)^{n_T}$$

$$|F_S^\rho(x)| < 2 \cdot M_S \cdot \left(\frac{1}{\rho}\right)^{n_S} \; ;$$

Für $M = \max_{x \in I}(h(x))$ erhalten wir dann

$$|\langle F_S^\rho \cdot F_T^\rho, h \rangle| \leq 4 \cdot M_S \cdot M_T \cdot M \cdot |I| \cdot \left(\frac{1}{\rho}\right)^{n_S+n_T} < \rho^{-n_S-n_T-1} \, .$$

Die nichtstandard analytischen Repräsentanten haben gegenüber gewöhnlichen $\mathcal{T}$-Distributionen den Vorteil, daß sie besser "um die richtige Stelle herum" konzentriert sind als gewöhnliche $\mathcal{T}$-Distributionen. Die Möglichkeit, Distributionen auf diese Weise zu multiplizieren, ist allerdings beschränkt. Zum einen läßt sich so i.A. das Produkt nur von zwei Distributionen her- stellen, weil man für das Produkt selber ja generell dann kei- ne analytische Darstellung mehr besitzt (man kann aber natür- lich trotzdem versuchen, mit diesem Produkt als einer gewöhn- lichen nichtstandard Funktion weiter zu rechnen). Zum zweiten wird aber selbst in den Fällen, wo das Produkt etwa von drei Faktoren noch existiert, dieses Produkt nicht mehr assoziativ sein. Ein diesbezügliches Beispiel findet sich bereits in [Schw] : Man betrachte nämlich die "Funktion $\frac{1}{x}$, die zusätzlich noch im Nullpunkte unendlich ist". Dem entspricht diejenige klassische Distribution, welche die (Distributions-) Ableitung von ln|x| (wieder als Distribution aufgefaßt) ist. Analog zu den Deltafunktionen läßt sich auch hier die entsprechende $\mathcal{T}$-Distribution durch eine topologische Eigenschaft beschreiben. Betrachtet man ferner auch die Funktion f(x) = x als eine Distribution, so sind die beiden Produkte

$$(\frac{1}{x} \cdot x) \cdot \delta \quad \text{und} \quad \frac{1}{x} \cdot (x \cdot \delta)$$

verschieden. Als klassische Distributionen aufgefaßt, ergibt das erste Produkt δ und das zweite Produkt Null; als $\mathcal{T}$-Distributionen aufgefaßt sind beide Produkte entsprechend nicht äquivalent modulo "~".

Für weitere Beispiele von Produkten und ihre nichtstandard Behandlung verweisen wir auf [Ba], wo sich eine große Auswahl findet.

VI. Topologische Räume

1. Einige grundlegende Eigenschaften topologischer Räume nebst Beispielen

Topologische Räume können wir uns sowohl in der Form $(X,\mathcal{O})$, wobei $\mathcal{O}$ die Familie der offenen Mengen ist, als auch in der Form $(X,\mathcal{A})$, wobei $\mathcal{A}$ die Familie der abgeschlossenen Mengen ist, gegeben denken. Es genügt sogar, eine Basis $\mathcal{B}$ für die offenen (resp. die abgeschlossenen) Mengen anzugeben; jede offene (resp. jede abgeschlossene) Menge ist dann eine Vereinigung (resp. ein Durchschnitt) von Basismengen. Hiervon werden wir gelegentlich Gebrauch machen. Topologische Räume sind dazu da, Phänomene wie Konvergenz und Stetigkeit zu beschreiben. Dies geschieht meistens mit Hilfe des Filterbegriffs, den wir kurz vorstellen wollen.

1. Def.: (i)   Ein *Filter* über einer Menge X ist eine Mengenfamilie $\mathcal{F} \subseteq \mathcal{P}(X)$ mit

(1) $\emptyset \notin \mathcal{F}$, $\mathcal{F} \neq \emptyset$;

(2) wenn $A \in \mathcal{F}$ und $B \in \mathcal{F}$, so $A \cap B \in \mathcal{F}$;

(3) wenn $A \in \mathcal{F}$ und $B \supseteq A$, so $B \in \mathcal{F}$.

(ii)   Ein maximaler Filter $\mathcal{F}$ heißt *Ultrafilter*.

Die Ultrafilter lassen sich auch als diejenigen Filter charakterisieren, die zu jedem $A \subseteq X$ entweder A oder $X \smallsetminus A$ enthalten. Zorn's Lemma sichert, daß jeder Filter in einem Ultrafilter enthalten ist.

Wenn $\mathcal{F}$ ein Filter und $\mathcal{G} \subseteq \mathcal{F}$ ist, dann wird $\mathcal{G}$ auch *Basis* für $\mathcal{F}$ genannt, wenn zu jedem $A \in \mathcal{F}$ ein $B \in \mathcal{G}$ mit $B \subseteq A$ existiert; man sagt auch: $\mathcal{G}$ erzeugt $\mathcal{F}$. Wenn $\mathcal{F}$ eine Basis hat, die nur aus offenen (resp. abgeschlossenen) Mengen besteht, dann nennen wir $\mathcal{F}$ auch einen Filter von offenen (resp. abgeschlossenen) Mengen.

Das zentrale Hilfsmittel bei der Beschreibung topologischer
Eigenschaften der hyperreellen Zahlen waren der Monadenbegriff
und die Relation "a und b sind infinitesimal benachbart". Diese
Techniken wollen wir jetzt auch für allgemeine topologische Räume entwickeln. Dabei benötigen wir wie früher ganz wesentlich
externe Eigenschaften. Als erstes kommen wir zum Monadenbegriff.

2. Def.: Sei $\mathscr{F}$ ein Filter über einer Menge X. Dann wird die
(externe) Formel $\mu_{\mathscr{F}}(x)$ erklärt durch

$$\mu_{\mathscr{F}}(x) \leftrightarrow \forall^{st} A \; (A \; \varepsilon \; \mathscr{F} \Rightarrow x \; \varepsilon \; A).$$

Die eigentliche "Monade" wäre $\{x \; \varepsilon \; X \mid \mu_{\mathscr{F}}(x)\}$. Dies ist eine
unerlaubte Mengenbildung, aber die Formel $\mu_{\mathscr{F}}(x)$ ist ein genü-
gender Ersatz dafür. Wegen des Transferaxioms gilt für einen
Standardfilter $\mathscr{F}$, daß jedes standard $A \; \varepsilon \; \mathscr{F}$ auch ein Standard-
element enthält. Daher liefert das Axiom vom idealen Punkt:

Wenn $\mathscr{F}$ ein Standardfilter ist, dann gibt es ein x, so daß
$\mu_{\mathscr{F}}(x)$ gilt.

Dies motiviert noch einmal die Nomenklatur: x ist der "ideale
Punkt" für den Filter $\mathscr{F}$. Man hätte das Axiom (I) vom idealen
Punkt sogar ganz in der Terminologie der Filter aufstellen
können.

Schauen wir uns jetzt ein vertrautes Beispiel an. Sei $r \; \varepsilon \; \mathbb{R}^*$
eine standard reelle Zahl. Der Umgebungsfilter $\mathscr{F} = \mathscr{F}_r$ von r
wird erzeugt von

$$\{U \subseteq R^* \mid U \text{ offen}, \; r \; \varepsilon \; U\}.$$

Es gilt

$$x \approx r \leftrightarrow \mu_{\mathscr{F}}(x).$$

Für einen topologischen Raum $(X, \mathcal{O})$ und für $x \; \varepsilon \; X$ bezeichne
$\mathscr{F}_x$ den Umgebungsfilter von x.

<u>3. Satz:</u> Sei $(X, \mathcal{O})$ ein Standardraum (d.h. X und $\mathcal{O}$ sind beide standard).

(i)   Zu jedem standard x existiert eine offene Menge U mit $x \in U$ und

$$y \in U \Rightarrow \mu_{\mathcal{F}_X}(y).$$

(ii)   Eine Standardmenge $U \subseteq X$ ist genau dann offen, wenn für jedes standard x und jedes y gilt:

$$x \in U \wedge \mu_{\mathcal{F}_X}(y) \Rightarrow y \in U.$$

(iii)   Ein Standardpunkt $x \in X$ ist genau dann isoliert, wenn $\mu_{\mathcal{F}_X}(y)$ für kein $y \neq x$ gilt.

(iv)   Eine Standardmenge $A \subseteq X$ ist genau dann abgeschlossen, wenn für keinen Standardpunkt $x \in X \smallsetminus A$ und für kein $y \in X$ gilt

$$\mu_{\mathcal{F}_X}(y) \wedge y \in A.$$

(v)   Ein Standardpunkt x ist genau dann Element der abgeschlossenen Hülle $\overline{A}$ einer Standardmenge A, wenn ein z mit

$$\mu_{\mathcal{F}_X}(z) \wedge z \in A$$

existiert.

<u>Beweis:</u> (i) Für je endlich viele offene Standardumgebungen eines Standardpunktes x ist der Durchschnitt wieder eine Standardumgebung von x; das Axiom vom idealen Punkt liefert dann eine offene Umgebung von U, die in allen Standardumgebungen von x enthalten ist.

(ii) Eine Richtung ist trivial, weil eine offene Menge U im Umgebungsfilter jedes ihrer Punkte ist. Für die andere Richtung wählen wir uns nach (i) zu jedem Standardpunkt $x \in U$ eine Umgebung V, die nur aus Punkten y mit $\mu_{\mathcal{F}_X}(y)$ besteht, für die also nach Voraussetzung $x \in V \subseteq U$ gilt.
Nach dem Transferaxiom existiert dann für jedes $x \in U$ ein offenes V mit $x \in V \subseteq U$, d.h. U ist offen.

(iii) Eine Richtung ist wieder trivial: Wenn x standard und isoliert ist, dann ist $\{x\}$ standard und offen und für kein $y \neq x$ ist $y \in \{x\}$. Für die andere Richtung wählen wir uns nach (i) eine offene Umgebung U von x, die nur Punkte y mit $\mu_{\mathscr{F}_x}(y)$ enthält; dies heißt aber $U = \{x\}$.

(iv) folgt aus (ii) durch Übergang zu den Komplementen;

(v) folgt wie (ii) mit Hilfe von (i).

(ii) zeigt, daß die Topologie eines Standardraumes durch seine Monaden bereits vollständig bestimmt ist, denn diese bestimmen die offenen Mengen.

Die Argumentationen beim Beweis von (ii) und (iii) sind typisch für viele ähnlich gelagerte Fälle: Für die eine Richtung geht man direkt auf die Definitionen zurück; die andere Richtung benötigt das Axiom vom idealen Punkt und meistens noch das Transferaxiom. Jetzt wollen wir die Eigenschaft "infinitesimal benachbart" für einen topologischen Raum $(X, \mathscr{O})$ erklären; dabei haben wir die reellen Zahlen als Beispiel vor Augen.

<u>4. Def.</u>: (i)   Ein Punkt $y \in X$ heißt *faststandard*, wenn es ein standard $x \in X$ mit $\mu_{\mathscr{F}_x}(y)$ gibt.

(ii)   Für je zwei faststandard Punkte $x, y \in X$ erklären wir die externe Formel $x \approx_{\mathscr{O}} y$ durch

$$x \approx_{\mathscr{O}} y \leftrightarrow \exists^{st} z\ (\mu_{\mathscr{F}_z}(x) \wedge \mu_{\mathscr{F}_z}(y)).$$

Wenn der Zusammenhang es erlaubt, werden wir die Topologie $\mathscr{O}$ nicht erwähnen und einfach $x \approx y$ schreiben. Als Sprechweisen werden wir benutzen: "x und y sind infinitesimal benachbart" für "$x \approx y$" sowie "y ist in der Monade von x" für "$\mu_{\mathscr{F}_x}(y)$".

Anschaulich bedeutet $x \approx y$, daß x und y beides Elemente der (externen) "Monade" eines Standardpunktes sind. Im allgemeinen ist $\mu_{\mathscr{F}_x}(z)$ und $\mu_{\mathscr{F}_y}(z)$ für zwei verschiedene Standardpunk-

te x und y durchaus möglich. So richtig interessant wird die
Eigenschaft "≈" daher erst, wenn verschiedene Standardpunkte
auch "disjunkte Monaden" haben. Das hängt mit den Trennungseigenschaften des Raumes zusammen; diesen wollen wir uns jetzt
zuwenden.

<u>5. Satz</u>: Sei $(X, \mathcal{O})$ ein Standardraum. Die folgenden Bedingungen
a) und b) sind jeweils äquivalent:

(i)   (T_0-*Räume*):
   a) für alle x, y ε X, x ⧧ y, gibt es eine
   offene Menge U mit $\{x,y\} \cap U \neq \emptyset$ und
   $\{x,y\} \nsubseteq U$.

   b) Für keine zwei Standardpunkte x ⧧ y gilt
   gleichzeitig $\mu_{\mathcal{F}_x}(y)$ und $\mu_{\mathcal{F}_y}(x)$.

(ii)   (*Nüchterne Räume*):
   a) Sei $A \subseteq X$ abgeschlossen und A sei nicht die
   Vereinigung zweier echter abgeschlossener
   Untermengen (man sagt dann, A sei irreduzibel). Dann gibt es ein eindeutig bestimmtes x ε X, so daß A die abgeschlossene Hülle
   von $\{x\}$ ist, $A = \overline{\{x\}}$; x heißt manchmal auch
   "*erzeugender Punkt*" für A.

   b) Für jede abgeschlossene irreduzible Standardmenge A existiert ein Standardpunkt x,
   so daß für alle standard y in A gilt:
   x ist in der Monade von y und y ist
   nicht in der Monade von x.

(iii)   (T_1-*Räume*):
   a) Für alle x, y ε X, x ⧧ y, gibt es offene
   Mengen U und V mit x ε U, y ⨳ U, y ε V
   und x ⨳ V.

   b) Für keine zwei Standardpunkte x ⧧ y gilt
   $\mu_{\mathcal{F}_x}(y)$.

(iv)   (*Hausdorff-Räume*):

    a) Je zwei verschiedene Punkte besitzen disjunkte Umgebungen.

    b) "$\approx$" ist eine (externe) Äquivalenzrelation und für standard x, y, x $\neq$ y, gilt nie x $\approx$ y.

(v)   (*Reguläre Räume*):

    a) Wenn A $\subseteq$ X abgeschlossen und x ε X $\smallsetminus$ A ist, dann gibt es zwei disjunkte offene Mengen U und V mit x ε U und A $\subseteq$ V.

    b) Seien A $\subseteq$ X, x ε X $\smallsetminus$ A beide standard, A abgeschlossen. Sei weiter $\mathcal{F}_A$ der Filter, der von {U | U offen und A $\subseteq$ U} erzeugt wird. Dann gelten $\mu_{\mathcal{F}_x}(z)$ und $\mu_{\mathcal{F}_A}(z)$ für kein z gleichzeitig.

(vi)   (*Normale Räume*):

    a) Wenn A, B $\subseteq$ X disjunkte abgeschlossene Mengen sind, dann gibt es disjunkte offene Mengen U und V mit A $\subseteq$ U und B $\subseteq$ V.

    b) Seien A, B $\subseteq$ X zwei abgeschlossene, disjunkte Standardmengen. Dann gelten für kein z ε X gleichzeitig $\mu_{\mathcal{F}_A}(z)$ und $\mu_{\mathcal{F}_B}(z)$.

<u>Beweis:</u> In allen Fällen ist a) $\Rightarrow$ b) die triviale Richtung, wir beweisen sie daher bloß für den Fall (ii): Sei die irreduzible Standardmenge A vorgelegt. Weil der erzeugende Punkt x für A eindeutig bestimmt ist, gilt standard (x). Wenn nun y ε A standard ist, dann folgt aus y ε A = $\overline{\{x\}}$ sofort $\mu_{\mathcal{F}_y}(x)$. Weil aber $\overline{\{y\}} \neq \overline{\{x\}}$ ist, folgt x $\notin \overline{\{y\}}$, d.h. es gibt ein abgeschlossenes B mit x $\notin$ B, y ε B. Da B schon standard gewählt werden kann, folgt durch Übergang zum Komplement, daß $\mu_{\mathcal{F}_x}(y)$ nicht gelten kann.

Nun kommen wir zu b) $\Rightarrow$ a). Weil der Beweis von (i), (iii) und (iv) nach derselben Methode erfolgt, behandeln wir nur (iv). Wegen des Transferaxioms genügt es zu zeigen: Zwei verschie-

dene Standardpunkte x $\neq$ y besitzen disjunkte Standardumgebun-
gen. Wir betrachten die Standardmenge

$$\mathscr{F} = \mathscr{F}_x \cup \mathscr{F}_y,$$

also die Vereinigung der beiden Umgebungsfilter. $\mathscr{F}$ ist wegen
des Transferaxioms genau dann ein Filter, wenn je zwei Standardmengen in $\mathscr{F}$ einen nichtleeren Durchschnitt haben. Wenn
also x und y keine disjunkten Umgebungen haben, ist $\mathscr{F}$ ein
Filter und es gibt einen (idealen) Punkt z mit $\mu_{\mathscr{F}}(z)$, d.h.
aber $\mu_{\mathscr{F}_x}(z)$ und $\mu_{\mathscr{F}_y}(z)$, ein Widerspruch zur Voraussetzung b).
Zu (ii): Wir können uns wieder auf standard abgeschlossene,
irreduzible A $\subseteq$ X beschränken. Der in b) geforderte Standardpunkt x ist erzeugender Punkt für A, weil A = $\overline{\{x\}}$ nach Satz 3,
(v) gleichwertig zu $\mu_{\mathscr{F}_y}(x)$ für alle y ε A ist. Die Behauptungen (v) und (vi) haben wieder ganz analoge Beweise und wir
zeigen nur (vi). Wieder können wir uns wegen Axiom (T) auf
den Standardfall zurückziehen. Seien also (abgeschlossene
Standardmengen) A, B $\subseteq$ X mit A $\cap$ B = $\emptyset$ vorgelegt. Wie beim
Beweise von (iv) betrachten wir

$$\mathscr{F} = \mathscr{F}_A \cup \mathscr{F}_B$$

und schließen genau wie dort: Wenn A und B keine disjunkten
Umgebungen haben, dann ist $\mathscr{F}$ ein (Standard-) Filter, es gibt
also ein z mit $\mu_{\mathscr{F}}(z)$, mit Widerspruch zur Voraussetzung b).

Die Terminologie bei den Trennungseigenschaften ist nicht immer einheitlich. Wir wollen Hausdorff-Räume auch T_2-Räume nennen, T_3-Räume sollen reguläre T_1-Räume sein (die dann bereits
T_2-Räume sind) und T_4-Räume sollen normale T_1-Räume sein (die
dann ebenfalls schon T_2-Räume sind). In dieser Nomenklatur ergibt dann die Klassifikation T_0-T_4 eine fortlaufende Verschärfung. Die nüchternen Räume passen nicht ganz in diese Hierarchie, sie liegen zwischen T_0 und T_2. Die wichtigste in diesem
Zusammenhang fehlende Klasse wird von den vollständig regulären Räumen gebildet. Wegen ihrer Lage in der Hierarchie der
Trennungseigenschaften heißen sie auch $T_{3\frac{1}{2}}$-Räume; ihre Beschreibung ist ein klein wenig umständlicher als die der anderen Räume. Es gibt viele gleichwertige Charakterisierungen

dieser Räume; die folgende paßt gut in unser Schema:

6. <u>Def.</u>: Ein topologischer Raum $(X,\mathcal{O})$ heißt *vollständig regulär*, wenn es eine Basis $\mathcal{B}$ für die abgeschlossenen Mengen gibt mit

    (i) $\mathcal{B}$ hat die T_1-Eigenschaft, d.h. für alle $x,\ y\ \varepsilon\ X,\ x \neq y$ gibt es offene Basismengen U und V (also $X \smallsetminus U$ und $X \smallsetminus V$ aus $\mathcal{B}$) mit $x\ \varepsilon\ U,\ y\ \notin\ U,\ y\ \varepsilon\ V,\ x\ \notin\ V$.

    (ii) $\mathcal{B}$ ist disjunktiv; d.h. für alle $x\ \varepsilon\ X$ und alle $A\ \varepsilon\ \mathcal{B}$ mit $x\ \notin\ A$ gibt es ein $B\ \varepsilon\ \mathcal{B}$ mit $x\ \varepsilon\ B$ und $A \cap B = \emptyset$.

    (iii) $\mathcal{B}$ ist normal, d.h. disjunkte Mengen aus lassen sich durch disjunkte Komplemente von Mengen aus $\mathcal{B}$ trennen.

Überträgt man auch den Begriff "regulär" auf die naheliegende Weise auf eine Basis, so folgt aus (ii) und (iii) sofort die Regularität der Basis. Eine Betrachtung der trivialen Basis, die aus allen abgeschlossenen Mengen besteht, lehrt, daß vollständig reguläre Räume in der Tat zwischen den T_3- und den T_4-Räumen eingeordnet werden können. Die entsprechende Nichtstandardcharakterisierung wie in Satz 5 liegt auf der Hand: Man muß nur zu Monaden von Filtern übergehen, die eine Basis von Mengen aus $\mathcal{B}$ haben. Wir wollen dies hier übergehen, kommen jedoch auf die vollständig regulären Räume zurück.

Schließlich beschreiben wir noch den Kompaktheitsbegriff.

7. <u>Satz:</u> Für einen Standardraum $(X,\mathcal{O})$ sind gleichwertig:

    a) X ist überdeckungskompakt, d.h. jede offene Überdeckung von X besitzt eine endliche Teilüberdeckung.

    b) Jeder Punkt von X ist faststandard.

<u>Beweis:</u> a $\Rightarrow$ b: Sei $x \in X$; wir nehmen an, x sei nicht faststandard. Dann gibt es zu jedem standard $y \in X$ eine standard offene Umgebung U_y von y mit $x \notin U_y$. Sei $\mathcal{U}$ die nach dem Standardmengenaxiom gebildete Mengenfamilie, deren standard Elemente gerade diese U_y sind; $\mathcal{U}$ überdeckt dann X, weil die standard Mengen in $\mathcal{U}$ die standard Elemente von X überdecken. Nach Voraussetzung überdeckt schon eine endliche Teilfamilie $\mathcal{U}' \subseteq \mathcal{U}$ den ganzen Raum X und das Transferaxiom ergibt ein standard n sowie standard $y_1, \ldots, y_n$ mit

$$(\forall^{st} z \in X) \, (z \in U_{y_1} \cup \ldots \cup U_{y_n}).$$

Weil die Parameter $U_{y_1}, \ldots, U_{y_n}$ und X standard sind, können wir das Transferaxiom noch einmal anwenden und erhalten

$$(\forall z \in X) \, (z \in U_{y_1} \cup \ldots \cup U_{y_n}),$$

ein Widerspruch, wenn wir $z = x$ wählen.

   b $\Rightarrow$ a: Es genügt, die Behauptung für standard offene Überdeckungsfamilien $\mathcal{U}$ zu zeigen. Betrachten wir die Formel

$$y \notin U \wedge U \in \mathcal{U} ;$$

wenn keine endliche Teilfamilie von $\mathcal{U}$ den ganzen Raum überdeckt, dann können wir das Axiom vom idealen Punkt anwenden und erhalten ein $y \in X$ mit $y \notin U$ für alle standard $U \in \mathcal{U}$. Wenn nun $x \in X$ standard ist, so gibt es ein standard $U \in \mathcal{U}$ mit $x \in U$, weil die standard Mengen von $\mathcal{U}$ alle standard Punkte überdecken müssen. Es folgt, daß $\mu_{\mathcal{F}_x} (y)$ nicht gelten kann, ein Widerspruch.

<u>Einige Hintergrundbemerkungen:</u>
In Kap. IX, 4 werden diejenigen unerlaubten Mengen studiert, welche Monaden eines standard Filters sind. Sie sind dadurch charakterisiert, daß sie von der Form $\{x \mid (\forall^{st} y)\varphi(x,y)\}$ für eine geeignete interne Formel φ sind (Vorsicht: wir reden von einer unerlaubten Menge!). Genau wie geeignete Filter als die Umgebungsfilter einer Topologie in Frage kommen, sind geeignete Monaden die Monaden einer Topologie. Dies wird besonders einfach im Falle eines uniformen Raumes.

Exkurs über Uniformitäten.

Sei X eine standard Menge. Eine Uniformität auf X ist bekanntlich ein Filter $\mathscr{F}$ auf X x X mit

(a) $U \varepsilon \mathscr{F} \Rightarrow \{(x,x) \mid x \varepsilon X\} \subseteq U$;

(b) $U \varepsilon \mathscr{F} \Rightarrow U^{-1} = \{(x,y) \mid (y,x) \varepsilon U\} \varepsilon \mathscr{F}$;

(c) $U \varepsilon \mathscr{F} \Rightarrow$ ex. $V \varepsilon \mathscr{F}, V^2 = \{(x,y) \mid$ ex. z, (x,z),
$(z,y) \varepsilon V\} \subseteq U$.

Jede solche Uniformität erklärt eine Topologie; die Umgebun-
gen eines Punktes $x \varepsilon X$ erhält man als $U(x) = \{y \mid (x,y) \varepsilon U\}$,
$U \varepsilon \mathscr{F}$. Sei nun $\zeta = \zeta_{\mathscr{F}}$ die Formel, die die Monade einer standard Uniformität $\mathscr{F}$ auf X beschreibt. Man sieht sofort für
alle x, $y \varepsilon X$ ein:

(a') $\zeta(x,x)$

(b') $\zeta(x,y) \Rightarrow \zeta(y,x)$

(c') $\zeta(x,y), \zeta(y,z) \Rightarrow \zeta(x,z)$.

Als externe Menge gesehen ist die Monade von $\mathscr{F}$ also eine Äquivalenzrelation. Sei nun umgekehrt die Monade eines standard
Filters $\mathscr{F}$ eine (externe) Äquivalenzrelation. Um einzusehen,
daß $\mathscr{F}$ dann bereits eine Uniformität ist, genügt es schon,
(a), (b) und (c) für standard U zu zeigen. Für (a) und (b)
ist dies sofort klar. Um (c) zu zeigen, wählen wir uns nach
dem Axiom (I) vom idealen Punkt ein $W \varepsilon \mathscr{F}$, welches ganz in
der Monade von $\mathscr{F}$ enthalten ist; nach (c') gilt dies dann auch
für W^2 und somit folgt $W^2 \subseteq U$. Das Transferaxiom (T) sichert
dann auch ein standard $W \varepsilon \mathscr{F}$ mit $W^2 \subseteq U$.

Somit korrespondieren die Uniformitäten also mit denjenigen
Monaden, welche externe Äquivalenzrelationen auf X x X sind.

Handelt es sich bei X speziell um einen Vektorraum (etwa über
$\mathbb{R}^*$), so genügt es, die Umgebungen der 0 anzugeben, d.h. hier
die Monade der 0 in der induzierten Topologie. Die Formeln
$\mu(x)$ und $\zeta(x,y)$, welche die Monade der 0 und der Uniformität
beschreiben, stehen in der Beziehung $\mu(x-y) \Leftrightarrow \zeta(x,y)$. Die Bedingungen, daß in einer solchen Situation μ die Monade der 0
einer Uniformität ist, kann man schnell angeben. Als notwen-

wendig und hinreichend rechnet man nämlich nach:

(i) $\quad \mu(0)$ gilt;

(ii) $\quad (\forall^{st} a \in \mathbb{R}^*)(\forall x \in X)(\mu(x) \Rightarrow \mu(a \cdot x))$

(iii) $\quad (\forall a \in \mathbb{R}^*)(\forall^{st} x \in X)(a \approx 0 \Rightarrow \mu(a \cdot x))$

(iv) $\quad (\forall a \in \mathbb{R}^*)(\forall x \in X)(a \approx 0 \wedge \mu(x) \Rightarrow \mu(a \cdot x))$

(v) $\quad (\forall x \in X)(\mu(x) \Rightarrow \mu(x+x))$.

Insbesondere in Kap. V wurden Uniformitäten in topologischen Räumen dadurch erklärt, daß man die Formel angab, welche die Monade der Null beschrieb.

Weiter erkennt man, daß jeder kompakte Raum X uniformisierbar ist. Für einen standard kompakten Raum X setze man nämlich

$$x \approx y \leftrightarrow (\forall^{st} A, B \subseteq X)(A, B \text{ abgeschlossen} \wedge x \in \mathring{A} \wedge y \in \mathring{B} \Rightarrow A \cap B \neq \emptyset).$$

Dabei sind A und B das Innere von $\mathring{A}$ und $\mathring{B}$. Die hierdurch erklärte Uniformität induziert wieder die ursprüngliche Topologie.

Es ist zweckmäßig, hier das Beispiel der reellen Zahlen (als Vektorraum über sich selbst) zu betrachten und insbesondere Definition 4 und Satz 5 aus Kap. II,2 zum Vergleich heranzuziehen.

In der bisherigen Diskussion dieses Abschnitts haben wir nur über offene und abgeschlossene Mengen und ähnliches geredet. Nun ist aber die Topologie nicht eine Wissenschaft von Mengensystemen, sondern die Lehre von den stetigen Funktionen. Diese wollen wir jetzt betrachten; als Leitlinie dient uns natürlich der Stetigkeitsbegriff der Analysis.

<u>8. Def.</u>: Seien $(X_i, \mathcal{O}_i)$, $i = 1,2$, zwei standard Räume.

    (i)   Eine standard Funktion $f : X_1 \to X_2$ heißt
stetig an einem standard $x \in X_1$, falls für
alle $y \in X_1$ gilt:
Wenn $\mu_{\mathcal{F}_x}(y)$, so $\mu_{\mathcal{F}_{f(x)}}(f(y))$.

    (ii)   Eine standard $f : X_1 \to X_2$ heißt *stetig*
schlechthin, wenn f an allen standard
Punkten stetig ist.

    (iii)   Die Menge der stetigen Funktionen von X_1
nach X_2 ist die nach dem Standardmengenaxiom gebildete Menge, deren standard Elemente gerade die standard stetigen Funktionen sind.

Das Standardmengenaxiom erlaubt es jetzt natürlich auch, analog zu (iii) die stetigen Abbildungen zwischen beliebigen Räumen zu erklären.

Sei $f : X_1 \to X_2$ standard. Wenn X_1 und X_2 Hausdorff-Räume sind
(und dieser Fall interessiert uns primär), dann läßt sich die
Stetigkeit ganz anschaulich wie in Kap.III erklären. Die Bedingung liest sich dann nämlich:

    Für alle faststandard x, $y \in X_1$ gilt:
    wenn $x \approx y$, so $f(x) \approx f(y)$.

Eine leichte Anwendung ist: Wenn Y und Z zwei Teilmengen von
X_1 sind, die sich durch offene Mengen trennen lassen (also etwa dann, wenn Y und Z disjunkte, offene und abgeschlossene
Mengen sind) und sowohl $f \upharpoonright Y$ als auch $f \upharpoonright Z$ stetig ist, dann
ist auch $f \upharpoonright Y \cup Z$ stetig; denn für $y \in Y$ und $z \in Z$ (y, z
standard) kann niemals $y \approx z$ gelten.

Wir wollen jetzt einsehen, daß der Stetigkeitsbegriff (der ja
in der Topologie bereits vergeben ist) legitim im Sinne von
III.4 ist.

<u>9. Satz:</u> Der Stetigkeitsbegriff ist legitim.

<u>Beweis:</u> Seien $(X_i, \mathcal{O}_i)$, $i = 1, 2$ standard Räume und sei
$f : X_1 \to X_2$ eine standard Abbildung und sei $x \in X_1$ ein
standard Punkt. Wenn f stetig im üblichen topologischen
Sinne ist, gibt es wegen des Transferaxioms zu jeder
standard Umgebung U von $f(x)$ eine standard Umgebung V von
x mit $f(V) \subseteq U$, woraus sofort die Stetigkeit von f an x
folgt. Sei umgekehrt f an x stetig und sei U eine standard
Umgebung von $f(x)$. Das Axiom vom idealen Punkt liefert eine
offene Menge V_0 im Umgebungsfilter $\mathcal{F}_x$ von x, so daß
$V_0 \subseteq V$ für jedes standard $V \in \mathcal{F}_x$ gilt. Aus der Stetigkeit
folgt $\mu_{\mathcal{F}_{f(x)}}(y)$ für alle $y \in V$ und somit $f(V) \subseteq U$. Es gilt
also

$$\exists\, V(V \text{ offen und } f(V) \subseteq U),$$

nach dem Transferaxiom gilt daher auch

$$\exists^{st}\, V(V \text{ offen und } f(V) \subseteq U).$$

Weil wir dies aber für alle standard U gezeigt haben, liefert
das Transferaxiom somit

$$\forall\, U(U \text{ offen in } X_2)\ \exists\, V(V \text{ offen in } X_1 \text{ und } f(V) \subseteq U),$$

was die Stetigkeit im üblichen Sinne bedeutet.

Als nächstes wollen wir unsere Methoden an einer Reihe einfacher topologischer Sätze erproben. Dabei soll der Begriff
"kompakt" immer die Hausdorff-Eigenschaft einschließen (also
kompakt = überdeckungskompakt + Hausdorff).

<u>10. Satz:</u> (i)   Eine abgeschlossene Teilmenge Y eines über-
deckungskompakten Raumes X ist überdeckungs-
kompakt.

(ii)   Eine kompakte Teilmenge Y eines Hausdorff-
Raumes X ist abgeschlossen.

(iii)   Wenn $f : X_1 \to X_2$ eine stetige Abbildung und
wenn $Y \subseteq X_1$ kompakt ist, dann ist auch $f(Y)$
kompakt.

(iv)   Wenn $f, g : X_1 \to X_2$ zwei stetige Abbildungen
       sind und X_2 ein Hausdorffraum ist, dann ist
       $U = \{x \in X_1 \mid f(x) \ne g(x)\}$ offen in X_1.

<u>Beweis:</u> Wegen des Transferaxioms können wir alle vorkommenden
Räume und Abbildungen als standard voraussetzen.

(i)   Sei $y \in Y$; weil X kompakt ist, gibt es ein standard
       $x \in X$ mit $\mu_{\mathscr{F}_x}(y)$. Da Y abgeschlossen ist, folgt $x \in Y$
       (Satz 3,(iv)).

(ii)   Sei $Y \subseteq X$ kompakt, seien $y \in Y$, $x \approx y$ und x standard.
       Wegen der Kompaktheit von Y gibt es standard $z \in Y$ mit
       $z \approx y$, woraus $z \approx x$ und damit, weil X ein Hausdorff-
       raum ist, auch $z = x$ folgt. Die Behauptung liefert
       wieder Satz 3, (iv).

(iii) Sei $f(x) = y$, $x \in X_1$. Da X_1 kompakt ist, gibt es ein
       standard $x_1 \in X_1$ mit $x \approx x_1$. Mit x_1 und f ist auch
       $f(x_1)$ standard und die Stetigkeit von f liefert
       $f(x_1) \approx f(x) = y$.

(iv)   Wir wenden Satz 3, (ii) an. Sei $x \in U$, d.h. $f(x) \ne g(x)$,
       ein standard Punkt und es gelte $\mu_{\mathscr{F}_x}(y)$. Die Stetigkeit
       von f und g liefert $f(x) \approx f(y)$ und $g(x) \approx g(y)$. Da X_2
       Hausdorff ist, würde $g(y) = f(y)$ auch $g(x) \approx f(x)$ und
       somit $g(x) = f(x)$ zur Folge haben, ein Widerspruch zu
       $x \in U$. Somit folgt also auch $y \in U$.

Wenn $((X_i \cdot \mathcal{O}_i)$ $(i \in I)$, $I \ne \emptyset$, eine Familie von topologischen
Räumen ist, dann ist der Produktraum

$$\left(\prod_{i \in I} X_i, \mathcal{O} \right)$$

bekanntlich dadurch erklärt, daß die Topologie Θ durch die
Urbilder $\pi_i(U)$,

$$\pi_i : \prod_{i \in I} X_i \to X_i, \text{ Koordinatenprojektion}$$

und

$$U \subseteq X_i, \text{ U offen,}$$

erzeugt ist.

11. Satz von Tychonoff: Das Produkt von kompakten Räumen ist
$$\text{kompakt.}$$

<u>Beweis:</u> Sei $X = \prod\limits_{i \in I} X_i$; wir können uns wieder auf den Standard-
fall zurückziehen. Seien alle X_i Hausdorffräume und seien
$f, g \in X$ standard mit $f \neq g$. Für die Hausdorffeigenschaft
von X genügt es zu zeigen: Für kein $h \in X$ gilt $\mu_{\mathscr{F}_f}(h)$ und
$\mu_{\mathscr{F}_g}(h)$. Wenn wir letzteres doch annehmen, gilt für jedes
standard $i \in I$:

$$\pi_i(f) = f(i) \approx h(i) = \pi_i(h) \text{ und } \pi_i(g) = g(i) \approx h(i) = \pi_i(h),$$

denn mit i ist auch π_i standard und die Koordinatenprojektionen
sind stetig. Weil die X_i Hausdorffräume sind, haben wir somit
$f(i) = g(i)$ für alle standard $i \in I$ und somit $f = g$, ein Widerspruch.

Seien die X_i nun zusätzlich kompakt. Sei $f \in X$; für standard
$i \in I$ gibt es genau ein standard $x_i \in X_i$ mit $f(i) \approx x_i$. Das
Standardmengenaxiom liefert uns ein standard g mit $g(i) = x_i$
für i standard. Daraus folgt aber schon $f \approx g$, weil bei der
Untersuchung von "$\approx$" nur die standard Umgebungen von g, also
nur die Urbilder von standard Koordinatenprojektionen, be-
rücksichtigt werden brauchen.

In IV.2 hatten wir inverse Limites über gerichtete Indexmengen
betrachtet; sie ließen sich als Untermengen des kartesischen
Produktes auffassen. Wenn die einzelnen A_i, $i \in I$ (nicht lee-
re) topologische Räume sind, so trägt der inverse Limes $\varprojlim\limits_{i \in I} A_i$
auf natürliche Weise ebenfalls eine Topologie:

Mit der Spurtopologie des Produtraumes in $\prod\limits_{i \in I} A_i$ ist dann
$\varprojlim\limits_{i \in I} A_i$ ein abgeschlossener Unterraum.

Sind nun alle A_i kompakt, dann ist somit auch $A = \varprojlim\limits_{i \in I} A_i$
kompakt.

Weiterhin gilt für die Limesabbildungen

$$f_i(A) = \bigcap\limits_{k \geqslant i} f_{ik}(A_k).$$

Setzt man ferner voraus, daß alle Abbildungen stetig sind, so
ergibt sich $f_i(A)$ als Durchschnitt von nichtleeren abgeschlossenen Mengen im kompakten Raum A_i; es ist also $f_i(A) \neq \emptyset$ und
daher $A \neq \emptyset$. Als Spezialfall, wenn die A_i endlich mit diskreter Topologie sind, ergibt sich so ein weiterer Beweis von
Satz 9 aus IV.2

Homöomorphismen zwischen topologischen Räumen sind bijektive,
in beiden Richtungen stetige Abbildungen; wenn eine solche Abbildung zwischen X und Y besteht, dann heißen diese Räume auch
homöomorph, in Zeichen: $X \cong Y$. Wenn für alle x, y ε X ein Homöomorphismus f von X mit f(x) = y existiert, dann heißt X
homogen. Einigen konkreten Beispielen, in denen stetige Abbildungen und Homöomorphismen eine Rolle spielen, wollen wir
uns jetzt zuwenden. Dabei wird die reine Technik durch die
Nichtstandardmethode meist etwas trivialisiert, so daß man
sich besser auf die eigentliche Idee konzentriert.

1. Beispiel: Die rationalen Zahlen $\mathbb{Q}^*$; sie tragen die von $\mathbb{R}^*$
ererbte Spurtopologie. Für $A \subseteq \mathbb{R}^*$ sei $A' = A \cap \mathbb{Q}^*$. Im Gegensatz zum Reellen sind im Rationalen offene und abgeschlossene
Intervalle homöomorph und diese überdies homogen:

12. Satz: Für a, b ε $\mathbb{Q}^*$, a < b, gilt:

    (i) $[a,b]' \cong (a,b)'$, wobei $(a,b) = \{x \ \varepsilon \ \mathbb{R}^* | \ a<x<b\}$;

    (ii) $[a,b]'$ und $(a,b)'$ sind homogen.

Beweis: Zunächst bemerken wir, daß alle offenen rationalen Intervalle (a,b) homöomorph sind; die Topologie wird nämlich
auch von der Ordnung erzeugt, und zwei abzählbare, dicht geordnete Mengen ohne erstes und letztes Element sind nach einem Satz von Cantor isomorph. Zum Beweis von (i) und (ii) gehen wir nur auf den wesentlichen Schritt ein, auf den sich
die restlichen Argumentationen unschwer reduzieren lassen.
Wir zeigen: Für standard c, d ε (a,b), c $\neq$ d, existiert ein
standard Homöomorphismus $f : [a,b]' \to [a,b)'$ auf das halboffe-
ne Intervall mit f(b) = c und f(d) = d. Sei o.B.d.A. c < d

und seien r, s,t irrationale Zahlen mit

$$a < r < c < s < d < t < b.$$

wir wählen drei (standard) Folgen (r_n), (s_n), (t_n), $n \in \mathbb{N}^*$, irrationaler Zahlen mit $r_o = r$, $s_o = s$, $t_o = t$, welche monoton gegen c resp. b konvergieren:

$$c = \lim_{n \to \infty} r_n = \lim_{n \to \infty} s_n, \quad b = \lim_{n \to \infty} t_n.$$

Wir teilen nun [a,b]' auf:

$$X = [a,r)', \quad I_n = (r_n,r_{n+1})', \quad J_n = (s_{n+1},s_n)',$$

$$Y = (s,t)', \quad K_n = (t_n,t_{n+1})';$$

zusätzlich haben wir noch die beiden Punkte c und b. Unsere Bijektion $f : [a,b]' \to [a,b)'$ erklären wir durch

$$f \upharpoonright X = id, \quad f \upharpoonright Y = id, \quad f(b) = c,$$

$f \upharpoonright (K_{2n}) = I_n$, $f \upharpoonright (K_{2n+1}) = J_n$, wobei wir die $f \upharpoonright K_n$ nach unserer Eingangsbemerkung als Homöomorphismen wählen können. Es ist dann auch f ein Homöomorphismus, weil für x, y aus verschiedenen Intervallen nie $x \approx y$ gelten kann und f außerdem eine Bijektion der Monaden von b und c vermittelt.

2. Beispiel: Das *Cantor'sche Diskontinuum* C.
Es ist das abzählbare Produkt 2^I, $I = \mathbb{N}^*$, des zweielementigen diskreten Raumes $2 = \{0,1\}$. Man kann es sich als Unterraum des reellen Einheitsintervalles [0,1] vorstellen, nämlich als die Menge derjenigen X, die in der 3-adischen Bruchentwicklung nicht die Ziffer 1 haben (die Abbildung

$$f(x) = \sum_{n=0}^{\infty} a_n \cdot 3^{-(n+1)}$$

mit $a_n = 0$ für $x_n = 0$ und $a_n = 2$ für $x_n = 1$ ist ein Homöomorphismus).
Damit ist C ein kompakter metrischer Raum; er ist *perfekt*, d.h. er besitzt keine isolierten Punkte; als Produkt von diskreten Räumen ist C ferner *total unzusammenhängend*, d.h. je zwei Punkte lassen sich durch eine Partition des Raumes in zwei disjunk-

te, gleichzeitig offen und abgeschlossene Mengen trennen. Einen Raum mit diesen Eigenschaften nennt man auch ganz allgemein ein *Diskontinuum*. Das Cantor'sche Diskontinuum nimmt eine ausgezeichnete Stellung unter den kompakten metrischen Räumen ein:

13. <u>Satz</u>: (i)   Das Cantor'sche Diskontinuum C ist homogen.

(ii)   Jedes Diskontinuum ist homöomorph zu C.

(iii)   Jeder (nichtleere) kompakte metrische Raum X ist ein stetiges Bild von C.

<u>Beweis</u>: Wir ziehen uns wieder auf den Standardfall zurück und betrachten zunächst ein Diskontinuum X.

Die offen-abgeschlossenen Mengen bilden eine Basis für die offenen Mengen von X: Es sei nämlich $x \in U$, U offen und beide seien standard; wenn $x \in V \subseteq U$ für kein standard offen-abgeschlossenes V gälte, würde für je standard unendlich viele solcher $V_1, \ldots, V_n$ auch

$$\bigcap_{i=1}^{n} V_i \cap (X \smallsetminus U) \neq \emptyset$$

sein. Es gäbe also einen idealen Punkt $y \in X \smallsetminus U$ im Durchschnitt aller solchen V, der wegen des totalen Unzusammenhangs nicht faststandard sein könnte, im Widerspruch zur Kompaktheit von X. Weil X perfekt ist, enthält jede nichtleere offene Menge mindestens zwei Elemente. Wir können daher für jedes $n > 0$ eine offen-abgeschlossene Menge in ebenfalls offen-abgeschlossenen Mengen V_1 und V_2, $V_1 \neq \emptyset \neq V_2$, so zerlegen, daß V_1 ganz in einer Kugel vom Radius $\frac{1}{n}$ enthalten ist (in der Metrik von X); für standard n können V_1 und V_2 auch standard gewählt werden. Um (i) und (ii) zu beweisen, genügt es, ein $a \in C$ fest auszuwählen und für jedes $y \in X$ einen Homöomorphismus $f : C \to X$ mit $f(a) = y$ anzugeben. Dazu zerlegen wir X durch eine standard Folge immer feiner werdender Zerlegungen Z_n, $n \in \mathbb{N}^*$, in offen-abgeschlossene Mengen; die Mengen von Z_n seien mit $\{0,1\}$-Folgen der Länge n+1 durchindiziert; $Z_0 = \{X_0, X_1\}$ sei eine beliebige solche Partition; jedes $X_s \in Z_n$

zerlegen wir in zwei nichtleere disjunkte offen-abgeschlossene
Mengen X_r und X_t mit $r(k) = t(k) = s(k)$ für $k \leqslant n$ und $r(n+1)=0$,
$t(n+1)=1$ und erhalten so z_{n+1}. Die z_n entsprechen binären Bäu-
men:

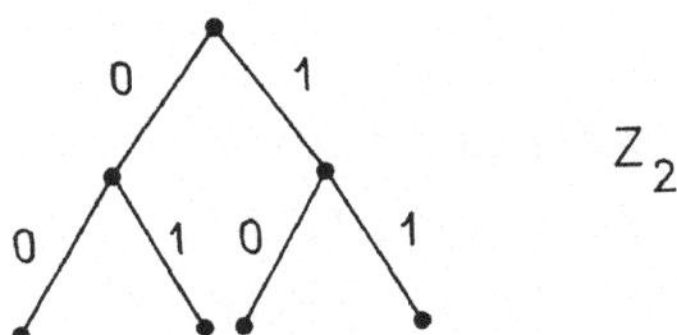

Nach unseren obigen Überlegungen können wir die Konstruktion
so vornehmen, daß (wegen der Kompaktheit) für ein $m > n$ alle
Elemente von z_n in Kugeln vom Radius $\frac{1}{n}$ enthalten sind; o.B.d.A.
kann die Numerierung ferner so vorgenommen werden, daß ein
fest vorgegebenes $y \varepsilon X$ stets in dem X_s mit $s(k) = 0$ für alle
k enthalten ist. Wählen wir $\omega \varepsilon \mathbb{N}^*$ unendlich, so liefert z_ω
eine "infinitesimale Partition" von X; es gibt somit zu jedem
$X_s \varepsilon z_\omega$ genau ein standard $b \varepsilon X$, in dessen Monade X_s enthalten ist; dieses b bezeichnen wir für den Moment mit $\mathrm{st}(X_s)$.
Für $x \varepsilon C = 2^I$ bezeichne $\tilde{x}$ die Restriktion von x auf die ersten ω Koordinaten. Das Standardmengenaxiom liefert uns eine
Standardfunktion $f : C \to X$ mit

$$f(x) = \mathrm{st}(X_{\tilde{x}})$$

für standard x. Wenn $a \varepsilon C$ das ausgezeichnete Element mit lau-
ter Nullen ist, so folgt $f(a) = y$; weiter ist f bijektiv, weil
es dies auf den Standardelementen ist. Da zwei Elemente von C
genau dann infinitesimal benachbart sind, wenn sie an allen
standard Koordinaten übereinstimmen, und da f diese Eigenschaften nicht verändert, sind sowohl f als auch f^{-1} stetig.

Zum Beweis von (iii) muß die Konstruktion nur wenig modifiziert werden. Zwar bilden die offen-abgeschlossenen Mengen i.A. keine Basis von X mehr, dafür aber die abgeschlossenen Hüllen von offenen Mengen, was man ganz entsprechend beweist. Die Elemente von z_n dürfen daher solche abgeschlossenen Hüllen offener Mengen sein und Disjunktheit wird nicht mehr verlangt. Die Funktion f ist dann nach wie vor stetig und surjektiv, aber nicht mehr unbedingt bijektiv.

3. Beispiel: Der *Hilbert'sche Würfel* H.
Er ist das abzählbare Produkt $[0,1]^I$, $I = \mathbb{N}^*$, des reellen Einheitsintervalles. H ist ein kompakter metrischer Raum mit der Metrik

$$d(x,y) = \sqrt{\sum_{n=0}^{\infty} \frac{1}{2^n} (x_n - y_n)^2}.$$

Wenn $J_n = [0, \frac{1}{2^n}]$ ist, so ist H homöomorph zum Produkt dieser Intervalle:

$$H \cong \pi(J_n \mid n \in \mathbb{N}^*);$$

die Metrik dieses Produktes ist

$$\rho(x,y) = \sqrt{\sum_{n=0}^{\infty} (x_n - y_n)^2}$$

und man kann in diesem Sinne H als Unterraum des üblichen Hilbertraumes der quadratisch summierbaren Folgen auffassen, was wir ab jetzt tun wollen; die Koordinatenprojektionen seien π_n. Die endlich dimensionalen Würfel $[0,1]^n$ haben die (relativ tiefliegende) Eigenschaft, daß Homöomorphismen den Rand erhalten. Dagegen benimmt sich der Hilbertwürfel mehr wie ein Diskontinuum:

14. Satz: Der Hilbertwürfel H ist homogen.

Beweis: Es sei $J_n^o = (0, \frac{1}{2^n})$ das Innere von J_n und

$H_o = \pi(J_n^o \mid n \in \mathbb{N}^*)$ das "Pseudoinnere" von H. Wenn x, y $\in H^o$ sind, haben wir es einfach: Für $n \in \mathbb{N}^*$ finden wir Homöomorphismen $f_n : J_n \to J_n$ mit $f_n(x_n) = y_n$, die wir koordinatenweise wieder zusammensetzen können.

Daraus folgt aber, daß es genügt, zu dem (standard) $a \in H \smallsetminus H^O$ einen (standard) Homöomorphismus f von H mit $f(a) \in H^O$ zu finden. Um dies zu verwirklichen, werden zwei Gedanken benötigt. Die erste Idee geht davon aus, daß ein Homöomorphismus $g_{n,m}$ eines Rechteckes $R_{n,m} = J_n \times J_m$ zwar den Rand erhält, man aber (durch "Drehen") sehr wohl Ränder vertauschen kann:

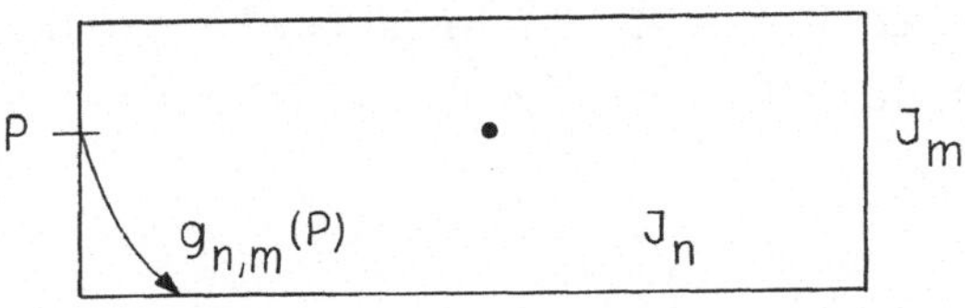

Man erklärt sich nun leicht eine standard Folge $(f_n \mid n \in \mathbb{N}^*)$ von Homöomorphismen von H, so daß f_n nur auf zwei Koordinaten n und $h(n)$ wirkt, wobei h eine monoton wachsende injektive Funktion ist, und zwar wie $g_{n,h(n)}$. Setzt man noch

$$f^n = f_n \circ \dots \circ f_1 \circ f_o ,$$

so läßt sich die Folge so wählen, daß $\pi_j(f^n(a)) \in J_j^O$ für $0 \leqslant j \leqslant n$ ist. Wählt man noch $\omega \in \mathbb{N}^*$ unendlich groß, so hat f^ω alle standard Koordinaten von a ins Innere transportiert, evtl. auf Kosten von nichtstandard Koordinaten. Ist $st(z)$ der (eindeutig bestimmte) standard Punkt in der Monade von z, so erklären wir mittels des Standardmengenaxioms eine standard Funktion $f : H \to H$, welche für standard x durch

$$f(x) = st(f^\omega(x))$$

erklärt ist. Weil alle standard Projektionen π_n von $f(a)$ in J_n^O liegen, muß auch $f(a) \in H^O$ sein. Weiter gilt $\pi_j(f^\omega(x)) =$

$\pi_j(f^j(x))$ für jedes $j < \omega$. Da aber $x \approx y$ gleichbedeutend mit $x_j \approx y_j$ für alle standard x ist, folgt die Stetigkeit von f aus der Stetigkeit der f^j. Die Zurückführung von f^ω auf die f^j beweist ferner die Surjektivität von f. Hingegen ist die Injektivität von f nicht klar; es könnte doch für standard $x \neq y$ plötzlich $f^\omega(x) \approx f^\omega(y)$ gelten. Hier greift nun die zweite Idee des Beweises ein; man möchte die Konstruktion wie folgt verschärfen: $\rho(f_1(x), x)$ soll "klein" sein, $\rho(f_2(x), f_1(x))$ soll "klein im Verhältnis zu $\rho(f_1(x), x)$" sein usw., so daß standard Distanzen nicht infinitesimal werden können. Die fragliche Größe $\xi_n = \sup(\rho(f_n(x), x)$ läßt sich nun dadurch klein halten, daß das Rechteck R_n "sehr schmal" gewählt wird, d.h. man wählt die andere Koordinate $h(n)$ sehr groß bzgl. n; man kann etwa

$$\xi_n \leq 2 \cdot \frac{1}{2^{h(n)}}$$

erreichen. Etwas genauer: Man nehme f_o so, daß $\xi_o = \frac{1}{2}$; falls $f_o, \ldots, f_n$ bereits erklärt, setzen wir

$$r_n = \inf(\rho(f^n(x), f^n(y)) \mid \rho(x,y) \geq \frac{1}{2^n})$$

und erklären f_{n+1} so, daß

$$\xi_{n+1} \leq r_n^2 \cdot \xi_n^2$$

gilt. Wenn dann $x \neq y$ ist, beide standard, und $f^\omega(x) \approx f^\omega(y)$ wäre, hätten wir für jedes standard n ein standard $m > n$ mit

$$\rho(f^m(x), f^m(y)) < \frac{1}{2} \cdot \rho(f^n(x), f^n(y)).$$

Es gäbe daher auch ein $\omega_1 > \omega$, für welches eine entsprechende Ungleichung gälte.

Dies ist aber unmöglich, denn $\rho(x,y) > \frac{1}{2^\omega}$, und aus den Kugeln mit Radius r_ω^2 führt kein f_{ω_1}, $\omega_1 > \omega$, mehr heraus.

Zum Abschluß dieses Abschnittes wollen wir die Approximationen von Kurven durch Streckenzüge diskutieren. Eine (einfach ge-

schlossene) *Jordankurve* J ist das Bild von [0,1] unter einer
stetigen Abbildung $f : [0,1] \to (\mathbb{R}^*)^2$ mit $f(0) = f(1)$, die auf
[0,1) und (0,1] injektiv ist. Für eine standard Jordankurve J
und x, y ε J (nicht beide aus $\{f(0)\}$) gilt dann

$$x \approx y \leftrightarrow f^{-1}(x) \approx f^{-1}(y) \text{ oder } |f^{-1}(x) - f^{-1}(y)| \approx 1.$$

Spezielle Jordankurven sind die *Polygone*. Zu einem Polygon gehört eine endliche Unterteilung $0 \leqslant t_i < t_{i+1} < 1$ für $0 < i < n$
und $t_0 = 0$, $t_n = 1$ des Einheitsintervalles [0,1], so daß f auf
jedem $[t_i, t_{i+1}]$ linear ist.

Wir setzen für eine durch f gegebene Jordankurve und ein durch
h gegebenes Polygon P:

15. Def.: (i)   Das Polygon P hat *infinitesimale Kanten*, wenn
$\{t_i \mid 0 \leqslant i \leqslant n\}$ eine infinitesimale Partition
von [0,1] und $|h(t_{i+1}) - h(t_i)| \approx 0$ für jedes i,
$0 \leqslant i < n$, ist.

(ii)   P ist *gute Approximation* der standard Jordankurve J, falls

$(\forall x \; \varepsilon \; P) \; (\exists y \; \varepsilon \; J) \; (x \approx y),$
$(\forall x \; \varepsilon \; J) \; (\exists y \; \varepsilon \; P) \; (x \approx y),$
$h(s) \approx f(t) \Rightarrow s \approx t$ oder
$(s \approx 0$ und $t \approx 1)$ oder
$(s \approx 1$ und $t \approx 0).$

16. Satz: Jede standard Jordankurve J besitzt eine gute
Approximation.

Beweis: Für jedes standard a > 0 existiert ein Polygon P_a, dessen Kanten eine kleinere Länge als a haben und das im Sinne von
(ii) aus der obigen Definition um weniger als a von J abweicht.
Das Axiom (I) vom idealen Punkt liefert dann eine gute Approximation P von J.

Es gilt nun (zum Beweis siehe etwa [Hi]):

<u>17. Jordan'scher Kurvensatz für Polygone:</u>

Die Komplementärmenge eines Polygones P in $(\mathbb{R}^*)^2$ zerfällt in zwei disjunkte Gebiete, deren gemeinsamer Rand P ist.

(Ein *Gebiet* ist eine offene nichtleere Menge, in der je zwei Punkte durch einen Streckenzug verbindbar sind).

Wir wollen den Jordan'schen Kurvensatz nun auch für beliebige Jordankurven beweisen, seine Gültigkeit für Polygone aber voraussetzen.

Sei nun J eine standard Jordankuve und P eine gute Approximation von J; G und H mögen die beiden Gebiete sein, in die $(\mathbb{R}^*)^2 \setminus P$ zerfällt. Das Standardmengenaxiom liefert uns zwei Mengen $\hat{G}$ und $\hat{H}$, so daß für standard $x \in (\mathbb{R}^*)^2$ gilt:

$$x \in \hat{G} \Leftrightarrow x \in G \text{ und für kein } y \in P \text{ ist } x \approx y$$

und

$$x \in \hat{H} \Leftrightarrow x \in H \text{ und für kein } y \in P \text{ ist } x \approx y.$$

Für einen Punkt a und zwei Kurvenstücke S und T mögen im folgenden $|a,S|$ bzw. $|S,T|$ die üblichen Abstände von a und S bzw. S und T bezeichnen.

<u>18. Satz:</u> (i) $\hat{G}$ und $\hat{H}$ sind offen;

(ii) $\hat{G}$, $\hat{H}$ und J bilden eine Partition von $(\mathbb{R}^*)^2$;

(iii) $\hat{G} \neq \emptyset \neq \hat{H}$;

(iv) $\hat{G}$ und $\hat{H}$ sind Gebiete, deren gemeinsamer Rand J ist.

<u>Beweis:</u> Es seien J bzw. P Bilder unter den Funktionen f bzw. h.

Zu (i): Betrachten wir etwa $\hat{G}$. Wenn $x \in \hat{G}$ standard ist, so hat x einen standard positiven Mindestabstand $a > 0$ von allen Punkten von J. Der Kreis mit Radius a um x ist dann auch in G enthalten, woraus $y \in \hat{G}$ für jedes $y \approx x$ folgt.

Zu (ii): Wir können uns auf die Betrachtung von standard Punkten beschränken. Die Definitionen von $\hat{G}$ und $\hat{H}$ und die Eigenschaften einer guten Approximation schließen aber gemeinsame Punkte in $\hat{G}$ und J bzw. $\hat{H}$ und J oder $\hat{G}$ und $\hat{H}$ aus. Wenn schließlich ein standard $x \notin \hat{G} \cup \hat{H}$ ist, so gilt $x \approx y$ für ein $y \in P$ und somit $x \approx z$ für ein $z \in J$. Weil J kompakt ist, muß z in der Monade eines standard Punktes von J sein, der nur x sein kann.

Zu (iii): Wenn H das Äußere von P ist, dann ist H unbeschränkt und es ist klarerweise $\hat{H} \neq \emptyset$. In diesem Falle ist G das Innere von P und es ist nicht a priori klar, ob G überhaupt standard Punkte enthält. Wir wählen zwei Punkte $a = (a_1, a_2)$, $b = (b_1, b_2)$ auf P, so daß für alle $(x,y) \in P$ die Beziehungen $a_1 \leq x \leq b_1$ gelten. o.B.d.A. sei $a = h(0)$, $b = h(\frac{1}{2})$. Wir sprechen dann von $R = h([0, \frac{1}{2}])$ als dem "oberen Teil" von P und von $S = h([\frac{1}{2}, 1])$ als dem "unteren Teil" von P. Sei weiter

$$s = \frac{b_1 - a_1}{4}$$

und seien $c = a_1 + s$, $d = a_1 + 2s$, $e = a_1 + 3s$; schließlich seien $R' = R \cap \{(x,y) \mid c \leq x \leq d\}$ und $S' = S \cap \{(x,y) \mid c \leq x \leq d\}$.

Zur Veranschaulichung möge ein Beispiel dienen, vgl. die Abbildung auf der nächsten Seite.

Die zur x_1-Achse senkrechte Gerade durch den Punkt $(d, 0)$ schneidet sowohl R als auch S, o.B.d.A. nehmen wir wieder an, daß der oberste Schnittpunkt dieser Geraden mit P in R liegt. Er sei der Punkt u. Dann liegt der minimale Schnittpunkt w dieser Geraden mit P in S (sogar S'); $v = (d, v_2)$ sei der maximale unter diesen Schnittpunkten mit S. Für kein $x \in R'$ und kein $y \in S'$ kann $x \approx y$ gelten, denn aus den Eigenschaften einer guten Approximation würde folgen, daß die Kurve J einen (standard) Doppelpunkt hätte. Es gibt also ein standard $t > 0$ mit $t \leq |R', S'|$.

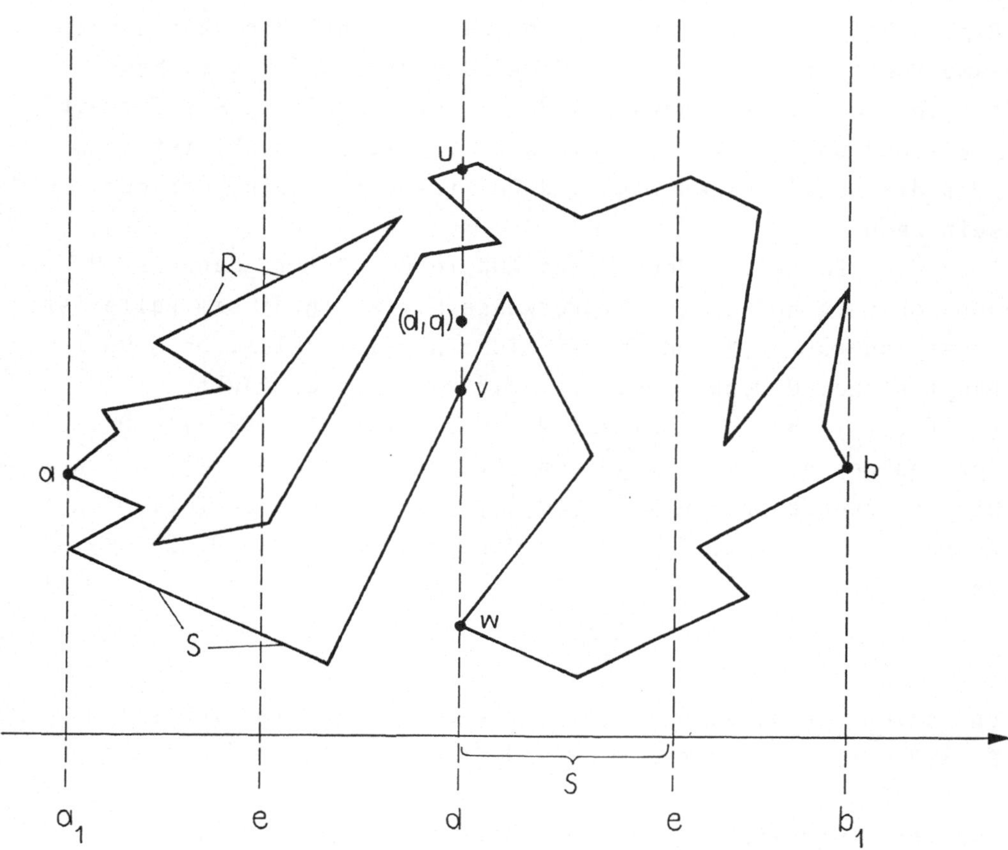

Wir wählen $z = \frac{1}{4} \cdot \min(t,s)$ sowie $q = \min(x \in \mathbb{R}^* \,/\, x > v_2,\ |(d,x),\ S'| = z)$.

Unser gesuchter innerer Standardpunkt soll nun $st((d,q))$ sein. Nach Konstruktion hat (d,q) einen standard Abstand von P, daher kann der Punkt $st(d,q)$ nicht auf unserer Jordankurve liegen, d.h. wir haben einen standard Punkt im Inneren von P, weil die durch (d,q) gehende, zur x_1-Achse senkrechte Gerade mit dem Polygon P eine gerade Anzahl von Schnittpunkten hat:

Nach "unten" hin nur Schnittpunkte mit S, nach "oben" hin nur Schnittpunkte mit R; weil R und S einfache Streckenzüge sind, sind diese Anzahlen einzeln aber ungerade und die Summe ist gerade (dabei werden Eckpunkte doppelt gezählt), weshalb unser Punkt im Inneren liegt.

Zu (iv): Sei wieder G das Innere von P; wir beschränken uns auf den Nachweis, daß $\hat{G}$ zusammenhängend ist. Es seien also a, b ε $\hat{G}$ zwei standard Punkte; wir müssen a und b durch einen standard Streckenzug verbinden, der ganz in $\hat{G}$ verläuft.

Die Abstände der beiden Punkte vom Polygon P seien r = |P,a| und s = |P,b|; wir haben r $\not\approx$ 0 $\not\approx$ s und können sogleich den Fall |a,b| $\leqslant$ r+s und |a,b| $\not\approx$ r+s erledigen, weil die (standard) Verbindungsgerade zwischen a und b das Gewünschte leistet.

Es sei also nun |a,b| > r+s oder |a,b| $\approx$ r+s. Wir bezeichnen die Kreise um a mit Radius r und um b mit Radius s mit K_a resp. K_b und wählen zwei Punkte a_1 ε K_a $\cap$ P und b_1 $\in$ K_b $\cap$ P sowie a_2, b_2 ε P mit den Eigenschaften

$\qquad$ (1) $\qquad$ $a_2 \neq a_1$, $b_2 \neq b_1$;

$\qquad$ (2) $\qquad$ a_1, a, a_2 sowie b_2, b, b_1 liegen auf
$\qquad\qquad\qquad$ je einer Geraden;

$\qquad$ (3) $\qquad$ zwischen a_2 und a_1 bzw. b_2 und b_1 liegen
$\qquad\qquad\qquad$ nur Punkte aus dem Inneren von G.

Da von diesen Punkten keine zwei infinitesimal benachbart sind, können wir o.B.d.A.

$$a_1 = h(0), \quad b_1 = h(\tfrac{1}{4}), \quad b_2 = h(\tfrac{1}{2}), \quad a_2 = h(\tfrac{3}{4})$$

annehmen (der Fall, daß sich die Strecken a_1a_2 und b_1b_2 kreuzen, ist trivial).
Das definiert uns vier Teilstreckenzüge $S_1 = h([0,\tfrac{1}{4}])$, $S_2 = h([\tfrac{1}{4}, \tfrac{1}{2}])$, $S_3 = h([\tfrac{1}{2}, \tfrac{3}{4}])$, $S_4 = h([\tfrac{3}{4}, 1])$.

S_4 und S_2 werden noch durch Einführung neuer Teilpunkte a_3 und b_3 in S_4' und S_4'' sowie S_2' und S_2'' aufgespalten; dabei werden diese neuen Punkte so gewählt, daß die Strecken a_3a bzw. b_3b senkrecht auf a_1a_2 bzw. b_1b_2 stehen und zwischen a_3 und a und zwischen b_3 und b keine weiteren Punkte von P liegen.

Hierzu wieder eine Abbildung:

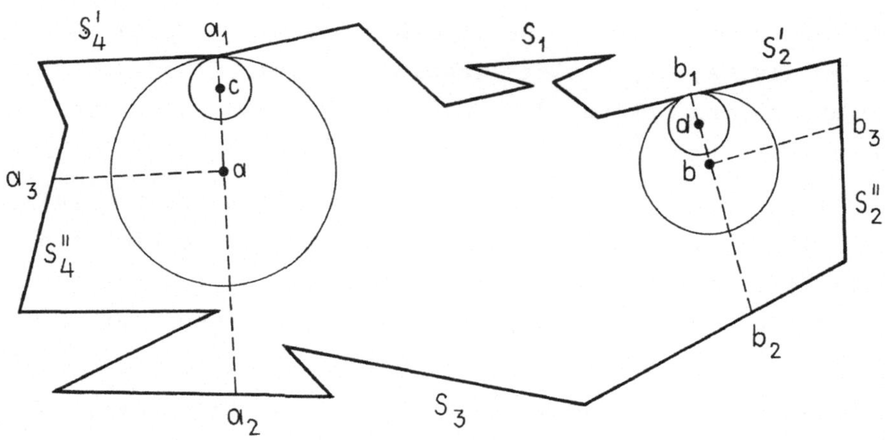

Es ist $v = |S_1,S_2'' \cup S_3 \cup S_4''| \neq 0$ und wir setzen $u = \min(\frac{v}{4},\frac{r}{4},\frac{s}{4})$.
Auf den Strecken $a\,a_1$ und $b\,b_1$ seien c und d durch $|c,a_1| = u$
$= |d,b_1|$ bestimmt. Die beiden Streckenzüge S_1, S_3 zusammen mit
den Strecken $a_1\,a_2$ und $b_1\,b_2$ erklären uns ein Polygon Q. Es genügt nun, die beiden Punkte c und d durch eine Kurve T bestehend
aus Strecken und Kreisbögen zu verbinden, so daß T innerhalb von
Q verläuft und für alle $x \in T$ ein $y \in S_1$ mit $|x,y| = |T,S_1| = u$
existiert; unter diesen Umständen kann dann nämlich auch
$|T,S_i| \approx 0$ für i = 1, 2 und 3 nicht gelten.
Wir erinnern daran, daß zum Polygon P eine infinitesimale Par-
tition von [0,1] gehört; zu S_1 gehöre die Partition $\{t_i \mid 0 \leqslant i \leqslant j\}$
mit $t_0 = a_1$, $t_j = b_1$. Wir setzen für $0 \leqslant i \leqslant j$ noch $x_i = h(t_i)$.
Induktiv wollen wir nun eine Teilfolge x_k' der x_i, eine Punkt-
folge y_k und eine Folge von Teilkurven T_k (aus denen sich T zusammensetzen soll) von y_0 nach y_k erklären; dabei soll
$|T_k,P| = |y_k,x_{k-1}'\,x_k'| = |y_k,\,x_k'\,x_{k+1}'| = u$ sein und die Strecke
$y_k\,x_k'$ auf $x_{i_k}\,x_{i_{k+1}}$ senkrecht stehen, wobei $x_{i_k} = x_k'$.

Wie dies grundsätzlich geschieht, soll nur durch eine Skizze
erläutert werden:

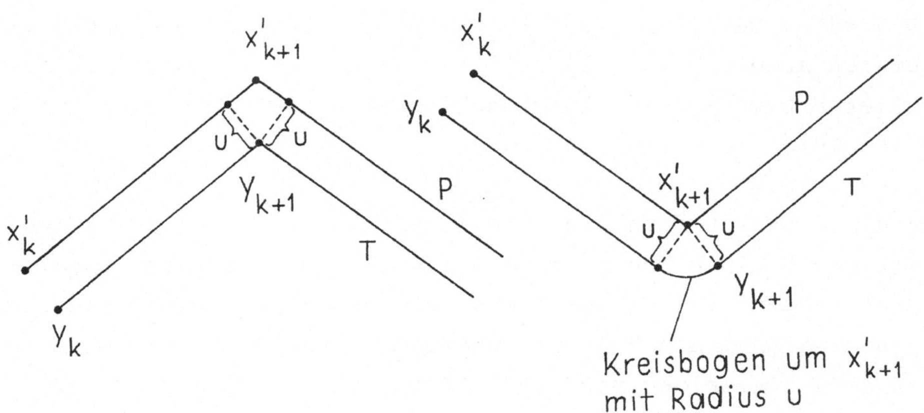

Dies wollen wir als den "Normalfall" unserer Konstruktion ansehen; es ist $x'_{k+1} = x_{i_{k+1}}$ für $x'_k = x_{i_k}$. Von diesem Normalfall soll nur in einer der folgenden Situationen abgewichen werden:

(1) Es gibt auf dem Teilstück von y_k nach y_{k+1} einen Punkt y und zu y ein 1 $\notin \{i_k-1, i_k, i_k+1\}$ mit $|y, x_{i_1} x_{i_1+1}| \leqslant u$. In diesem Falle wird die Definition von y_{k+1} (und damit T_{k+1}) so abgeändert, daß y_{k+1} der "erste" derartige Punkt ist (unsere Kurve ist vermöge einer Parameterdarstellung wieder auf natürliche Weise geordnet); x'_{k+1} sei dann x_{i_1}. Eine elementargeometrische Überlegung zeigt dann, daß nur $i_1 \geqslant i_k$ möglich ist.

(2) T_k würde die Gerade $b_1 b_2$ schneiden: In diesem Falle wären wir fertig. Eine weitere elementargeometrische Überlegung zeigt dann, daß wir schließlich zum Punkt d kommen. Die so erklärte nichtstandard Kurve T liefert uns dann vermöge des Axioms (S) eine standard stetige Kurve (und damit einen Streckenzug) $\hat{T}$ von a nach b ganz innerhalb von $\hat{G}$.

Damit ist der *Jordan'sche Kurvensatz* bewiesen; als Voraussetzung wurde die Gültigkeit dieses Satzes für Polygone angenommen. Dies war auch der Weg, den Jordan in [Jo] 1892 zum Beweis "seines" Satzes einschlug. Jordan hatte jedoch Schwierigkeiten, seine

Argumente zu präszisieren, weil das standard Modell nicht viel
Raum für "infinitesimale"Argumentationen läßt. So wurde dann
auch Jordans Beweis nie völlig akzeptiert und spätere Beweise
benutzten andere Wege (mit größerem technischen Apparat). Der
vorgelegte Beweis folgt hauptsächlich den Vorschlägen aus [Na]
und [Me-Co].

Eine der Eigenschaften eines Gebietes war es, daß sich je zwei
Punkte durch einen Weg verbinden ließen. In beliebigen topologischen Räumen gibt es zwei Versionen des Begriffes "zusammenhängend": Einmal den Begriff *wegzusammenhängend* und zum anderen den allgemeinen Begriff *zusammenhängend*, der besagt,
daß der Raum keine Partition in zwei nichtleeren offene Teilmengen zuläßt. Dabei ist der erste Begriff zwar spezieller,
aber in Beweisen oft handlicher. Der allgemeine Zusammenhangs-
begriff läßt sich für einen standard Raum X nun so charakterisieren:

$$(\forall^{st} x, y \; \varepsilon \; X) \; (\exists n \; \varepsilon \; \mathbb{N}^*) \; (\exists x_1, \ldots, x_n \; \varepsilon \; X)$$

$$(\forall i < n) \; (x_i \; \varepsilon \; \mu_{\mathscr{F}_{x_{i+1}}} \; \vee \; x_{i+1} \; \varepsilon \; \mu_{\mathscr{F}_{x_i}}),$$

wobei $\mathscr{F}_{x_i}$ der standard Filter von offenen Mengen ist, dessen
standard Mengen den Punkt x_i enthalten. Den Beweis dieser Charakterisierung führt man mittels des Axioms vom idealen Punkt.
Anschaulich wird hier ausgesagt, daß "zusammenhängend" soviel
wie "durch nichtstandard Wege zusammenhängend" bedeutet. Das
kann man gelegentlich vorteilhaft ausnutzen, wofür zwei Beispiele genannt seien:

1) Das Produkt zweier zusammenhängender Räume ist zusammenhängend;
2) das stetige Bild eines zusammenhängenden Raumes ist
   zusammenhängend.

Der Beweis folgt mittels der obigen Charakterisierung, weil
nämlich die entsprechenden Sätze für den Wegzusammenhang ganz
einfach sind. Diese Gedanken stammen aus [Sim], wo man noch
weitere ähnliche Überlegungen findet.

2. Komplettierungen und Kompaktifizierungen

Dies ist der einzige Abschnitt, in dem wir die Beziehungen zwischen der gewöhnlichen Mengenlehre und der internen Mengenlehre benutzen und uns auf die Axiome der Gruppe III stützen wollen. Ausgegangen wird dabei von einer Mengenhierarchie über festen Grundmengen G_i, $i \in I$; dabei wollen wir immer annehmen, daß eines der G_i die Menge $\mathbb{N}$ der natürlichen Zahlen ist. Die Injektion $j : \mathcal{H} \to \mathcal{H}^*$ war ein Isomorphismus zwischen der (gewöhnlichen) $\in$-Relation und der (internen) ε-Relation; ferner waren die Standardelemente von G_i^* gerade die $j(x)$, $x \in G_i$. Fassen wir der Bequemlichkeit halber j auf der Grundmenge als die Inklusion auf (was wegen der Einbettungs- und Erweiterungsaxiome legitim ist), so erhalten wir (in der internen Welt) drei Sorten Mengen, wenn $G = G_i$ eine Grundmenge ist:

1) Als interne Menge G^* und alle internen Teilmengen von G^*.

2) Als Standardteilmengen von G^* spezielle interne Teilmengen, nämlich die X^* mit $X \subseteq G$.

3) Externe Mengen, insbesondere die X mit $X \subseteq G$.

Vor allem merke man sich die wichtige, im ersten Moment vielleicht störende, aber nach dem bisherigen ganz natürliche Tatsache, daß die gewöhnlichen Mengen erst einmal externe Mengen sind (denn die Rolle von X in der internen Mengenlehre wird ja von X^* gespielt; man vergleiche dies etwa am Beispiel $X = \mathbb{N}$). Ein weiteres Beispiel einer externen Menge wäre für einen Filter F über G die Monade $\mu_F = \cap \, (X^* \mid X \in F)$.

Wegen der Isomorphieeigenschaft von j ist es gerechtfertigt, wieder ganz in der normalen Mengenlehre mit der Elementbeziehung "$\in$" zu arbeiten; für die Beziehungen zwischen standard und internen Mengen können wir dabei unsere Axiome (I), (T) und (S) annehmen. Mengentheoretisch gesehen befinden wir uns in derselben Situation wie in Kap. II bei den hyperreellen Zahlen. Dort hatten wir, von unserem jetzigen Standpunkt aus gesehen, auch externe Mengen zur Verfügung. Auch hat der "*" ganz dieselbe Bedeutung wie früher: Relativiert man eine Eigenschaft

P von X^* zu P^{st}, so bedeutet dies gerade die Relativierung auf
X; das Transferaxiom liefert dann, daß eine interne Eigenschaft,
die über Elemente einer Menge spricht, auf X^* genau dann zutrifft, wenn sie auf X zutrifft. Der Preis für die Möglichkeiten, externe und interne Mengen nebeneinander zu benutzen, ist,
daß sich die Gültigkeit von Formeln bei internen Mengen auch
nur auf den Bereich der internen Mengen bezieht; so erfassen
die Quantoren "$\forall$" und "$\exists$" nicht die externen Mengen (in Kap.IV
hatten wir auf derartige Umstände bereits hingewiesen).

In diesem Abschnitt soll dargestellt werden, wie externe Mengen
ausgenutzt werden können, um in einem sehr allgemeinen Rahmen
Vervollständigungsprozesse durchzuführen. Ein solcher Prozeß
läßt sich generell so beschreiben: Sei $A = G_i$ eine der Grundmengen; A sei weiter ein topologischer, ein metrischer oder
sonst ein Raum, auch kann A eine algebraische Struktur tragen.
Auf A sei eine Menge $\mathscr{B}_A \subseteq \mathscr{P}(A)$ von Teilmengen von A gegeben,
die abgeschlossen unter endlichen Durchschnitten ist und $\mathscr{F}_A$
sei eine Familie von Filtern über A, die von $\mathscr{B}_A$-Mengen erzeugt
werden (z.B. die Filter von abgeschlossenen Mengen des topologischen Raumes A). Nennen wir A für den Moment $\mathscr{F}_A$-kompakt, wenn
$\cap\ (X \mid X \in F) \neq 0$ ist für jedes $F \in \mathscr{F}_A$, so möchten wir A in
einen in diesem Sinne kompakten Raum $\overline{A}$ einbetten, der aber wieder die von A verlangten Eigenschaften haben soll (also etwa
topologischer Hausdorffraum, metrischer Raum oder Gruppe zu
sein).

Dazu erklären wir für einen Filter F über A:

19. Def.: Die Filtermonade von F ist $\mu_F = \cap\ (X^* \mid X \in F)$.

μ_F ist eine externe Menge; als wir ganz in der internen Mengenwelt waren, war dies unerlaubt und wir mußten mit dem Ersatz
$\mu_F(x)$, einer externen Formel, vorlieb nehmen.

Sei nun $A' = A \cup \bigcup(\mu_F \mid F \in \mathscr{F}_A) \subseteq A^*$ und "$\sim$" die Relation,
die Punkte in derselben Monade identifiziert, so möchten wir
$\overline{A}$ konstruieren als $A'/\sim$. Bei A' nutzen wir aus, daß die $\mu_F \neq \emptyset$

wegen des Axioms I sind; die vielen Punkte, die aber evtl. in μ_F sind, sollen durch "~" identifiziert werden.

Dazu sind natürlich von Fall zu Fall gewisse Bedingungen nachzurechnen; so muß u.a. "~" eine Äquivalenzrelation (oder auch Kongruenzrelation) sein, auch soll ja $\overline{A}$ einige erwünschte Eigenschaften haben. Bei den Beispielen werden wir allerdings nicht immer auf die manchmal etwas umständliche Filterschreibweise zurückgreifen. Kommen wir zuerst zu den metrischen Räumen.

<u>20. Satz:</u> Jeder metrische Raum besitzt eine Vervollständigung.

<u>Beweis:</u> Sei (A,d) ein metrischer Raum; dann ist auch (A^*,d^*) ein (interner) metrischer Raum. Wir lassen den Fall der trivialen Metrik, in dem (A,d) nicht Hausdorff ist, beiseite. Die unendlichen natürlichen Zahlen aus $\mathbb{N}^*$ bilden jetzt die externe Menge $\mathbb{N}^* \smallsetminus \mathbb{N}$. Wir setzen

$$A' = \{a_\omega \mid (a_n) \text{ Cauchyfolge in } A^*, \ \omega \in \mathbb{N}^* \smallsetminus \mathbb{N}\}$$

sowie

$$x \approx_A y \leftrightarrow d^*(x,y) \approx 0 \ (\text{in } \mathbb{R}^*);$$

$\approx_A$ ist eine Äquivalenzrelation und für $a, b \in A$, $a \neq b$, ist $[a] \neq [b]$, wobei $[a]$ die Restklasse modulo $\approx_A$ bezeichnet. Sei $\overline{A} = A' / \approx_A$. Wir erklären $\overline{d} : \overline{A} \to \mathbb{R}$ durch $\overline{d}([x],[y]) = \text{st}(d^*(x,y))$. Dies ist sinnvoll, weil man für $x \approx_A x'$ und $y \approx_A y'$

$$d^*(x',y') \leqslant d^*(x,y') + d^*(y,y') + d^*(x,y)$$

und also $d^*(x',y') \approx d(x,y)$ hat.
Auf $\overline{A}$ ist $\overline{d}$ eine Metrik; man rechnet etwa

$$\overline{d}([x],[y]) + \overline{d}([y],[z]) = \text{st}(d^*(x,y) + d^*(y,z))$$

$$\geqslant \text{st}(d^*([x],[z])) = \overline{d}([x],[z])$$

nach. Sei nun $([x_n] \mid n \in \mathbb{N})$ eine Cauchyfolge in $\overline{A}$, dann ist $(x_n \mid n \in \mathbb{N})$ eine Cauchyfolge in A und mithin $(x_n \mid n \in \mathbb{N}^*)$ eine Cauchyfolge in A^* (eigentlich müßte man x_n^* schreiben; eine Folge ist eine Funktion). Man hat dann sofort

$$[x_\omega] = \lim_{n \to \infty} [x_n]$$

für $\omega \in \mathbb{N}^* \smallsetminus \mathbb{N}$. Ferner ist A so in $\overline{A}$ eingebettet, daß $\overline{A}$ der Abschluß von A ist, denn alle Punkte von $\overline{A}$ sind Limespunkte von A.

Betrachten wir diese Konstruktion im Falle A = Q, also im Falle der rationalen Zahlen. A' besteht dann aus den endlichen rationalen Zahlen und "$\approx_A$" ist die Relation infinitesimal benachbart zu sein. Nun haben wir Q noch die Addition und die Multiplikation, die mit der Metrik verträglich ist. In Satz 5 aus II, 2 hatten wir im reellen Falle gezeigt, daß die Infinitesimalien ein Ideal J im Ring der endlichen Zahlen bilden. Die Einschränkung auf die rationalen Zahlen liefert, daß auch $\overline{Q}$ die Faktorisation nach dem Ideal der infinitesimalen Zahlen bedeutet, wir mithin auf $\overline{Q}$ eine Addition und Multiplikation haben, welche die Operationen von Q fortsetzen. Dies bedeutet aber $\overline{Q} \cong \mathbb{R}$, d.h. wir haben eine Konstruktion der reellen Zahlen aus den rationalen Zahlen. Geht man von einer anderen als der gewöhnlichen Metrik von Q aus, z.B. von der p-adischen (vgl. das nächste Kapitel), so erhält man dann etwa die p-adischen Zahlen als Komplettierung.

In Kap. II wurden die reellen Zahlen über die hyperreellen Zahlen gewonnen und letztere wurden axiomatisch charakterisiert. Man kann nun diese Methode bequem variieren, um die Vervollständigung eines beliebigen metrischen Raumes über die entsprechenden "Hyperzahlen" zu gewinnen. Dazu hat man die Axiome der hyperreellen Zahlen ziemlich wörtlich zu übertragen. Nur zwei Begriffe müssen etwas anders erklärt werden:

1) "für a ist endlich" setze man "Es gibt ein standard b und ein standard reelles r mit $d(a,b) \leqslant r$;

2) bei der Definition von "infinitesimal benachbart" muß anstatt des absoluten Betrages die entsprechende Metrik d eingesetzt werden.

Als nächstes kommen wir zu den Kompaktifizierungen. Sei $\mathcal{B}_A$ eine Basis für die abgeschlossenen Mengen des (topologischen) Ausgangsraumes A, mit X, Y $\in \mathcal{B}_A$ soll auch X $\cap$ Y $\in \mathcal{B}_A$ sein. $\mathcal{F}_A$ sei die Menge derjenigen Ultrafilter, die eine Basis aus $\mathcal{B}_A$-Mengen haben. Für eine normale, disjunktive und T_1-Basis $\mathscr{B}_A$ (d.h. A ist vollständig regulär, vgl. Def. 6 aus VI.1) erklären wir:

21. Def.: (i) $A' = A \cup U(\mu_F \mid F \in \mathscr{F}_A)$;

      (ii) $x \sim y \leftrightarrow x = y$ oder:
           Es gibt ein $F \in \mathscr{F}_A$ mit $x, y \in \mu_F$;

      (iii) $\pi : A' \to A'/\sim$ sei die Quotientenabbildung;

      (iv)   Die Topologie von A' (dargestellt durch die abgeschlossenen Mengen) sei erzeugt von den Mengen $X^* \cap A'$, $X \in \mathscr{B}_A$;

      (v)   die Topologie auf $A'/\sim$ sei die Quotiententopologie.

Die Voraussetzung über die Basis garantiert, daß "$\sim$" eine Äquivalenzrelation ist. Die Topologie auf A' rührt ferner nicht ganz von $\mathscr{B}_A^*$ her, weil $\mathscr{B}_A^*$ i.a. noch nichtstandard Mengen enthält.

22. Satz: $A'/\sim$ ist eine Kompaktifizierung von A.

Beweis: Wir werden einige Tatsachen aus Satz 5, Kap. VI.1 ausnutzen. Weil $\mathscr{B}_A$ eine T_1-Basis ist, ergibt sich zunächst $\pi \upharpoonright A$ als injektiv. Wenn nun $x \sim y$ gilt, so können x und y weder durch abgeschlossene noch durch offene Basismengen in der Topologie von A' getrennt werden, weil $\mathscr{F}_A$ nur $\mathscr{B}_A$-Ultrafilter enthält. Deshalb gilt für $X \in \mathscr{B}_A$ oder $A \smallsetminus X \in \mathscr{B}_A$

$$\pi^{-1}(\pi(X^* \cap A')) = X^* \cap A';$$

π ist also sowohl offene wie auch abgeschlossene stetige Abbildung. Insbesondere ist $\pi(A)$ relativ offen in $A'/\sim$. Weil sich nichtstandard Elemente von A' nicht von ganz A separisieren lassen, ist $\pi(A)$ auch dicht in $A'/\sim$. Natürlich ist $A'/\sim$ kompakt. Es bleibt noch die Hausdorffeigenschaft von $A'/\sim$ nachzuweisen. Dazu sei $\pi(x) \neq \pi(y)$. Wenn $x \in \mu_F$, $y \in \mu_G$ ist, dann gibt es X, $Y \in \mathscr{B}_A$, $X \cap Y = \emptyset$ mit $x \in X^*$, $y \in Y^*$. Die Normalität von $\mathscr{B}_A$ lie-

fert offene Basismengen $U \supseteq X$, $V \supseteq Y$ mit $U \cap V = \emptyset$; somit werden $\pi(x)$ und $\pi(y)$ durch $\pi(X^* \cap A')$ und $\pi(Y^* \cap A')$ getrennt.
Wenn x oder y oder beide standard sind, benutzt man, daß $\mathscr{B}_A$
disjunktiv ist und argumentiert genauso.

Die Kompaktifizierungen, die auf diese Weise erhältlich sind
(wie etwa die Stone-Cech-Kompaktifizierung, wenn man als Basis
die Zero-Mengen nimmt), heißen *Wallman-Typ-Kompaktifizierungen*
(als Verallgemeinerung der Wallman-Kompaktifizierungen, wo von
einem normalen Raum ausgegangen wird und $\mathscr{B}_A$ alle abgeschlossenen Mengen enthält); sie wurden in [Fr] eingeführt. Es war län-
gere Zeit die Frage, ob alle Kompaktifizierungen eines vollständig regulären Raumes von dieser Art sind, sie wurde schließlich
in [U1] negativ beantwortet. Alle Kompaktifizierungen von A lassen sich durch eine Variation des Verfahrens erhalten: Man ver-
lange von $\mathscr{B}_A$ nicht mehr, daß es nur Ultrafilter enthält, sondern
nur noch, daß die Monaden disjunkt sind (s.[Ri1], dort sind u.a.
auch Reell-Kompaktifizierungen behandelt). Man kann eine Kompaktifizierung auch als Quotienten von A^* erhalten. Dazu gehen wir
wieder von einer Basis $\mathscr{B}_A$ für die abgeschlossenen Mengen aus.

23. Def.: (i)   Es sei $F_x = \{X \in \mathscr{B}_A \mid x \in X^*\}$ für $x \in A$;

       (ii) $\mathscr{F}_A = \{F_x \mid x \in A^*\}$;

       (iii) $S(x,y) \Leftrightarrow$ es gibt ein $F \in \mathscr{F}_A$ mit $x, y \in \mu_F$;

       (iv)   "$\approx$" ist die transitive Hülle von S;

       (v)   Die Topologie auf A^* wird von den X^*, $X \in \mathscr{B}_A$,
             erzeugt.

       (vi) $A^*/\approx$ erhält die Quotiententopologie.

Sei wieder $\pi : A^* \to A^*/\approx$ die Quotientenabbildung.

24. Satz: Wenn $\mathscr{B}_A$ normal, disjunktiv und T_1 ist (also A voll-
        ständig regulär), dann ist $A^*/\approx$ eine Kompaktifizie-
        rung von A.

<u>Beweis:</u> (1) $\pi \upharpoonright A$ ist injektiv. Dazu genügt es (weil $\mathscr{B}_A$ die T_1-Eigenschaft hat), für standard x die Implikation $x \approx y \Rightarrow S(x,y)$ zu zeigen. Dazu nehmen wir $S(x,y)$ und $S(y,z)$ für standard x an. Zu zeigen ist $S(x,z)$. Zunächst erhält man $x \in \mu_{F_y}$. Falls jetzt $S(x,z)$ nicht gelten würde, gäbe es ein $Z \in \mathscr{B}_A$ mit $z \in Z$ und $x, y \in A^* \smallsetminus Z^*$. $A \smallsetminus Z$ enthält aber eine abgeschlossene Basisumgebung X von x, d.h. wir haben $x \in U \subseteq X \subseteq A \smallsetminus Z$, $A \smallsetminus U \in \mathscr{B}_A$. Wegen $x \in \mu_{F_y}$ ist $y \in U^* \subseteq X^*$, also gilt $z \notin \mu_{F_y}$. Weil aber andererseits $S(y,z)$ gilt, muß $y \in \mu_{F_z}$ sein, woraus der Widerspruch $S(x,z)$ folgt.

(2) $\pi \upharpoonright A$ ist stetig. Weil für eine offene Menge 0 in $A^*/\approx$ auch $\pi^{-1}(0)$ offen in A^* ist, gilt $\pi^{-1}(0) = \cup (X_i^* \mid i \in I)$ mit $A \smallsetminus X_i \in \mathscr{B}_A$ für $i \in I$. Die Behauptung folgt dann daraus, daß $\pi^{-1}(0)$ und $\pi^{-1}(0 \cap \pi(A))$ dieselben standard Elemente enthalten.

(3) $\pi(A)$ ist dicht in $A^*/\approx$: Nichtstandard Punkte sind in A^* nicht von ganz A zu trennen.

(4) Klarerweise ist $A^*/\approx$ wieder überdeckungskompakt. Für die restlichen Eigenschaften benötigen wir einen neuen Begriff. Die Eigenschaften von $\mathscr{B}_A$ garantieren für jede Basis-offene Menge U und für jede Basismenge $X \subseteq U$ zwei Folgen $(U_n \mid n \in \mathbb{N})$ und $(X_n \mid n \in \mathbb{N})$, so daß für alle $n \in \mathbb{N}$ gilt:

(a) $A \smallsetminus U_n \in \mathscr{B}_A$, d.h. U_n ist Basis-offen;

(b) $X_n \in \mathscr{B}_A$;

(c) $U_n \subseteq X_n \subseteq U_{n+1} \subseteq U$

(d) $X \subseteq U_0$.

In dieser Situation soll die Folge $((U_n,X_n) \mid n \in \mathbb{N})$ auch eine *alternierende Folge* für X und U heißen. Für eine solche alternierende Folge ist dann die in A^* offene Menge $U_\infty = \cup (U_n^* \mid n \in \mathbb{N})$ abgeschlossen unter der Relation S und daher auch unter "$\approx$", weshalb $\pi^{-1}(\pi(U_\infty)) = U_\infty$ gilt.

(5) Für jedes offene U in A ist $\pi(U)$ relativ offen in $A^*/\approx$. Wir können nämlich o.B.d.A. $U = \cup (U_k \mid n \in \mathbb{N})$ für eine alternierende Folge $((U_n,X_n) \mid n \in \mathbb{N})$ annehmen. Weil aber dann U^* und U_∞ die gleichen standard Punkte enthalten und weil $\pi(U_\infty)$ offen in $A^*/\approx$ ist, folgt die Behauptung.

(6) $A^*/\approx$ ist ein Hausdorffraum. Sei $\pi(x) \neq \pi(y)$; es gibt dann X, Y $\in \mathscr{B}_A$ mit x $\in$ X und y $\in$ Y, zu denen wir disjunkte U und V mit X $\subseteq$ U, Y $\subseteq$ V, A $\smallsetminus$ U, A $\smallsetminus$ V $\in \mathscr{B}_A$ finden. Wir wählen zwei alternierende Folgen $((U_n,X_n) \mid n \in \mathbb{N})$, $((V_n,Y_n) \mid n \in \mathbb{N})$ für X und U bzw. Y und V. Dann sind $\pi(U_\infty)$ und $\pi(V_\infty)$ disjunkte offene Umgebungen von $\pi(x)$ und $\pi(y)$.

Solche Filter F, für welche X $\cup$ Y = A schon X $\in$ F oder Y $\in$ F impliziert für X, Y $\in \mathscr{B}_A$ heißen *Primfilter*. Weil alle F_x Primfilter sind, läßt sich die letzte Kompaktifizierung auch als eine Kompaktifizierung durch Primfiltermonaden ansehen.

Zum Abschluß wollen wir die vorgeführten Techniken noch auf die Komplettierung von Verbänden anwenden. Sei $(A,\leqslant)$ ein Verband. Intervalle sollen die Mengen

$$[a,b] = \{x \in A \mid a \leqslant x \leqslant b\}$$

$$[a,\infty] = \{x \in A \mid a \leqslant x\}$$

$$[-\infty,a] = \{x \in A \mid x \leqslant a\}$$

sein; $\mathscr{B}_A$ ist die Menge aller Intervalle und $\mathscr{F}_A$ die Menge aller $\mathscr{B}_A$-Ultrafilter. Jedem $\mathscr{B}_A$-Ultrafilter F entspricht der Dedekindschnitt (F^-,F^+), wobei

$$F^- = \{a \mid [a,\infty] \in F\}$$

$$F^+ = \{a \mid [-\infty,b] \in F\}$$

ist.

Umgekehrt induziert jeder Dedekindschnitt einen $\mathscr{B}_A$-Ultrafilter. Wie oben setzen wir A' $= \cup \, (\mu_F \mid F \in \mathscr{F}_A)$ und A'/$\sim$ als Quotient modulo der $\mathscr{F}_A$-Monaden mit der Restklassenabbildung π. Als erstes erhalten wir:

<u>25. Satz:</u> "$\sim$" ist eine Kongruenzrelation bzgl. "$\leqslant$" genau dann, wenn für alle a, b $\in$ A', a $\leqslant$ b, nicht a $\sim$ b, es ein x $\in$ A mit a $\leqslant$ x $\leqslant$ b gibt.

<u>Beweis:</u> Eine Richtung des Beweises ist klar. Sei nun $a \leqslant b$, aber nicht $a \sim b$. Wir können a und b o.B.d.A. als nichtstandard annehmen, also $a \in \mu_F$, $b \in \mu_G$, $F \neq G$ keine Hauptfilter. Betrachten wir

$$\{(u,v) \mid F^- \leqslant u \leqslant x,\ G^- \leqslant v \leqslant y,\ u \nleqslant v\}$$

für $x \in G^+$. Endliche Durchschnitte solcher Mengen wären dann nicht leer und es gäbe ideale Punkte $a' \sim a$, $b' \sim b$, $a' \leqslant b'$, was unmöglich ist, denn "$\sim$" sollte Kongruenzrelation sein.

<u>26. Satz:</u> Wenn "$\sim$" Kongruenzrelation ist, dann ist $A'/\sim$ die Dedekind-McNeill-Vervollständigung von A.

<u>Beweis:</u> Weil $\pi(A)$ ordnungsdicht in $A'/\sim$ ist, muß jedes Intervall in $A'/\sim$ Durchschnitt von Intervallen $\pi(X^* \cap A')$, X Intervall in A, sein. Daher ist $A'/\sim$ vollständig. Wir zeigen noch, daß $\pi \upharpoonright A$ alle Suprema und Infima von A erhält. Sei $x = \sup X$; dann ist $\pi(x) \geqslant \pi(y)$ f.a. $y \in X$. Sei weiter $\pi(z) \geqslant \pi(y)$ f.a. $y \in X$; $z \in \mu_F$ für ein $F \in \mathscr{F}_A$. Dann gilt $X \subseteq F^-$ und $x \in F^-$, also auch $\pi(z) \geqslant \pi(x)$.

Die Voraussetzung über "$\sim$", Kongruenzrelation zu sein, ist leider etwas stark. Nehmen wir z.B. einen distributiven Verband $(A, \leqslant)$, und seien a, b, a' $\in$ A' so, daß a und b unvergleichbar sind und $a \sim a'$ gilt. Dann hätten wir $a \wedge b \leqslant a' \wedge b$ und $a' \wedge b \leqslant a \wedge b$, also $a \wedge b = a' \wedge b$ und ebenso $a \vee b = a' \vee b$. Dies impliziert aber $a = a'$.

Erfüllt ist die Voraussetzung aber, wenn $(A, \leqslant)$ eine Kette ist. Für allgemeine Verbände muß man die Halbordnung auf $A'/\sim$ etwas anders erklären, und zwar

$$\pi(a) \leqslant \pi(b) \leftrightarrow \text{es gibt } a' \sim a,\ b' \sim b \text{ mit } a' \leqslant b'.$$

Dann gilt für $a \in \mu_F$ und $b \in \mu_G$:

$$\pi(a) \leqslant \pi(b) \text{ genau dann, wenn } F^- \subseteq G^-$$

(für die eine Richtung benutze man wieder ideale Punkte).

Man erhält also auf diese Weise die Dedekind-McNeill-Vervoll-
ständigung ganz allgemein. Die Quotientenabbildung π ist nach
wie vor ein Homomorphismus. Weitere Details findet man in
[Ri1] und [Schm1], [Schm2].

Hintergrundbemerkungen:

Um die hier betrachteten Erweiterungen durchzuführen, genügt, modelltheoretisch gesehen, die Konstruktion von A^* als "Enlargement", z.B. als Ultralimes wie in Kap. IX.
Nimmt man eine feste Ultralimeskonstruktion, so ist diese funktoriell; man
hat dann ein etwas handlicheres Instrument, um Universaleigenschaften zu
studieren. Ganz analog zu den topologischen Räumen lassen sich auch uni-
forme Räume und Proximity-Räume kompaktifizieren, vgl. [Ma-Hi] und [Pot].
Die Dedekind-Vervollständigung erhält, prädikatenlogisch gesehen, die Wahrheit positiver Sätze im Prädikat "$\leq$", nicht jedoch, wenn man die Verbands-
operationen hinzunimmt. So ist z.B. bei gewissen distributiven Verbänden
die Dedekind-Vervollständigung schon nicht mehr distributiv.

VII. ALGEBRA UND ZAHLENTHEORIE

1. Einführung und Galoistheorie

In der Algebra und der Zahlentheorie spielen "ideale Elemente"
seit jeher eine bedeutende Rolle. Das beste Beispiel dafür ist
der Begriff "Ideal" selbst. Er wurde von Kummer bei der Betrachtung des Ringes R der Zahlen von der Form $a+b\cdot\sqrt{-5}$ mit a,
b ganze Zahlen eingeführt. Dieser Ring besitzt keine eindeu-
tige Primfaktorzerlegung (etwa ist $6=2\cdot3=(1+\sqrt{-5})\cdot(1-\sqrt{-5})$). Zur
Behebung des Mißstandes wurde der Ring R in einen größeren eingebettet, in dem die Zerlegung wieder eindeutig war. Die neu
hinzugenommenen Elemente wurden "ideale Zahlen" genannt; in
unserer heutigen Sprechweise sagen wir: R wird in den Bereich
der Ideale über R abgebildet, wobei jedem Element das von ihm
erzeugte Hauptideal zugeordnet wird. Derlei Konstruktionen
kommen nun sehr häufig vor (etwas überspitzt könnte man formulieren: Aus ihnen besteht die Algebra); wir interessieren
uns hier für solche Fälle, in denen das Unendliche eine Rolle
spielt.

Als erstes wollen wir die unendliche Galoistheorie untersuchen.
Wir werden im Prinzip einige algebraische Grundkenntnisse beim
Leser voraussetzen, wollen aber doch gewisse Begriffe rekapitu-
lieren.

Es seien $F \subseteq E$ zwei Körper. Ein Element $a \in E$ heißt algebraisch
über F, wenn es ein Polynom $p(x) \in F[x]$ (das ist der Ring der
Polynome in x mit Koeffizienten aus F) mit $p(a) = 0$ gibt; das
Minimalpolynom

$$p(x) = \sum_{\nu=\sigma}^{n} a_{\nu}x^{\nu}$$

von a ist irreduzibel, d.h. es zerfällt über F nicht mehr in
Faktoren, durch die Zusatzbedingung $a_n = 1$ ist es eindeutig
bestimmt. Der von a und F erzeugte Unterkörper F(a) von E ist
ein F-Vektorraum, seine Dimension n ist gleich dem Grad n des
Minimalpolynoms $p(x)$. Allgemein bezeichnet [E : F] für eine
Körpererweiterung $E \supseteq F$ die Dimension von E über F (als Vektor-

raum); E heißt endliche Erweiterung von F (oder endlich über F), wenn [E : F] endlich ist. Wenn p(x) nur einfache Nullstellen hat, dann heißt a auch separabel. E heißt algebraische Erweiterung von F, wenn alle a ε E algebraisch sind; E heißt separabel, wenn alle Elemente von E separabel sind. Schließlich heißt E normal über F, wenn die Minimalpolynome aller Elemente von E schon vollständig in Linearfaktoren zerfallen. Die normalen und separablen algebraischen Erweiterungen heißen auch Galoiserweiterungen.

Gal(E/F) ist die Gruppe der Automorphismen σ von E, welche alle Elemente von F invariant lassen: $\sigma(x) = x$ für x ε F; sie heißt die Galoisgruppe von E über F. Die Normalität der algebraischen Erweiterung E von F ist gleichbedeutend zu: Wenn K $\supseteq$ E eine algebraische Erweiterung ist, dann ist E unter allen σ ε Gal(K/F) abgeschlossen. Weiter ist für F $\subseteq$ K $\subseteq$ E jedes σ ε Gal(K,F) die Restriktion eines τ ε Gal(E/F). Im folgenden sei eine Galoiserweiterung E von F festgehalten.

Wir betrachten
$$\mathcal{K} = \mathcal{K}(E/F) = \{K \mid \text{Körper}, F \subseteq K \subseteq E\}$$
und
$$\mathcal{G} = \mathcal{G}(E/F) = \{U \mid U \text{ Untergruppe von Gal}(E/F)\}$$
und haben zwei Abbildungen
$$\text{Fix} : \mathcal{G} \to \mathcal{K}$$
$$\text{Gal} : \mathcal{K} \to \mathcal{G},$$
wobei
$$\text{Fix}(U) = \{x \varepsilon E \mid \sigma(x) = x \text{ für alle } \sigma \varepsilon U\}$$
und
$$\text{Gal}(K) = \text{Gal}(E/K).$$

Eine Inspektion ergibt sofort für U ε $\mathcal{G}$ und K ε $\mathcal{K}$:
$$\text{Fix}(G(K)) \supseteq K$$
und
$$\text{Gal}(\text{Fix}(U)) \supseteq U.$$

Etwas genauer gilt mit den obigen Bezeichnungen für K ε $\mathcal{K}$:

1. Satz: (i)   E ist eine Galoiserweiterung von K;

(ii)   K = Fix(Gal(K));

(iii) die Abbildung Gal : $\mathcal{K} \to \mathcal{G}$ ist injektiv.

Im endlichen Falle verschärft sich dies:

2. Hauptsatz der Galoistheorie:

Sei Gal(E/F) endlich, $|$Gal(E/F)$|$ = n. Dann ist auch E endlich über F und [E : F] = n. Ferner ist Gal auch surjektiv und Fix und Gal sind invers zueinander.

Im Fall einer unendlichen Körpererweiterung stimmt dieser Hauptsatz nicht mehr, die Abbildung Fix : $\mathcal{G} \to \mathcal{K}$ ist nicht mehr injektiv und Gal nicht mehr surjektiv; es ist aber a priori nicht klar, welches die Bilder unter Gal sind. Wenn zwei Galoisgruppen G_1 und G_2 "dicht genug beieinanderliegen", haben sie den gleichen Fixkörper. Dies wollen wir jetzt genauer untersuchen.

Wir halten eine Galoiserweiterung E $\supseteq$ F fest, F und E seien beide standard. Zunächst möchten wir mittels Axiom (I) alle Standardelemente von F in eine (evtl. nichtstandard) endliche Erweiterung von F hineinbringen. Zu diesem Zwecke betrachten wir die Formel

$$P(Y,X) : \text{"F} \subseteq X \subseteq Y \subseteq E \text{ und X und Y sind endliche}$$

Galoiserweiterungen von F".

Dies ist eine interne Formel, denn die Parameter E und F sind standard. Weil je standard endlich viele Galoiserweiterungen $X_1,\ldots,X_n$ in einer gemeinsamen endlichen Galoiserweiterung Y liegen, liefert Axiom (I) eine endliche Galoiserweiterung K_o, F $\subseteq K_o \subseteq$ E, welche alle endlichen Standarderweiterungen von F unterhalb E enthält. Jedes standard a ε E bestimmt nun eindeutig die von ihm erzeugte Erweiterung F(a), die somit auch standard ist; außerdem ist F(a) natürlich eine endliche Erweiterung von F. Daher enthält K_o auch, wie gewünscht, alle Standardele-

mente von E. Weil K_O endlich über F ist, muß auch die Galoisgruppe U_O = Gal(K_O/F) endlich sein. Wir wollen einsehen, daß
für jedes $\sigma \in U_O$ gilt:

$$\text{standard}(x) \Rightarrow \text{standard}(\sigma(x)).$$

Durch x ist aber die Menge der Nullstellen des Minimalpolynoms
von x eindeutig bestimmt; daher ist diese Menge für standard x
selber standard und weil sie endlich ist, sind auch alle Elemente standard. Eines dieser Elemente ist aber $\sigma(x)$. Das Standardmengenaxiom sichert uns nun zu jedem $\sigma \in U_O$ ein standard
$\hat{\sigma}$: E → E mit $\hat{\sigma}(x)$ = $\sigma(x)$ für alle standard x. Eingeschränkt
auf die Standardelemente erfüllt $\hat{\sigma}$ die Bedingungen eines Automorphismus', das Transferaxiom ergibt somit $\hat{\sigma} \in$ Gal(E/F). Für
ein standard $\tau \in$ Gal(E/F) ergibt sich sofort

$$(\tau \overset{\wedge}{\upharpoonright} K_O) = \tau.$$

Ein standard Zwischenkörper K, $F \subseteq K \subseteq E$, wird i.a. auch Elemente a $\notin K_O$ enthalten (nur die Standardelemente von K sind
in K_O). Für ein solches K setzen wir

$$K' = K \cap K_O \quad \text{und} \quad U_K = \text{Gal}(K_O/K');$$

es gilt also $U_K \subseteq U_O$. Wieder mittels des Standardmengenaxioms
erklären wir ein standard $U_K^O \subseteq$ Gal(E/F), dessen Standardelemente gerade die $\hat{\sigma}$ mit $\sigma \in U_K$ sind. U_K^O ist eine Untergruppe
von Gal(E/F).

Damit erhalten wir jetzt eine Korrespondenz zwischen den standard Zwischenkörpern K und gewissen standard Untergruppen von
Gal(E/F).

<u>3. Satz:</u> (i) K = Fix(U_K^O)

(ii) U_K^O = Gal(E/K).

<u>Beweis:</u> Es gilt (ii) ⇔ (i), aber wir führen (i) auch noch ein-
mal direkt vor. (i) Es genügt zu zeigen: K und Fix(U_K^O) enthalten die gleichen standard Elemente. Ein standard $a \in K$ ist in
K' und somit gilt $\hat{\sigma}(a)$ = $\sigma(a)$ = a für alle $\sigma \in U_K$. Das Transferaxiom besagt dann, daß alle $\tau \in U_K^O$ ein solches a invariant lassen, d.h. es ist $a \in \text{Fix}(U_K^O)$. Wenn ein standard $a \notin K$ ist, dann ist

auch a $\notin$ K' und somit gibt es $\sigma \in U_K$, welches a bewegt: $\sigma(a) \neq a$. Dieses σ kann wieder bereits standard gewählt werden, woraus a $\notin$ Fix(U_K^o) folgt.

(ii) Wir gehen wie in (i) vor. Sei ein standard $\sigma \in$ Gal(E/K) gegeben. Dann läßt $\sigma \upharpoonright K_o$ auch K' elementweise fix, also ist $\sigma = (\sigma \mathbin{\hat{\upharpoonright}} K_o) \in U_K^o$. Andererseits sind die Standardelemente von U_K^o gerade die $\hat{\sigma}$, $\sigma \in U_K$; sie lassen also alle Standardelemente von K fix.

Als nächstes interessiert uns eine nähere Beschreibung der Gal(E/K) mit standard K. Dazu führen wir eine Topologie ein. Wir setzen

$$\sigma \approx \tau \leftrightarrow (\forall^{st} x \in E)(\sigma(x) = \tau(x)).$$

Wir haben wieder eine topologische Formel (vgl. IX,4) und somit ist "$\approx$" die infinitesimale Nachbarschaft einer standard Uniformität. Weil jedes σ standard Elemente in eben solche überführt, liefert Axiom (S), daß jedes σ faststandard ist; die Topologie ist also kompakt. In Satz 3 (v) aus Kap. VI wurde die abgeschlossene Hülle einer standard Menge beschrieben. Das können wir jetzt so ausdrücken: Für standard U ist die abgeschlossene $\bar{U}$ die nach Axiom (S) gewonnene standard Menge, deren standard Elemente durch

$$\tau \in \bar{U} \leftrightarrow (\exists \sigma \in U)(\forall^{st} x \in E)(\sigma(x) = \tau(x))$$

charakterisiert sind.

Diese Topologie heißt (nach W.Krull) die *Krulltopologie*; eine ihrer klassischen Beschreibungsmöglichkeiten liefert Satz 5 (aber ist die obige Beschreibung nicht einfacher und handlicher?). Mit der Krulltopologie erhält man eine auch für den unendlichen Fall noch gültige Version des Hauptsatzes der Galoistheorie.

Bemerkung: Eine Betrachtung der Monade der Identität liefert auch, daß die Galoisgruppe eine topologische Gruppe ist, d.h. die Verknüpfung ist stetig.

4. Satz: Sei $\mathscr{G}_a = \mathscr{G}_a(E/F)$ die Menge der in der Krulltopologie
  abgeschlossenen Untergruppen. Dann vermitteln die zu-
  einander inversen Abbildungen Gal und Fix $\upharpoonright \mathscr{G}_a$ eine
  Korrespondenz zwischen $\mathscr{K}(E/F)$ und $\mathscr{G}_a(E/F)$. Insbesondere haben zwei Untergruppen von Gal(E/F) genau dann
  den gleichen Fixkörper, wenn sie die gleichen abgeschlossenen Hüllen haben.

Beweis: Es genügt, die Korrespondenz zwischen den standard
Zwischenkörpern K, $F \subseteq K \subseteq E$, und den standard Untergruppen
$U \subseteq$ Gal(E/F) nachzuweisen. Zunächst folgt für einen standard
Zwischenkörper K: Alle standard $\sigma \in \overline{Gal(E/K)}$ lassen K elementweise fix. Dies impliziert $\overline{Gal(E/K)} \subseteq$ Gal(E/K), d.h. Gal(E/K)
ist abgeschlossen. Sei andererseits eine abgeschlossene stan-
dard Untergruppe $U \subseteq$ Gal(E/F) gegeben. Dann ist
$$U^O = \{\sigma \upharpoonright K_o \ / \ \sigma \in U\} \subseteq Gal(K_o/F)$$
eine Untergruppe. $Gal(K_o/F)$ ist endlich; nach dem Hauptsatz
der Galoistheorie für den endlichen Fall gehört zu U_o der
Zwischenkörper $K^O = Fix(U^O)$. Wenn K nach dem Standardmengenaxiom derjenige standard Körper ist, dessen standard Elemente
genau diejenigen von K^O sind, so folgt für standard x:
     1) $x \in Fix(U) \Rightarrow x \in Fix(U^O) \Rightarrow x \in K$;
     2) $x \in K \Rightarrow x \in K^O \Rightarrow x \in Fix(U)$.
Es gilt also $K = Fix(U) = Fix(\overline{U})$; analog folgt für jedes ande-
re standard U_1: $K = Fix(U_1) \Leftrightarrow \overline{U}_1 = \overline{U} = U$. Daraus erhält man
dann $U = Gal(K/F)$.

In der Krulltopologie kann $U_1 \subseteq U_2$, $U_1 \neq U_2$ und $\overline{U}_1 = \overline{U}_2$ für
zwei standard Untergruppen U_1 und U_2 dadurch zustande kommen,
daß ein nichtstandard Automorphismus σ von U_1 auf standard
Elemente von E dieselbe Wirkung hat wie ein $\tau \in U_2$, daß aber
kein standard $\sigma_1 \in U_1$ diese Eigenschaft hat. Etwas genauer
gilt:

5. Satz: Sei $U \subseteq$ Gal(E/F). Dann gilt für jedes $\sigma \in U$:
    $\sigma \in \overline{U} \Leftrightarrow (\forall^{fin} X \subseteq E) \ (\exists \tau \in U) \ (\forall a \in X) \ (\sigma(a) = \tau(a))$.

<u>Beweis:</u> Es genügt, für standard U und σ die Relativierung der Behauptung auf den Standardfall zu beweisen. Diese lautet:

$$\sigma \ \varepsilon \ \bar{U} \ \leftrightarrow \ (\forall^{\text{stfin}} \ X \subseteq E)(\exists^{\text{st}} \ \tau \ \varepsilon \ U)(\forall^{\text{st}} \ a \ \varepsilon \ X)(\sigma(a) = \tau(a)).$$

Diese Bedingung ist notwendig, denn jedes $\sigma \ \varepsilon \ \bar{U}$ stimmt auf einem solchen X mit einem gewissen $\tau \ \varepsilon \ U$ überein; das Transferaxiom erlaubt uns, τ standard zu wählen. Ist die Bedingung andererseits erfüllt, so liefert uns das Axiom vom idealen Punkt ein (evtl. nichtstandard) τ_0 mit $\sigma(a) = \tau_0(a)$ für alle standard a; also folgt $\sigma \ \varepsilon \ \bar{U}$.

Wenn $F \subseteq K \subseteq E$ und K eine endliche Galoiserweiterung von F ist, dann haben wir einen Homomorphismus

$$h_K(\text{Gal}(E/F)) \rightarrow \text{Gal}(K/F)$$

durch $h_K(\sigma) = \sigma \upharpoonright K$ gegeben, denn σ führt aus einem normalen Körper nicht hinaus. Sein Kern ist

$$\ker(h_K) = \{\sigma \ / \ \sigma \upharpoonright K = \text{id}_K\} = \text{Gal}(E/K),$$

insbesondere ist also $\text{Gal}(E/K)$ Normalteiler in $\text{Gal}(E/F)$. Versehen wir die endliche Gruppe $\text{Gal}(K/F)$ mit der diskreten Topologie (d.h. jede Menge ist offen), so wird h_K stetig, weil für jedes $\tau \ \varepsilon \ \text{Gal}(K/F)$ die Menge

$$h_K^{-1}(\{\tau\}) = \{\sigma \ / \ \sigma \upharpoonright K = \tau\}$$

abgeschlossen in der Krulltopologie ist (dies folgt wieder sofort durch Betrachtung des Standardfalles). Für zwei solche Körper K_1, K_2 und $K_1 \subseteq K_2$ ergibt sich ein kommutatives Diagramm:

$$\text{Gal}(E/F) \xrightarrow{\ h_K\ } \text{Gal}(K_2/F) \cong \text{Gal}(E/F)/\text{Gal}(E/K_2)$$

$$h_K \searrow \qquad \downarrow h_{K_2, K_1}$$

$$\text{Gal}(K_1/F) \cong \text{Gal}(E/F)/\text{Gal}(E/K_1)$$

wobei $h_{K_2,K_1}(\sigma) = \sigma \upharpoonright K_1$ ist. Weil aber jedes Element von E
bereits in einer endlichen normalen Erweiterung von F liegt,
ist jedes Element von Gal(E/F) und somit Gal(E/F) selbst durch
seine Projektionen h_K bestimmt. In dieser Situation nennt man
Gal(E/F) auch den *projektiven Limes* der Gal(K/F) und notiert
dies durch

$$\text{Gal}(E/F) = \underleftarrow{\lim}(\text{Gal}(K/F) \ / \ F \subseteq K \subseteq E, \ K \text{ endliche Galois-}$$
$$\text{erweiterung von F}).$$

Projektive Limites von endlichen Gruppen heißen auch *profinite
Gruppen*, insbesondere sind also die Galoisgruppen profinit.

Projektive Limites, insbesondere solcher endlicher Mengen,
haben wir auch schon im Kap. IV.2 betrachtet. Es ist nützlich, den Satz 9 aus IV.2 noch eineml in dieser Situation
zu interpretieren.

Ein Körper F heißt *algebraisch abgeschlossen*, wenn jedes Polynom $p(x) \in F[x]$ eine Nullstelle in F hat; unter diesen Umständen zerfällt $p(x)$ auch schon vollständig in Linearfaktoren.
Eine algebraische algebraisch abgeschlossene Erweiterung E
von F heißt auch *algebraischer Abschluß* oder *algebraische
Hülle* von F. Wir wollen die Existenz einer solchen Hülle zeigen.

<u>6. Satz:</u> Jeder Körper F besitzt einen algebraischen Abschluß.

<u>Beweis:</u> Wir können F als standard annehmen. Wir wählen zunächst
eine unendliche standard Menge $M \supseteq F$ mit $|M| > |F|$, also echt
größerer Kardinalität. Für den Rest werden wir zwei Beweise
angeben, die das Axiom vom idealen Punkt verschieden stark anwenden, dafür aber auch unterschiedlich viel klassische Argumentation benötigen.

1. Variante: Für je endlich viele standard $p(x) \in F[x]$ existiert eine algebraische Erweiterung K von F mit $F \subseteq K \subseteq M$,
so daß alle standard Polynome aus $F[x]$ eine Nullstelle in K
haben. Nun wenden wir das Standardmengenaxiom auf die Menge

M und die Eigenschaft P mit

$$P(a) \leftrightarrow \text{es existiert ein standard } p(x) \ \varepsilon \ F[x]$$
$$\text{mit } p(a) = 0 \text{ und } a \ \varepsilon \ K$$

an; dies definiert uns eine standard Menge $E \subseteq M$. Es folgt sofort $F \subseteq E \subseteq K$. Weil die Körperoperationen von K bereits durch die Polynomringe bestimmt sind, ist E eine standard algebraische Erweiterung von F; jedes Polynom aus $F[x]$ hat eine Nullstelle in E (nach dem Transferaxiom, denn standard Polynome haben standard Nullstellen).Wir schließen jetzt unter Benutzung von etwas klassischer Algebra weiter. Dabei schauen wir uns zuerst die separablen Elemente an. Sei $p(x) \ \varepsilon \ E[x]$ ein separables irreduzibles Polynom, $F \subseteq E_0 \subseteq E$ sei der durch die Wurzeln von $p(x)$ bestimmte Unterkörper von E; wenn $p(x)$ in E_0 noch nicht zerfällt, gibt es eine normale algebraische Erweiterung $L = F(a) \supseteq E_0$ durch die Adjunktion eines (primitiven) Elementes, welche eine neue Nullstelle c enthält; es sei $q(x)$ das irreduzible Polynom von a. Dann hat $q(x)$ auch eine Nullstelle b in E und wir haben $F \subseteq F(b) \subseteq E$. Aus der Dimensionsbetrachtung $[F(b):F] = [F(a):F]$ folgt aber $a \ \varepsilon \ E$ und damit $c \ \varepsilon \ E$. Wenn $\Omega_s(F)$ die separable Hülle von F bezeichnet, haben wir also $\Omega_s(F) \subseteq E$. Im Fall der Charakteristik 0 gilt schon Gleichheit, bei Charakteristik p müssen wir noch alle p^n-ten Wurzeln von F adjungieren (jedes algebraische Element über F ist Produkt eines separablen Elementes und einer p^n-ten Wurzel). Betrachten wir ein irreduzibles Polynom der Gestalt

$$x^{p^n} = c, \ c \ \varepsilon \ F,$$

dies hat eine Wurzel b in E. Falls es noch eine algebraische Erweiterung L von F, $L \supseteq F(b)$ und eine Nullstelle $a \ \varepsilon \ L$ von x^{p^n} gäbe, würde aber $a = b$ folgen, denn x^{p^n} definiert bei Charakteristik p einen Isomorphismus. Damit haben wir aber die Behauptung bewiesen.

2. Variante: Wir nehmen an (dies ist wieder eine klassische Argumentation), daß es für je endlich viele standard Polynome $p_1(x),\ldots,p_n(x)$ eine algebraische Erweiterung gibt, in der alle diese Polynome zerfallen. Genau wie oben erhalten wir eine standard algebraische Erweiterung $E \supseteq F$, in der alle standard Polynome zerfallen. E entpuppt sich dann, etwas einfacher als oben, als algebraische Hülle von F. Diese Variante ist insgesamt etwas kürzer, aber die erste Version läßt sich u.U. dazu verwenden, gewisse vorgelegte Erweiterungen als algebraischen Abschluß zu erkennen. Es sei noch vermerkt, daß man die Einbettung in die große Menge M auch bei einem klassischen algebraischen Beweis benötigt, nur fällt sie dort häufig bei ungenauer Anwendung induktiver Definitionen unter den Tisch. Mit denselben Methoden wie oben beweist man schließlich noch die Eindeutigkeit der algebraischen Hülle (bis auf Isomorphie).

<u>Hintergrundbemerkung</u>:

Man mag sich fragen, warum sich die algebraische Hülle eines Körpers in der internen Mengenlehre ohne Schwierigkeiten bilden läßt, während man bei Kompaktifizierungen topologischer Räume auf externe Begriffsbildungen zurückgreifen muß. Der Grund hierfür ist, daß jedes einzelne Polynom (von denen man zwar unendlich viele hat) ein finites Objekt ist, dessen Standard- und Nichtstandardinterpretationen sich nicht unterscheiden; im Gegensatz dazu ist ein Filter ein infinites Objekt, und $\cap (X \mid X \in F, X$ standard$)$ und $\cap (X \mid X \in F)$ unterscheiden sich in der Regel.

2. Bewertungstheorie

Gegenstand der Überlegungen dieses Abschnitts sind Körperer-
weiterungen, wie sie in der algebraischen Zahlentheorie vorkommen. An den Anfang werden wieder einige Begriffe und Resultate gestellt, die im weiteren Verlauf benötigt werden.

Ein *algebraischer Zahlkörper* ist eine endliche algebraische
Erweiterung des Körpers $\mathbb{Q}^*$ der rationalen Zahlen; ein *globaler*
Körper ist ein algebraischer Zahlkörper oder eine endliche Erweiterung eines rationalen Funktionenkörpers in einer Variablen über einem endlichen Körper. Ein *lokaler* Körper ist ein
(topologischer) lokalkompakter, nicht diskreter Körper. Eine
Vervollständigung (die Namensgebung wird noch motiviert werden) eines globalen Körpers K ist eine Einbettung $\lambda : K \to F$
in einen lokalen Körper ("*Lokalisierung*"), so daß $\lambda(K)$ dicht
in F ist; zwei Vervollständigungen (λ, F) und (λ', F') von K
heißen dabei äquivalent, wenn es einen Isomorphismus $\rho : F \to F'$
gibt, der K invariant läßt (d.h. $\rho \circ \lambda = \lambda'$) und eine *Stelle*
von K ist eine Klasse äquivalenter Bewertungen von K. Wenn
$F \cong \mathbb{R}^*$ oder $F \cong \mathbb{C}^*$ ist, spricht man von einer archimedischen
(reellen oder imaginären) *Stelle*, andernfalls von einer nichtarchimedischen Stelle.

Das Studium der Stellen eines globalen Körpers geschieht über
die Bewertungstheorie. Eine Bewertung (wir beschränken uns auf
sog. "Rang 1 - Bewertungen") eines Körpers K ist eine nichtne-
gative Abbildung $v : K \to \mathbb{R}$ mit

$$\text{(i)} \quad v(a) = 0 \leftrightarrow a = 0;$$

$$\text{(ii)} \quad v(a \cdot b) = v(a) \cdot v(b);$$

$$\text{(iii)} \quad v(a+b) \leqslant v(a) + v(b).$$

Gilt statt (iii) die stärkere Bedingung

$$\text{(iii)}' \quad v(a+b) \leqslant \max(v(a), v(b)),$$

so heißt v *nichtarchimedisch*, andernfalls *archimedisch*.
Aus (ii) folgt $v(1) = 1$ und $v(a^{-1}) = (v(a))^{-1}$ für $a \neq 0$.

Die Bewertung v heißt *diskret*, falls die Werte von $K \smallsetminus \{0\}$ unter v eine zyklische, multiplikative Untergruppe von $\mathbb{R}$ bilden. Die sog. triviale Bewertung mit $v(a) = 1$ für alle $a \neq 0$ soll im folgenden immer ausgeschlossen sein. Die diskreten Bewertungen sind dann dadurch charakterisiert, daß ein $x > 0$ existiert, so daß für kein $a \in K$ die Ungleichung $1-x<v(a)<1$ gilt. Für standard Bewertungen ist dies äquivalent dazu, daß es keine $a \in K$ mit $v(a) \approx 1$ gibt. Mit einer nichtarchimedischen Bewertung v sind ein Ring $\mathcal{O}_v$ und ein Ideal $\mathcal{P}_v$ von $\mathcal{O}_v$ verknüpft:

$$\mathcal{O}_v = \{a \in K \mid v(a) \leqslant 1\} \text{ heißt Ring der ganzen Zahlen}$$
$$\text{(von K bzgl. v))},$$

$$\mathcal{P}_v = \{a \in K \mid v(a) < 1\}.$$

$\mathcal{O}_v$ ist ein lokaler Ring, d.h. er besitzt genau ein maximales Ideal (nämlich $\mathcal{P}_v$); $\mathcal{P}_v$ enthält gerade die $a \in \mathcal{O}_v$ mit $a^{-1} \notin \mathcal{O}_v$ (und die Null), also die Nicht-Einheiten von $\mathcal{O}_v$. Der Körper $\mathcal{O}_v/\mathcal{P}_v$ heißt der zu v gehörige *Restklassenkörper* von K.

Die Bewertung v induziert, wie der gewöhnliche Absolutbetrag, eine Metrik und damit eine Topologie auf den Körper K, durch welche K zu einem topologischen Körper wird (d.h. die Körper-operationen sind stetig). Körper, die eine archimedische Bewertung zulassen, können gut charakterisiert werden: Sie sind isomorph zu einem Unterkörper von $\mathbb{C}^*$ (Satz von Gelfand-Tornheim). Als nächstes beschreiben wir die Topologie eines lokalen Körpers.

<u>7. Satz:</u> Zu jedem lokalen Körper K gibt es eine Bewertung, die seine Topologie induziert.

<u>Beweis:</u> Wir ziehen uns auf den Standardfall zurück. Den Beweis führen wir in mehreren Schritten.

(A) Als erstes wollen wir einen Kandidaten für die Bewertung finden. Dazu betrachten wir nur die additive Gruppe $(K,+)$; weil $(K,+)$ eine topologische Gruppe ist, sind die Translationen $t_a : K \to K$, $t_a(x) = a + x$, Homöomorphismen. Für eine offene Umgebung U der O und eine kompakte Menge C sei

$$n(C,U) = \min(n \mid \text{es gibt } a_1,\ldots,a_n \ \varepsilon \ K, \ C \subseteq \bigcup_{i=1}^{n} (a_i+U)).$$

Für U wählen wir speziell eine solche Menge U_0, die in allen standard Umgebungen der O enthalten ist (vgl. Satz 3(i) aus Kap.VI.1); C_0 sei eine kompakte standard Umgebung der O. Wir erklären eine Funktion auf allen kompakten Mengen C durch

$$h(C) = \frac{n(C,U_0)}{n(C_0,U_0)} \ .$$

Dann ist h translationsinvariant, d.h. es ist $h(a+C) = h(C)$ für alle a und C und es gilt $h(C_0) = 1$. Eine Inspektion zeigt weiter für kompakte C und D:

$$(1) \quad C \subseteq D \Rightarrow h(C) \subseteq h(D) \text{ sowie}$$

$$(2) \quad h(C \cup D) \leqslant h(C) \cup h(D).$$

Nach Definition ist C_0 die abgeschlossene Hülle einer (standard) offenen Umgebung V der O. Für kompaktes C haben wir daher endlich viele $a_1,\ldots,a_n$ mit

$$C \subseteq \bigcup_{i=1}^{n} (a_i+V) \subseteq \bigcup_{i=1}^{n} (a_i+C_0),$$

woraus

$$0 \leqslant h(C) \leqslant \sum_{i=1}^{n} h(a_i+C_0) = n$$

folgt. Das Transferaxiom erlaubt uns, für standard C auch das n standard zu nehmen. Mithin gibt es für standard C auch den Standardteil $st(h(c))$; mittels des Standardmengenaxioms erklären wir auf allen kompakten Mengen C eine standard Funktion $m = \overset{\circ}{h}$ (vgl. Def.7 aus IV) durch $m(C) = st(h(C))$ für standard C. Für zwei kompakte disjunkte Mengen C und D verschafft man sich eine offene Umgebung $U = U(O)$ mit $(a+U) \cap C = \emptyset$ oder $(a+U) \cap D = \emptyset$ für alle $a \ \varepsilon \ K$; sind C und D standard, kann auch U wieder als standard gewählt werden, falls man sich auf standard $a \ \varepsilon \ K$ beschränkt. Für standard C, D und a kann daher $a+U_0$ nicht sowohl C als auch D schneiden. Aber dann kann es für kein a ε K gleichzeitig ein c ε (a+U_o) $\cap$ C und ein d ε (a+U_o) $\cap$ D geben. Dann wären c bzw. d wegen der Kompaktheit von C und D in der Monade eines Standardpunktes c_o bzw. d_o, also wäre auch a in der Monade eines Standardpunktes a_o, wodurch man sich mit a_o ε C $\cap$ D Widerspruch verschafft. Dies liefert uns zunächst für standard C und D

$$(3) \quad C \cap D = \emptyset \Rightarrow m(C) + m(D) = m(C \cup D)$$

das Transferaxiom garantiert (3) auch schlechthin. Das translationsinvariante Maß m, das wir gerade konstruiert haben (eigentlich nur den sog. "Inhalt", weil man m noch auf die von den kompakten Mengen erzeugte Borelalgebra ausdehnen muß, damit es ein Maß wird), läßt sich auf dieselbe Weise für beliebige lokalkompakte Gruppen erklären, es heißt auch das *Haar'sche Maß*. Wenn wir von "dem" Maß sprechen, so wird diese Sprechweise dadurch gerechtfertigt, daß ein solches translationsinvariante Maß bis auf einen konstanten Faktor eindeutig bestimmt ist (vgl. etwa [Ha]). Wenden wir diesen maßtheoretischen Satz an, so sehen wir: Für a $\neq$ 0 ist mit m auch m_a, erklärt durch m_a(C) = m(a$\cdot$C), ein translationsinvariantes Maß, also gibt es eine reelle Zahl w(a) mit m_a = w(a)$\cdot$m. (Den maßtheoretischen Eindeutigkeitssatz benötigt man hier allerdings nicht in voller Schärfe. Man kann w(a) auch erhalten als

$$\text{st}\left(\frac{n(C,U_o)}{n(C,a^{-1}U_o)}\right)$$

und muß diese Größe dann, allerdings auch nicht ohne Umstand, als unabhängig von C nachweisen, indem man sie auf eine Relation nur zwischen U_o und $a^{-1}U_o$ zurückführt).

Für a = 0 setzen wir noch w(0) = 0.

Die Funktion w : K $\rightarrow$ $\mathbb{R}^*$ ist der Kandidat für unsere Bewertung; w ist so etwas wie ein "Ausdehnungsfaktor", im Falle K = $\mathbb{R}^*$ ist w der gewöhnliche Absolutbetrag.

(B) Es sollen zunächst einige Eigenschaften von w studiert werden. Es gelten:

$$w(a) = 0 \Leftrightarrow a = 0$$

und

$$w(a \cdot b) = w(a) \cdot w(b),$$

also die Bedingungen (i) und (ii) einer Bewertung.
Als nächstes zeigen wir die Stetigkeit von w; wir verwenden
das Symbol "$\approx$" sowohl für $\mathbb{R}^*$ als auch für K.
Sei $a \neq 0$ und $a \approx 0$ in K, also in der Monade der 0; wegen der
Stetigkeit der Multiplikation gilt auch $ax \approx 0$ für alle $x \in C_0$,
die Menge aC_0 besteht also nur aus "infinitesimalen" Elementen. Daraus folgt für jedes positive standard $n \in \mathbb{N}$

$$\frac{n(aC_0, U_0)}{n(C_0, U_0)} < \frac{1}{n} ,$$

woraus wir $m(aC_0) \approx 0$ und wegen $m(C_0) = 1$ auch $w(a) \approx 0$ erhalten; die Abbildung w ist also stetig an der Stelle 0. Eine
entsprechende Überlegung zeigt die Stetigkeit auch an beliebigen standard $a \in K$. Weil w selbst standard ist, muß es also
stetig sein. Weiter wollen wir einsehen, daß w die Topologie
von K induziert; dazu genügt es einzusehen, daß die Mengen

$$B_z = \{a \in K \mid w(a) < z\}$$

für $z > 0$ eine Basis des Umgebungsfilters $\mathscr{F}_0$ der 0 in K bilden. Weil w stetig ist, sind die B_z zunächst einmal offen
und die Frage reduziert sich auf die Implikation

$$w(a) \approx 0 \Rightarrow a \approx 0.$$

Nehmen wir an, es gäbe ein a mit $w(a) \approx 0$ und $a \not\approx 0$. Dann gäbe es eine standard kompakte Umgebung C der 0 mit $a \notin C$. Wir
können o.B.d.A. $C^2 \subseteq C$ annehmen und wir können ein standard
$b \neq 0$ in C finden mit $w(b) < 1$. Die Multiplikativität von w
liefert $w(b^\omega) \approx 0$ für ein unendlich großes $\omega \in \mathbb{N}^*$. Weil auch
$b^\omega \in C$, ist b^ω faststandard, also $b^\omega \approx d$ für ein standard d;
die Stetigkeit von w liefert uns $d = 0$, d.h. $b^\omega \approx 0$. Die Stetigkeit der Multiplikationen zeigt dann $b^\omega \cdot a \approx 0$. Es muß
daher ein k mit $b^{k-1} \cdot a \notin C$ und $b^k \cdot a \in C$ geben; $b^k \cdot a$ ist dann
wieder faststandard. Weil aber auch $w(b^k \cdot a) \approx 0$ gilt, erhal-
ten wir $b^k \cdot a \approx 0$, woraus $b^{k-1} \cdot a = b^{-1} \cdot b^k \cdot a \approx 0$ folgt, im Widerspruch zu $b^{k-1} \cdot a \notin C$.

Es fehlt uns noch die Dreiecksungleichung für w. Als ersten Ersatz haben wir für $c = \sup(w(1+a) \mid a \in K, w(a) \leq 1)$ die Ungleichung

$$w(a+b) \leq c \cdot \max(w(a), w(b));$$

denn sei $a \neq 0$ (sonst ist dies klar) und $w(b) \leq w(a)$, ferner sei $x = ba^{-1}$; dann ist $w(x) \leq 1$, also $w(1+x) \leq c$ sowie

$$w(a+b) = w(1+x) \cdot w(a) \leq c \cdot w(a).$$

Die Konstante c ist standard, im reellen Falle ist $c = 2$. Wir kommen jetzt zum letzten Schritt.

(C) Alle bisherigen bewertungstheoretischen und topologischen Resultate bleiben erhalten, wenn wir statt w eine (standard) positive Potenz w^r nehmen. Wir wollen r so bestimmen, daß die Dreiecksungleichung für w^r gilt. Wir nehmen ein standard $k > 0$ mit $c^k \leq 2$ und setzen

$$v(a) = w^k(a) \quad \text{für } a \in K.$$

Dann gilt $v(a+b) \leq 2 \cdot \max(v(a), v(b))$. Für jedes $n \in \mathbb{N}^*$ liefert der Binomialsatz

$$v(a+b)^n = v\left(\sum_{i=0}^{n} \binom{n}{i} a^i b^{n-i}\right) \leq 2(n+1) \cdot \max_{0 \leq i \leq n} \left(v\left(\binom{n}{i} \cdot a^i \cdot b^{n-i}\right)\right)$$

$$\leq 4(n+1) \cdot \max_{0 \leq i \leq n} \left(\binom{n}{i} \cdot v(a)^i \cdot v(b)^{n-i}\right)$$

$$\leq 4(n+1) \, (v(a)+v(b))^n,$$

also

$$v(a+b) \leq \sqrt[n]{4(n+1)} \, (v(a)+v(b)).$$

Nehmen wir n unendlich groß, so ist $\sqrt[n]{4(n+1)} \approx 1$; für standard a und b folgt dann die Dreiecksungleichung und daher gilt sie auch allgemein.
Damit ist der Satz bewiesen.

Um die Vervollständigung eines globalen Körpers zu studieren, bietet es sich nach diesem Satz an, seine Bewertung zu unter-

suchen. Wenn wir einen durch v bewerteten Körper K haben, so
läßt sich K als metrischer Raum zu einem K_v vervollständigen
(im üblichen Sinne), so daß K_v ein Oberkörper von K wird; auch
die Bewertung wird auf K_v fortgesetzt. Man kann K_v auf klassische Weise etwa dadurch gewinnen, daß man den Ring der Cauchyfolgen nach dem Ideal der Nullfolgen durchdividiert. Im nächsten Satz betrachten wir gewisse vollständig bewertete Körper.

<u>8. Satz</u>: Es sei v eine nichtarchimedische Bewertung eines
         Körpers K. Dann ist K genau dann lokalkompakt,
         wenn gilt

     (i)   K ist vollständig in der durch v induzierten
             Metrik;

     (ii)   der Restklassenkörper $\mathcal{O}_v/\mathcal{P}_v$ von K bzgl. v
             ist endlich;

     (iii) die Bewertung v ist diskret.

<u>Beweis</u>: Wir betrachten wieder nur den Standardfall, insbeson-
dere sind also $\mathcal{O}_v$ und $\mathcal{P}_v$ standard. Sei zunächst K lokalkompakt.
Zu (i): Wir wollen zuerst $\mathcal{O}_v$ als abgeschlossen erkennen; dazu betrachten wir $x \notin \mathcal{O}_v$, d.h. v(x) > 1, und $y \approx x$, d.h.
$v(y-x) \approx 0$, und erhalten das Resultat aus der Stetigkeit
von v.
Sei nun C eine kompakte Standardumgebung der 0. Weil die

$$B_z = \{a \; \varepsilon \; K \mid v(a) < z\}$$

für z > 0 den Umgebungsfilter der 0 erzeugen, gibt es ein
standard z, 0 < z ⩽ 1, mit $B_z \subseteq C$. Wir wählen ein a ≠ 0,
$a \; \varepsilon \; B_z$; dann gilt

$$\mathcal{O}_v \subseteq a^{-1} \cdot C,$$

denn dies folgt aus $a \cdot \mathcal{O}_v \subseteq B_z \subseteq C$. Weil aber $a^{-1} \cdot C$ kompakt ist, muß $\mathcal{O}_v$ dies ebenfalls ein. Es konvergiert jede
(standard) Cauchyfolge in C, denn in C sind alle Punkte faststandard. Durch Multiplikation mit einem geeigneten Faktor
a, v(a) hinreichend klein, können wir jede Cauchyfolge nach

$\mathcal{O}_v$ transformieren und schließen auf die Behauptung (i). Wenn $\mathcal{O}_{v/\mathscr{P}_v}$ unendlich wäre, müßte es ein Nichtstandardelement enthalten; also eine Restklasse nach $\mathscr{P}_v$, die kein standard $a \in K$ enthielte. Das ist unmöglich, weil $\mathcal{O}_v$ kompakt und somit jedes Element von $\mathcal{O}_v$ faststandard ist; daraus folgt (ii).
Um schließlich (iii) zu zeigen, genügt es, die Existenz eines standard $\epsilon > 0$ zu zeigen, so daß für kein standard $a \in K$

$$1 - \epsilon < v(a) < 1$$

gilt. Nehmen wir an, solch ein $\epsilon > 0$ gäbe es nicht: Dann existiert ein $a \in K$ mit $v(a) < 1$ und $v(a) \approx 1$; a liegt dann in der Monade eines Standardelementes b, also $a \approx b$. Wegen der Stetigkeit von v haben wir $v(b) \approx 1$, also $v(b) = 1$. Dann schließen wir

$$v(b) = v(b-a+a) \leqslant \max(v(b-a),v(a)) = v(a),$$

weil $v(b-a) \approx 0$ ist, und erhalten den erwünschten Widerspruch; (iii) gilt also.

Wir kommen zur anderen Hälfte des Beweises und setzen jetzt (i), (ii) und (iii) voraus. Weil die Wertegruppe von v diskret ist, können wir uns ein standard $c \in \mathscr{P}_v$ mit maximalem $v(c) < 1$ wählen. Dann ist $\mathscr{P}_v = (c)$ das von c erzeugte Hauptideal und nach Voraussetzung ist $\mathcal{O}_{v/(c)}$ endlich (und zwar standard endlich). Für jedes natürliche n ist daher auch $\mathcal{O}_{v/(c^n)}$ endlich. Sei jetzt $a \in \mathcal{O}_v$ beliebig vorgegeben, für jedes n liegt a in einer der endlich vielen Restklassen des Hauptideals (c^n), welche für standard n selber standard sind und somit auch standard Repräsentanten haben. Mittels des Standardmengenaxioms erklären wir eine Standardfolge $(a_n)_{n \in \mathbb{N}^*}$ mit $a-a_n \in c^n \cdot \mathcal{O}_v$.
Wegen $v(a-a_n) \leqslant v(c)^n$ und $v(a_n-a_m) \leqslant \max(v(a_n-a), v(a-a_m))$ ist $(a_n)_{n \in \mathbb{N}^*}$ eine Cauchyfolge, nach Voraussetzung also konvergent, und zwar gegen ein standard b. Für unendlich großes ω gilt $a-a_\omega \approx 0$ und $a_\omega \approx b$, d.h. a ist faststandard. K besitzt daher die kompakte Umgebung $\mathcal{O}_v$ der 0 und ist somit lokalkompakt.

Es läßt sich nun durch eine Untersuchung der einzelnen Typen von globalen Körpern zeigen, daß jede nichtarchimedische Bewertung eines globalen Körpers die Bedingungen (ii) und (iii) des letzten Satzes erfüllt (vgl. etwa [Wei]). Weiter läßt sich unschwer zeigen, daß sich beim Übergang zur metrischen Vervollständigung $\overline{K}$ eines nichtarchimedischen bewerteten Körpers K die Wertemenge der Bewertungsfunktion nicht ändert und daß die Restklassenkörper von K und $\overline{K}$ isomorph sind, sogar auf kanonische Weise; $\overline{K}$ ist daher ein lokaler Körper. Weil die archimedisch bewerteten Körper nach dem zitierten Satz von Gelfand-Tornheim alle als Unterkörper von $\mathbb{C}^*$ bekannt sind, rechtfertigen die Sätze 7 und 8 somit die Sprechweise "Vervollständigung" für die Einbettung globaler in lokale Körper. Jede Bewertung eines globalen Körpers erklärt somit auch eine Stelle, also eine Klasse äquivalenter Vervollständigungen; man nennt zwei Bewertungen *äquivalent*, wenn sie die gleiche Stelle definieren. Dann sind zwei Bewertungen v_1 und v_2 genau dann äquivalent, wenn v_1 und v_2 die gleiche Topologie definieren; charakterisieren läßt sich dies dadurch, daß $v_1(x) < 1$ schon $v_2(x) < 1$ impliziert, oder auch durch die Existenz eines reellen r mit $v_2 = v_1^r$ (vgl. etwa [Wei]). Insbesondere sind durch nichtäquivalente Bewertungen induzierte Topologien auch nicht Verfeinerungen voneinander. Der Name "Stelle" wird am besten durch das Beispiel des Körpers K(t) der rationalen Funktionen in t über einem Körper K erklärt. Sei $t_0 \in K$, dann schreibt sich jedes $f \in K(t)$ als $u(t) \cdot (t-t_0)^r$ mit $u(t_0) \neq 0$. Dadurch wird eine Bewertung v erklärt, von der wir nur $\mathcal{O}_v = \{f \mid r \geq 0\}$ und $\mathcal{P}_v = \{f \mid r > 0\}$ angeben; man "lokalisiert an der Stelle t_0". Ähnlich sind die p-adischen Bewertungen (p Primzahl) des Körpers $\mathbb{Q}^*$ der rationalen Zahlen: $\frac{r}{s}$ mit relativ primen r, $s \in \mathbb{N}^*$ ist p-adisch ganz, falls s nicht durch p teilbar ist.

Eine grundlegende Technik der Bewertungstheorie ist es, durch Betrachtung aller Lokalisierungen Aufschluß über den ursprünglichen Körper zu erhalten. Wenn man eine Anzahl Stellen von K erklärt durch eine Menge V von Bewertungen, so kann man diese repräsentiert denken durch

$$\prod_{v \in V} K_v ,$$

das kartesische Produkt der Vervollständigungen bzgl. der
$v \in V$. Trägt

$$\prod_{v \in V} K_v$$

die Produkttopologie der einzelnen K_v, so wird es ein topologischer Ring. Vermöge der kanonischen Einbettung

$$k : K \to \prod_{v \in V} K_v,$$

$$k(a) = (a_v)_{v \in V}, \quad a_v = a \text{ für } v \in V,$$

läßt sich K als Unterkörper dieses Produktes auffassen. Eine erste Information über die Beziehungen zwischen K und dem $\prod_{v \in V} K_v$ gibt

9. Approximationssatz von Artin-Whaples:

Seien v_i, $1 \leqslant i \leqslant n$, paarweise nichtäquivalente Bewertungen eines Körpers K. Dann liegt K vermöge der kanonischen Einbettung dicht in

$$\prod_{v=1}^{n} K_{v_i} .$$

Beweis: Es genügt, den Standardfall zu betrachten. Wir bezeichnen die durch v_i, $1 \leqslant i \leqslant n$, bestimmte infinitesimale Nachbarschaftsbeziehung mit $\approx_i$. Es ist dann hinreichend, für jedes standard

$$(x_1,\ldots,x_n) \in \prod_{i=1}^{n} K_{v_i}$$

ein $x \in K$ mit $x \approx_i x_i$ für jedes i zu finden. Dafür reichen wieder z_i mit $z_i \approx_i 1$ und $z_i \approx_j 0$ für $j \neq i$ aus, weil wir dann mit $x = z_1 x_1 + \ldots z_n x_n$ die gewünschten Beziehungen $x - x_i \approx_i (z_i - 1) \cdot x_i \approx 0$ erhalten (denn die Addition und die Multiplikation mit x_i sind stetige Standardfunktionen). Dazu genügt aber wiederum, wenn wir abkürzend $z \approx_i \infty$ für $v_i(z)$ unendlich, $z \in \mathbb{R}^*$, einführen, z_i mit $z_i \approx_i \infty$ und $z_i \approx_j 0$ für $j \neq i$ zu finden; setzen wir nämlich (für $z + 1 \neq 0$)

$$\hat{z} = \frac{z}{z+1},$$

so gilt

$$\hat{z} \approx_j \quad \left\{ \begin{array}{l} 1 \text{ für } z \approx_j \infty \\[2ex] 0 \text{ für } z \approx_j 0 \end{array} \right.$$

und der Übergang von z_i zu $\hat{z}_i$ leistet das Gewünschte. Diese z_i verschaffen wir uns durch Induktion über die Anzahl der Bewertungen; dabei wird dies jeweils nur für z_1 vorgeführt.

a) Induktionsanfang n = 2: Weil v_1 und v_2 nicht äquivalent sind, gibt es x und y mit

$$x \approx_1 0, \ x \not\approx_2 0, \ y \not\approx_1 0, \ y \approx_2 0;$$

man setze $z = yx^{-1}$.

b) Die Behauptung gelte für k-1 $\geqslant$ 2. Die Konstruktion des gesuchten z geben wir schematisch wieder; dabei existieren x und y nach Induktionsvoraussetzung:

	$\approx_1$	$\approx_2$	$\cdots$	$\approx_{k-1}$	$\approx_k$
x	∞	0	$\cdots$	0	?
y	∞	?	$\cdots$	0	0
$U = \hat{x} \cdot \hat{y}$	1	0	$\cdots$	0	0
$W = U^{-1} - 1$	0	∞	$\cdots$	∞	∞
$Z = W^{-1}$	∞	0	$\cdots$	0	0

Hierbei wurde natürlich die Stetigkeit der Körperoperationen bzgl. der einzelnen Bewertungen ausgenutzt.

Betrachten wir nun die unendliche Gesamtheit S aller Stellen eines globalen Körpers K, $\tilde{S} \subseteq S$ seien die nichtarchimedischen Stellen. Dies sind alles Standardmengen. Weil $S \smallsetminus \tilde{S}$ endlich ist, sind alle archimedischen Stellen standard, dagegen gibt es in $\tilde{S}$ nichtstandard Stellen. Jedes $x \in K$ ist nur

für höchstens endlich viele Stellen nicht ganz, ja sogar für
höchstens endlich viele Stellen eine Nicht-Einheit. Demnach
ist für standard $x \varepsilon K$

$$\{s \mid s \varepsilon \tilde{S}, x \text{ Nicht-Einheit für } s\}$$

endlich und standard, es enthält also nur standard Elmente.
Positiv ausgedrück: Alle standard x sind für eine nichtarchimedische Bewertung ganz und sogar Einheit, wenn $x \neq 0$. Im Fall
der rationalen Zahlen ist dies der elementare Sachverhalt, daß
bei einem (gekürzten) standard Bruch $\frac{m}{n}$ weder Zähler noch
Nenner durch eine unendliche Primzahl zu teilen sind. Im folgenden seien die Stellen wieder durch ausgezeichnete Bewertungen v vertreten (also Repräsentanten); wir benutzen für diese
Menge aber dieselben Buchstaben. Die nichtstandard ganzen Elemente K werden durch eine externe Formel beschrieben:

Sei v_o eine feste nichtstandard Bewertung des standard globalen Körpers K.

<u>10.Def.</u>: (i) $\mathcal{O}(x) \leftrightarrow x \varepsilon \mathcal{O}_v$ für alle nichtstandard $v \neq v_o$
                   und v(x) endlich für standard v;

     (ii) $\mathcal{U}(x) \leftrightarrow \mathcal{O}(x)$ und $\mathcal{O}(x^{-1})$.

Wie wir gesehen haben, trifft $\mathcal{O}(x)$ auf alle standard Elemente
und $\mathcal{U}(x)$ auf alle standard $x \neq 0$ zu. Um nichtstandard x zu untersuchen, betrachten wir die standard Menge

$$M = \{ |\mathcal{O}_v/\mathcal{P}_v| \mid v \varepsilon \tilde{S}\} \subseteq \mathbb{N}^*$$

und darin für $x \varepsilon K$

$$M_x = \{ |\mathcal{O}_v/\mathcal{P}_v| \mid x \varepsilon \mathcal{O}_v\} \subseteq M$$

Es gelte nun $\mathcal{O}(x)$. Weil $M_x \cup \{\omega\}$ für ein ω alle nichtstandard
Zahlen von M enthält, ist $M_x \cup \{\omega\}$ nach Satz 14, IV.3, selbst
standard und enthält bis auf eine standard endliche Menge alle
Zahlen von M. Deshalb muß aber x an standard Stellen ganz bis
auf standard endlich viele v sein; genauso schließt man aus
$\mathcal{U}(x)$, daß x für alle bis auf standard endlich viele v eine
Einheit ist.

Die externen Eigenschaften $\mathcal{O}(x)$ und $\mathcal{U}(x)$ stehen in enger Beziehung zu den klassischen Begriffen "Adel" und "Idel". Wenn K_v wieder die Vervollständigung von K bzgl. v bezeichnet und man die Verabredung trifft, daß für die archimedischen Stellen jedes Element ganz ist, so ist

der *Adelring* K_A = {x ε Π(K_v | v ε S) | x_v ganz für fast alle v},

die *Idelgruppe* K_J = {x ε Π K_v | x_v Einheit für fast alle v},

wobei "fast alle" dasselbe wie "bis auf endlich viele" bedeutet.

Denken wir uns K in jedes K_v eingebettet, so ist jedes x mit $\mathcal{O}(x)$ in einer standard kompakten Umgebung bzgl. v enthalten (für fast alle v ist dies sogar $\mathcal{O}_v$ in K_v); es gibt also ein standard x_v ε K_v mit x $\approx_v$ x_v. Das Standardmengenaxiom gibt uns dann zu x mit $\mathcal{O}(x)$ ein standard Adel A(x) mit A(x)$_v$ $\approx_v$ x für standard v; entsprechend erhalten wir ein standard Idel J(x), falls $\mathcal{U}(x)$ gilt. Denken wir uns umgekehrt ein standard Adel $(x_v)_{v \varepsilon S}$ gegeben, so existiert eine endliche Menge S' $\subseteq$ S, welche außer allen standard v auch die v mit $x_v \notin \mathcal{O}_v$ enthält. Der sog. starke Approximationssatz (eine Verschärfung des Satzes von Artin-Whaples, vgl. etwa [Wei]),liefert dann ein x mit x $\approx_v$ x_v für v ε S' und x ε $\mathcal{O}_v$, v $\neq$ v_o.

Für dieses x gilt dann $\mathcal{O}(x)$ und es induziert das vorgelegte Adel im obigen Sinne. Eine analoge Überlegung gilt für Idele. Man beachte, daß die Gesamtheiten der Idele und Adele hier externen Eigenschaften entsprechen (vermutlich hätte das Kronecker, der ja nun mit diesen Begriffen nicht konfrontiert war, doch mit Wohlgefallen registriert). Wir haben bereits benutzt, daß jedes a $\neq$ O nur für höchstens endlich viele v eine Nicht-Einheit ist. Für globale Körper läßt sich sogar die Gültigkeit der *Hasse'schen Produktformel* ableiten (vgl. etwa [Wei]). Sie besagt, daß bei geeigneter Normierung der Bewertung für jedes a ε K, a $\neq$ O,

$$\Pi(v(a) \mid v \varepsilon S) = 1$$

ist. Diese Normierung soll jetzt vorausgesetzt werden.

11. Satz: Es gelte $\mathcal{U}(a)$. Dann gilt standard (x) und
$$\underset{v}{\overset{st}{\forall}} (v(x) \leqslant v(a)) \text{ für höchstens standard}$$
endlich viele x.

Beweis: Sei $S' = \{v_1,\ldots,v_n\}$ die standard endliche Menge derjenigen standard v mit $v(a) \neq 1$ und für $v_i \in S'$ sei $c_i = st($
$(v_i(a))$. Betrachten wir $M = \{x \in K \mid v_i(x) \leqslant c_i, 1 \leqslant i \leqslant n;$
$v(x) \leqslant 1$ für $v \notin S'\}$; M ist eine standard Menge und die standard Elemente von M sind genau diejenigen x, die der Bedingung
in der Behauptung genügen. Wir nehmen jetzt M als unendlich an
und wählen eine nichtarchimedische Bewertung $\bar{v}$ aus. Sei $X \subseteq M$
eine endliche Menge, welche alle standard Elmente von M ent-
hält und sei $b \in X$ so, daß $\bar{v}(b) \geqslant \bar{v}(x)$ für alle $x \in X$ gilt.
Es ist dann $\frac{x}{b} \in \mathcal{O}_{\bar{v}}(x)$ für $x \in X$ und wegen der Kompaktheit von
$\mathcal{O}_{\bar{v}}$ muß es x_1, $x_2 \in X$, $x_1 \neq x_2$, mit

$$\frac{x_1}{b} \approx_i \frac{x_2}{b}$$

geben. Wegen $\mathcal{U}(a)$ kann $\bar{v}(a)$ weder unendlich noch infinitesimal sein, es ist also $c = st(\bar{v}(a)) \neq 0$ und es gibt daher we-
gen $st(\bar{v}(b)) \leqslant c$ ein infinitesimales $\dot{\eta}$ mit $\bar{v}(x_1 - x_2) = \eta \cdot c$. Für
alle anderen $v \neq \bar{v}$ gilt weiter $v(x_1 - x_2) \leqslant \max(v(x_1), v(x_2)) \leqslant$
$v(a)$. Es ist also $v(x_1 - x_2)$ endlich für $v \in S'$; $v(x_1 - x_2)$ ist
aber infinitesimal, wodurch wir einen Widerspruch zur Produktformel erhalten.

Eine Anwendung ist:

12. Satz: Sei K ein globaler Körper. Dann ist die Menge
$U = \{x \in K \mid v(x) = 1 \text{ f.a. } v \in S\}$ endlich;
U ist die (zyklische) Gruppe der Einheits-
wurzeln von K.

Beweis: Wir setzen K als standard voraus. Das Element $1 \in K$
hat die Eigenschaft $\mathcal{U}(1)$ und der letzte Satz liefert die Endlichkeit von U. Da die Elemente von U eine multiplikative Gruppe bilden, muß diese zyklisch sein. Es sind aber alle Einheits-
wurzeln in U, woraus die Behauptung folgt.

Der hier vorgeführte Beweis entspricht Kompaktheitsargumenten
der klassischen Ideltheorie. Mit etwas komplizierteren Kompakt-
heitsüberlegungen kann man auch den vollen Dirichlet-Hasse-
Chevalley-Satz über die Gruppe aller Elemente, welche Einhei-
ten bis auf eine endliche Ausnahmemenge $S' \subseteq S$ sind, gewinnen.

<u>Einige Hintergrundbemerkungen:</u>

Ähnliche Argumentationen wie in den beiden letzten Sätzen tauchen auf,
wenn man die nichtstandard Arithmetik (standard) globaler Körper weiter-
verfolgt. So sind etwa für eine endliche Erweiterung E eines standard
globalen Körpers K alle nichtstandard Stellen unverzweigt, weil die Menge
der verzweigten Stellen standard und endlich ist. Wenn E zudem eine Galoiserweiterung ist, dann definiert eine nichtstandard Stelle v somit
einen Frobeniusautomorphismus

$$\left[\frac{E}{K}\right]_v \quad \varepsilon \ \mathrm{Gal}(E/K).$$

Wenn umgekehrt $\sigma \ \varepsilon \ \mathrm{Gal}(E/K)$ ist, so gibt es ein nichtstandard v mit

$$\sigma = \left[\frac{E}{K}\right]_v \quad ;$$

dies garantiert der Čebotarev'sche Dichtesatz, aus dem die Unendlichkeit
von

$$D(E,K,\sigma) = \{v \ | \ \left[\frac{E}{K}\right]_v = \sigma\}$$

folgt. Weitere Betrachtungen zu diesem Thema, modelltheoretisch darge-
legt, findet man in [Je-Kl].

VIII. Vermischte Anwendungen

1. Berechenbare Funktionen und Programmiersprachen

Dieser Abschnitt beschäftigt sich mit den effektiv berechenbaren Funktionen im Bereich der natürlichen Zahlen. Dahinter steckt die Idee, daß eine solche Funktion von einer Maschine auf "mechanische Weise" berechnet werden kann. Es hat verschiedene mathematische Präzisierungen dieser Idee gegeben, sie haben sich aber alle als gleichwertig erwiesen (vgl. etwa [He]). Wir wählen hier die Darstellung durch Registeroperatoren, was der Vorstellung von einer in einzelnen Schritten arbeitenden "Rechenmaschine" sehr nahe kommt und eigentlich nur insoweit eine Idealisierung ist, als eine Speicherzelle beliebig große Zahlen speichern kann.

Die Theorie der berechenbaren Funktionen ist ganz wesentlich eine intensionale Theorie. Das heißt, primär ist nicht die Funktion als mengentheoretisches Objekt, sondern ihre Beschreibung. Die Beschreibung ist die Anweisung ("das Programm") zum schrittweisen Ausrechnen der Funktion. Genau genommen haben wir hier dreierlei:

a) Das Programm der Funktion bzw. der "Maschine".

b) Die Funktion als Menge (von geordneten Paaren).

c) Die Menge der sog. Konfigurationsfolgen; diese haben als jeweils erstes Folgeglied ein Argument der Funktion (d.h. eine Eingabe in die Maschine), die weiteren Glieder der Folge sind die einzelnen Zwischenergebnisse beim schrittweisen Berechnen des Funktionswertes.

Nun kann es bei gewissen Maschinen passieren, daß die Berechnung bei bestimmten Argumenten nicht abbricht ("die Maschine stoppt nicht"), also die Konfigurationsfolge unendlich lang ist. An dieser Stelle sollen nun die Nichtstandard-Methoden eingreifen. Dabei wollen wir folgende Vorstellung zugrunde legen:

1. Jede Berechnung hat eine endliche Länge.

2. Eine reale Berechnung ist eine solche, die auf einer
   Standardmaschine in standard vielen Schritten mit
   standard Zwischenergebnissen ausgeführt wird.

Die im intuitiven Sinne nicht abbrechenden Berechnungen sind
hier also zwar endlich, aber "ideal", weil nichtstandard.
Dies wird u.a. heißen, daß die üblichen partiell rekursiven
Funktionen an gewissen Stellen nicht einfach undefiniert
sind, sondern einen wohlbestimmten Wert haben.

Wir wollen nun die Registermaschinen erklären; diese sollen
Funktionen $(\mathbb{N}^n)^* \to (\mathbb{N}^n)^*$, $1 \leqslant n \in \mathbb{N}^*$ sein. Wir halten für das
folgende eine dreielementige standard Menge $\{A,S,I\}$ fest, wo-
bei A, S und I keine natürlichen Zahlen sein sollen, und erklären zuerst die Registerprogramme, welche die Maschinen
"beschreiben" sollen. Dabei soll "A" für "Addition", "S" für
"Subtraktion" und "I" für "Identität" stehen. Weil es sich
bei den Programmen um Syntax handelt, müssen sie (leider)
ganz formal erklärt werden; betreffs der Bedeutungen schaue
man gleich auf den Schaukasten unten.

<u>1. Def.</u>: Sei $n \in \mathbb{N}^*$; die *n-Registerprogramme* werden induktiv
erklärt durch:

    (i)   Elementarprogramme sind Tripel der Form
          a) (A,i,n), $1 \leqslant i \leqslant n$;
          b) (S,i,n), $1 \leqslant i \leqslant n$;
          c) (I,n,n)

    (ii)   Wenn r und s n-Registerprogramme sind, sollen
          auch
          a) (r,s),
          b) (r,i,k), $1 \leqslant i \leqslant n$, $1 \leqslant k$,
          c) (r,i), $1 \leqslant i \leqslant n$
          d) $(r,(i))$, $1 \leqslant i \leqslant n$
          n-Registerprogramme sein. Ein n-Registerpro-
          gramm entsteht aus Elementarprogrammen in end-
          lich vielen Schritten vermöge (ii) a)-d). Da-

bei heißt ein Programm, das nicht mittels
(ii) c) aufgebaut wurde, ein *beschränktes
Registerprogramm.*

Als suggestive Schreib- und Sprechweise führen wir ein:

Schreibweise	Sprechweise
A_i^n für (A,i,n)	Addiere 1 im i-ten Register
S_i^n für (S,i,n)	Subtrahiere 1 im i-ten Register
I_n für (I,n,n)	Identität
$r \circ s$ für (r,s)	Verkettung von s und r
$(r)_i^k$ für (r,i,k)	Bedingte beschränkte Iteration von r
$(r)_i$ für (r,i)	Bedingte unbeschränkte Iteration von r
$(r)^{(i)}$ für $(r,(i))$	unbedingte beschränkte Iteration

Dabei soll das i-te Register die i-te Koordinate der n-Tupel
sein. Wie die Sprechweise nahelegt, erklärt ein solches Programm auf kanonische Weise eine eventuell nicht überall defi-
nierte Funktion $f : (\mathbb{N}^n)^* \to (\mathbb{N}^n)^*$, wenn wir noch folgende
Präzisierungen vorschreiben:

1) Unter "Subtraktion wird die sog. modifizierte Subtraktion
   "$\dot{-}$" verstanden:

$$x \dot{-} y = \begin{cases} x-y & \text{für } x \geqslant y \\ 0 & \text{sonst.} \end{cases}$$

2) Zur bedingten Iteration:
   Die gewöhnliche Iteration f^k einer partiellen Funktion ist
   einfach die k-fache Verkettung von f mit sich selbst. Die

bedingten Iterationen sind mit

$$\vec{x} = (x_1,\ldots,x_n) :$$

$$(f)_i^k(\vec{x}) = \begin{cases} \vec{y} = f^j(\vec{x}), \text{ falls } 1 \leqslant j \leqslant k, \ f^m(\vec{x}) \text{ defi-} \\ \qquad \text{niert für alle } m \leqslant j, \ y_i = 0 \\ \qquad \text{und die i-ten Koordinaten al-} \\ \qquad \text{ler } f^m(\vec{x}) \text{ ungleich 0 für } m < j, \\[2ex] f^k(\vec{x}), \qquad \text{falls ein solches } j \text{ nicht exi-} \\ \qquad \text{stiert;} \end{cases}$$

im beschränkten Falle; bzw.

$$(f)_i(\vec{x}) = \begin{cases} \vec{y} = f^j(\vec{x}), \text{ falls } f^m(\vec{x}) \text{ definiert für alle} \\ \qquad m \leqslant j, \ y_i = 0 \text{ und die i-ten Ko-} \\ \qquad \text{ordinaten aller } f^m(\vec{x}) \text{ ungleich} \\ \qquad 0 \text{ für } m < j \ , \\[2ex] \text{undefiniert, falls ein solches } j \text{ nicht} \\ \qquad \text{existiert.} \end{cases}$$

3) Zur unbedingten beschränkten Iteration:
   Sie ist eine Variante der beschränkten(!) bedingten Iteration und ist erklärt, wenn f das i-te Register nicht verändert. In diesem Falle ist

$$(f)^{(i)}(\vec{x}) = (f \circ S_i)_i(\vec{x}) \ .$$

Die Funktion f wird also so oft iteriert, wie die Zahl im i-ten Register angibt. Das i-te Register wird durch f nicht verändert und durch S_i schrittweise verkleinert, so daß es am Schluß auf 0 steht; es spielt hier die Rolle eines Zählregisters.

Die auf diese Weise erklärten Funktionen heißen *n-Registermaschinen* bzw. *beschränkte n-Registermaschinen*. In der Schreib- und Sprechweise wollen wir keinen Unterschied zwischen den Maschinen und ihren Programmen machen. Wichtig zu merken ist aber, daß verschiedene Programme dieselbe Maschine definieren können. Wenn der Zusammenhang klar

oder der Hinweis unwichtig ist, wird ferner der obere Index
n bei den A_i^n, S_i^n und I^n weggelassen. Es ist klar, daß alle
beschränkten Registermaschinen totale Funktionen $(N^n)^* \to (N^n)^*$
sind.

Ferner kann man für $n \geq m$ jede m-Registermaschine als eine
n-Registermaschine auffassen, indem man die Register k mit
$m < k \leq n$ konstant hält, d.h. man nimmt eine Einbettung
$(N^m)^* \to (N^n)^*$ vor. Läßt man dabei etwa das (m+1)-te Register
konstant 1 sein, so hat das den manchmal praktischen Effekt,
daß man eine j-fache Komposition einer m-Registermaschine r
durch die beschränkte Iteration $(r)_{m+1}^j$ ausdrücken kann.

Um eine gewisse Vertrautheit mit den Registermaschinen zu
gewinnen, wollen wir uns einige Beispiele anschauen:

a) "Löschen des i-ten Registers": $(I)^{(i)} = (I \circ S_i)_i = (S_i)_i$.

b) "Addition des Inhaltes des i-ten Registers zum j-ten Register" $(i \neq j)$:

Man wähle $k \neq i$, $k \neq j$ so, daß im k-ten Register die 0
steht und führe aus:

$$(A_i)^{(k)} \circ (A_j \circ A_k)^{(i)} = (A_i \circ S_k)_k \circ (A_j \circ A_k \circ S_i)_i$$

c) "Addition" $(x,y,o,o) \to (x,y,x + y, o)$:

$$(A_2)^{(4)} \circ (A_3 \circ A_4)^{(2)} \circ (A_1)^{(4)} \circ (A_3 \circ A_4)^{(1)}$$

$$= (A_2 \circ S_4)_4 \circ (A_3 \circ A_4 \circ S_2)_2 \circ (A_1 \circ S_4)_4 \circ (A_3 \circ A_4 \circ S_1)_1$$

d) "Multiplikation" $(x,y,o,o,o) \to (x,y,x \cdot y, o,o)$:

$$(A_2 \circ S_5)_5 \circ ((A_5 \circ S_2) \circ (A_1 \circ S_4)_4 \circ (A_4 \circ A_3 \circ S_1)_1)_2$$

Als nächstes wollen wir einsehen, daß man Registermaschinen
auch durch Fallunterscheidung definieren kann, wozu wir allerdings einige neue Register benötigen.

<u>2. Satz:</u> Seïen $f_1,\ldots,f_k$ (beschränkte) n-Registermaschinen.
Dann gibt es eine (beschränkte) (n+3)-Registerma-
schine F, welche

$$(x_1,\ldots,x_n,i,0,0) \rightarrow (y_1,\ldots,y_n,i,0,0)$$

mit $\vec{y} = f_i(\vec{x})$ für $1 \leqslant i \leqslant k$ leistet.

<u>Beweis:</u> Wir konstruieren F durch k-fache Verkettung aus einfa-
cheren Maschinen, die einzeln im wesentlichen so wie die einzelnen f_i arbeiten. Dazu verschaffen wir uns zu einer beliebig vorgelegten n-Registermaschine f zunächst eine (n+3)-Re-
gistermaschine f, welche den folgenden Übergang leistet:

$$(x_1,\ldots,x_n,j,0,m) \rightarrow \begin{cases} (x_1,\ldots,x_n,\ j-1,\ 0,\ m+1) & \text{falls } j > 1 \\ (y_1,\ldots,y_n,\ j-1,\ 0,\ m+1) & \text{falls } j = 1 \\ (x_1,\ldots,x_n,\ 0,\ 0,\ m) & \text{falls } j = 0 \end{cases}$$

wobei $\vec{y} = f(\vec{x})$ ist. Dazu wenden wir als erstes die 1-fachen
Iterationen

$$g = (S_{n+2})^1_{n+1} \circ (A_{n+2} \circ A_{n+3} \circ S_{n+1})^1_{n+1}$$

an, wodurch

$$(x_1,\ldots,x_n,j,0,m) \rightarrow \begin{cases} (x_1,\ldots,x_n,\ j-1,\ 0,\ m+1) & \text{falls } j > 1 \\ (x_1,\ldots,x_n,\ j-1,\ 1,\ m+1) & \text{falls } j = 1 \\ (x_1,\ldots,x_n,\ 0,\ 0,\ m) & \text{falls } j = 0 \end{cases}$$

bewerkstelligt wird. Sodann fassen wir f als (n+3)-Register-
maschine auf und setzen

$$\overline{f} = (S_{n+2}) \circ (f)^1_{n+2} \circ g.$$

Wenn schließlich h die Maschine ist, die den Inhalt des (n+3)-
ten Registers ins (n+1)-te Register überträgt und dann das
(n+3)-te Register löscht, so können wir unsere gesuchte Maschine als

$$F = h \circ \overline{f}_k \circ \ldots \circ \overline{f}_1$$

definieren. Aus der Konstruktion folgt sofort, daß F beschränkt ist, wenn die einzelnen f_i dies waren. Ferner ver-

merken wir, daß die unbedingten beschränkten Iterationen bei
der Konstruktion von f nicht benötigt werden.

Es sei noch eine Bemerkung über eine n-universelle Registermaschine angefügt. Dies ist eine (n+1)-Registermaschine, aus der
man durch Spezifikation des (n+1)-ten Registers alle n-Registermaschinen gewinnen kann. Eine solche Maschine trifft eine
unendliche, "universelle" Fallunterscheidung; sie ist ein spezieller idealer Punkt. Das Axiom vom idealen Punkt hilft hier
jedoch nicht sehr viel, weil man die universellen Maschinen
als standard nachweisen muß und dazu doch auf eine der üblichen Gödelisierungen zurückgreifen muß. Betrachten wir eine
beschränkte Registermaschine r (d.h. eigentlich ihr Programm).
Für jedes Argument $\vec{x}$ "arbeitet" r, wenn man den induktiven
Aufbau ansieht, wie eine endliche Verkettung von Elementarma-
schinen. Dadurch wird auf natürliche Weise eine endliche Folge
$(\vec{x}_j)_{1 \leqslant j \leqslant m}$ erklärt mit $\vec{x}_1 = \vec{x}$ und $\vec{x}_m = r(\vec{x})$. Diese Folge
soll die *Konfigurationsfolge* von r bei der Eingabe $\vec{x}$ heißen;
sie spiegelt wieder, daß r eine "schrittweise arbeitende Maschine" ist. Zwei aufeinanderfolgende Glieder einer Konfigurationsfolge unterscheiden sich an höchstens einer Koordinate
um höchstens 1. Die Konfigurationsfolgen sind auf dieselbe Weise auch für unbeschränkte Maschinen erklärt, nur können diese
Folgen dann unendlich lang werden (nämlich genau dann, wenn
der Operator nicht definiert ist). Aus Kap.IV, Satz 5 folgt
sofort, daß ein standard Programm eine standard Maschine definiert; dessen Konfigurationsfolgen sind dann auch sämtlich
standard. Wenn n standard ist, dann haben sogar die Konfigurationsfolgen $(\vec{x}_j)$ bei einer standard Eingabe $\vec{x}$ für standard j
auch standard Werte.

3. Def.: Seien r und s zwei n-Registerprogramme, n standard,
        sei $\vec{x} \in (\mathbb{N}^n)^*$.

    (i)   Es gelte $r \underset{\vec{x}}{\leadsto} s$ genau dann, wenn für die Kon-
           figurationsfolgen $(\vec{x}_j(r))$ und $(\vec{x}_j(s))$ von r
           und s gilt:

           $\vec{x}_j(r)' = \vec{x}_j(s)$ für alle standard j.

(ii)   Es gelte $r \sim s$ genau dann, wenn $r \underset{\vec{x}}{\leadsto} s$ für
alle standard Eingaben $\vec{x} \in (\mathbb{N}^n)^*$ gilt.

Das Symbol "$\sim$" hatten wir im Abschnitt über Distributionen bereits vergeben, jedoch sind Mißverständnisse hier nicht zu befürchten. Der Begriff "$\sim$" ist aber wieder extern.

Man rechnet nach, daß "$\sim$" nicht nur die Eigenschaft einer Äquivalenzrelation hat, sondern auch die einer Kongruenzrelation für die Operationen Verkettung und Iteration. Die unerlaubte (weil externe) Restklassenbildung spiegelt intuitiv gerade den gemeinsamen "realen" Teil einer möglicherweise "idealen" Berechnung wieder. Mit Hilfe von "$\sim$" wollen wir die (standard) beschränkten Maschinen in gewissem Sinne überflüssig machen und durch nichtstandard Maschinen ersetzen. Dies geschieht mit Hilfe einer syntaktischen Transformation.

<u>4. Def.</u>: Induktiv über den Aufbau erklären wir für Registerprogramme r

(i)   Die *Länge* $1(r)$:
1) $1(r) = 1$, wenn r ein Elementarprogramm ist;
2) $1(r \circ s) = 1(r) + 1(s)$;
3) $1((r)_i^k) = 1((r)_i) = 1((r)^{(i)}) = 1(r) + 1$.

(ii)   Die *modifizierte Länge* $\bar{1}(r)$:
Im Unterschied zu $1(r)$ wird 3) geändert zu
$$3') \quad \bar{1}((r)_i^k) = k \cdot \bar{1}(r); \quad \dot{\bar{1}}((r)_i^i) = (\bar{1}(r)^{(i)})$$
$$= \bar{1}(r) + 1.$$

Der Begriff der Länge spricht für sich. Die modifizierte Länge scheint so etwas wie (eine obere Schranke für) die "Laufzeit", also die Länge der Konfigurationsfolgen, zu sein. Dies trifft aber selbst im beschränkten Falle nicht zu und eine sinnvolle allgemeine Definition dieser Größe bereitet wegen der $(r)_i$ und $(r)^{(i)}$ auch ziemliche Schwierigkeiten. Klar ist jedenfalls, daß für standard n r genau dann standard ist, wenn $\bar{1}(r)$ standard ist.

Es sei im folgenden $\mathcal{R}_n$ die Menge der n-Registerprogramme und $\omega \in \mathbb{N}^*$ eine feste nichtstandard hypernatürliche Zahl.

<u>5. Def.</u>: Induktiv über den Aufbau der Programme erklären wir
eine Abbildung
$$B = B(n,\omega) \; : \mathcal{R}_n \to \mathcal{R}_n$$
durch

    1) $B(r) = r$, wenn r ein Elementarprogramm ist;
    2) $B(r \circ s) = B(r) \circ B(s)$;
    3) $B((r)_i^k) = (B(r))_i^k$, $B(r^{(i)}) = (B(r))^{(i)}$;
    4) $B((r)_i) = (B(r))_i^\omega$.

<u>6. Satz</u>: Zu jedem standard n-Registerprogramm r existiert ein
beschränktes n-Registerprogramm s mit $r \sim s$.

<u>Beweis</u>: Man wähle $s = B(r)$; die Behauptung folgt dann durch
Induktion und ihre Verschärfung in Satz 11, Kap. IV.

Für Programme mit standard Länge können wir die Transformation
B umkehren. Dazu sei n standard.

<u>7. Def.</u>: $S = S(n) \; : \mathcal{R}_n \to \mathcal{R}_n$ sei wie B erklärt, nur werde 4)
durch

    4')
$$S((r)_i^k) = \begin{cases} (r)_i^k, & \text{falls } k \text{ standard} \\[2mm] (r)_i, & \text{falls } k \text{ nichtstandard} \end{cases}$$
ersetzt.

Diese Definition ist erst einmal unerlaubt, weil sie mittels
externer Begriffe geschieht. Für Programme r mit standard
Länge behilft man sich jedoch wie in ähnlichen Fällen früher
mit dem Standardmengenaxiom, was zu solchem r die Existenz
genau eines s mit $s = S(r)$ garantiert; in den übrigen Fällen
wird uns die Transformation nicht interessieren.

<u>8. Satz</u>: Sei n standard. Zu jedem n-Registerprogramm r mit
standard Länge existiert ein standard n-Registerprogramm s mit $r \sim s$.

<u>Beweis:</u> Man wähle s = S(r).

Erklärt man nun eine Funktion $\bar{\bar{I}}(r)$, indem man in der Definition von $\bar{I}$ die Bedingung 3') ersetzt durch

$$3") \quad \bar{\bar{I}}((r)_i^k) = k\cdot\bar{\bar{I}}(r), \quad \bar{\bar{I}}((r)_i) = \bar{\bar{I}}(r^{(i)}) \doteq \omega\cdot\bar{\bar{I}}(r),$$

wobei ω wieder eine feste nichtstandard natürliche Zahl ist, dann kann man $\bar{I}(s)$ als a-priori-Laufzeit von allen Bildern unter $B(n,\omega)$ auffassen, denn es ist eine vernünftige obere Schranke für die Länge der Konfigurationsfolgen. Wegen Satz 5 läßt sich $\bar{I}$ auch als Laufzeit für standard Registerprogramme auffassen.

Die Registerprogramme sind ein Beispiel einer Programmiersprache. In den üblichen Programmiersprachen kann man die Registerprogramme auf etwas komfortablere Weise notieren, z.B.

$$\text{"While } \varphi \text{ do r"}$$

für die unbeschränkte Iteration oder

$$\text{"If } \varphi \text{ do r else s"}$$

für die Fallunterscheidung; dabei sind r,s Programme und φ ist eine Bedingung (etwa, daß das i-te Register $\neq$ 0 ist). Die Angabe einer (Input-Output-) Funktion über einem gewissen Bereich (z.B. $\mathbb{N}^*$) zu jedem Programm nennt man auch die Angabe einer (denotationellen) Semantik. (Von einer sog. "operationellen" Semantik verlangt man noch, daß die Programme schrittweise interpretiert werden.) Ganz allgemein kann man versuchen, eine Semantik für eine beliebige Programmiersprache in einem vorgegebenen Bereich zu erklären, wenn die Interpretation der Elementarprogramme vorgegeben ist. Hierbei hat man es einfacher, wenn man nur beschränkte Iterationen zuläßt, weil dann alle Funktionen total werden. Eine neue Schwierigkeit tritt aber bei der Interpretation etwa des folgenden ALGOL-60-Programms auf:

```
Integer Procedure P(x)
Integer x;
Begin P := If x>100 then x-10 else P(P(x+11));
End.
```

Hier ist offenbar die Prozedur P, die in dieser Anweisung auf-
taucht, noch gar nicht erklärt. Die Vorstellung ist natürlich
klar: Man rechnet in einer Schleife und hat die Berechnung be-
endet, wenn es gelingt, aus ihr herauszuspringen. Wir wollen
jetzt die Sprache der Registerprogramme um solche Anweisungen
bereichern. Im Sinne von IX, 2 bilden die Registerprogramme
eine Termalgebra, nur daß die Variablen fehlen. Es sei nun V
eine standard abzählbare Menge, deren Elemente wir Prozedurvariable nennen.

9. Def.: Die *verallgemeinerten* n-*Registerprogramme* oder *Prozedurterme* werden wie gewöhnliche Registerprogramme
(vgl. Def.1) erklärt, nur daß statt der Elementarprogramme auch Prozedurvariable zugelassen sind.

Die verallgemeinerten Registerprogramme bilden also eine Termalgebra im Sinne von IX, 2. Ist σ eine Abbildung der Prozedurvariablen in die Prozedurterme, so erklärt uns dies eine Abbildung der Prozedurterme in sich, indem man in jedem Term
eine Variable f durch $\sigma(f)$ ersetzt (man also, algebraisch gesehen, σ auf die Termalgebra homomorph fortsetzt, vgl. IX, 2).
Diese Fortsetzung wird wieder mit σ bezeichnet; solche Abbildungen heißen auch *Substitutionen*.

Weil man aus Prozeduren "richtige" Programme erhält, wenn man
auf die Variablen eine variablenfreie Substitution anwendet,
ist es sinnvoll, sich die Variablen als "undefinierte" oder
besser als "noch nicht definierte" Programme vorzustellen.
Dies gibt Anlaß zu einer Halbordnung und einer Verallgemeinerung von Definition 3. Für Terme t_1, t_2 soll dabei σ variab-
lenfrei heißen, wenn $\sigma(t_1)$ und $\sigma(t_2)$ keine Variablen mehr
enthalten.

10. Def.: Für zwei Prozeduren t_1, t_2 sei $t_1 \approx t_2$ erklärt durch
$t_1 \approx t_2 \Leftrightarrow \sigma(t_1) \sim \sigma(t_2)$ für jede variablenfreie Substitution σ.

<u>11. Def.</u>: Für zwei Prozedurterme t_1, t_2 erklären wir

      (i) $t_1 \leqslant t_2 \leftrightarrow$ es gibt eine Substitution σ, so daß $\sigma(t_1)$ ein Teilterm (Teilprogramm) von t_2 ist.

      (ii) $t_1 \preccurlyeq t_2 \leftrightarrow$ es gibt r und s mit $t_1 \approx r \leqslant s \approx t_2$.

Hier können wir jetzt eine Fixpunkteigenschaft ableiten; sei n standard.

<u>12. Satz</u>: Sei t ein standard Prozedurterm und f eine Variable. Dann gibt es eine Substitution σ mit $t(s) \approx s$, wobei $\sigma(f) = s$ und $t(s)$ für $\sigma(t)$ steht; für jedes weitere s' mit $\sigma'(t) \approx s'$, wobei $\sigma'(f) = s'$ und σ' alle weiteren Variablen konstant halten soll, gilt $s \preccurlyeq s'$.

<u>Beweis</u>: Wir erklären zu einem vorgelegten t zunächst die Substitution σ, die auf allen Variablen außer f die Identität sein soll. Falls f in t nicht vorkommt, setzen wir $\sigma(f) = t$. Andernfalls sei $\tau(f) = t$, $\tau^1 = \tau$, $\tau^{n+1} = \tau \circ \tau^n$ für alle $n \in \mathbb{N}^*$; für ein unendliches hypernatürliches ω sei schließlich $\sigma = \tau^\omega$. Im ersten Falle ist $\sigma(t) \approx s$ trivial, weil wir $\sigma(t) = t = s = \sigma(f)$ haben. Wenn aber f in t vorkommt, gilt $\sigma(f) = \tau^{\omega-1}(t)$, wir müssen also $\tau^\omega(t) \approx \tau^{\omega-1}(t)$ verifizieren. Dazu zeigen wir $\eta^\omega(t) = \eta^{\omega-1}(t)$ für jede Substitution η, die auf allen von f verschiedenen Variablen die Identität ist, und zwar induktiv über den Aufbau des (standard) Termes t mit Hilfe von Satz 11, Kap. IV. Wenn t ein Elementarprogramm oder eine von f verschiedene Variable ist, erhalten wir eine Gleichung, etwa $\tau^\omega(A) = A$ und $\tau^{\omega-1}(f) = \tau^{\omega-2}(A) = A$. Für f selber macht man sich, wiederum induktiv, klar, daß für jedes standard n und jede variablenfreie Substitution ξ die Konfigurationsfolgen von $\xi(\eta^{n+1}(f))$ und $\xi(\eta^n(f))$ bei jeder Eingabe bis mindestens zum Zeitpunkt n übereinstimmen; daraus folgt dann das Gewünschte. Für die Induktionsschritte verwendet man, daß sich Substitutionen wie Homomorphismen benehmen und "$\sim$" sich wie eine Kongruenzrelation verhält. Schließlich sei ein σ' mit $\sigma'(f) = s'$

und $t(s') \approx s'$, s' standard, zur Konkurrenz gestellt. Im ersten
Falle haben wir $\sigma'(t) = t \approx s'$ und sind fertig, ebenso für
$f = t$. Es komme also f in $t \neq f$ vor; wegen Satz 6 können wir
o.B.d.A. alle Iterationen in s und s' als beschränkt annehmen,
nichtstandard Iterationen kann man sich ferner mit ein und demselben ω vorgenommen denken und schließlich können wir annehmen, daß für kein Teilprogramm t_1 von t, $t_1 \neq t$, die Beziehung
$t_1 \approx t$ gilt. Den restlichen Teil macht man sich mit folgender
Überlegung klar:
Wir betrachten beliebige variablenfreie Substitutionen η von
$t(s')$. Entweder werden nun bei beliebigen Konfigurationsfolgen
für standard Eingaben nur Teilprogramme von s' verwandt: In
diesem Falle setze man $\xi(f) = s'$ und erhält $s \leqslant \xi(s) \approx s'$,
also $s \preccurlyeq s'$. Oder aber es werden Programmteile von t verar-
beitet: Wegen der Annahme über t müssen sich diese in s' unendlich oft wiederholen und man erhält $s \approx t(s) \approx t(s') \approx s'$.
In diesem letzteren Falle ist $t(s)$ bis auf Äquivalenz gar nicht
mehr davon abhängig, was man für f einsetzt.

Sei nun ein verallgemeinertes n-Registerprogramm t gegeben.
Auf t werde nun folgendes Verfahren angewandt:

1) Die Transformation $B(n,\omega)$: Sie eliminiert unbeschränkte
   Iterationen.

2) Die Substitution, die alle Prozedurvariablen identifiziert.

3) Die Bestimmung des minimalen Fixpunktes aus dem letzten
   Satz.

4) Eine Substitution, die die verbleibenden Variablen durch
   $(I)^{\omega}$ ersetzt.

Der so erhaltene Term sei $\hat{t}$. Auf diese Weise wird jedem verallgemeinerten Registerprogramm t ein beschränktes Registerprogramm $\hat{t}$ zugeordnet.

13. Def.: Die Semantik eines verallgemeinerten Registerpro-
          grammes t ist die zu $\hat{t}$ gehörige Registermaschine.

Damit haben wir auch unserer obigen ALGOL-Prozedur eine Funktion zugeordnet; man überlegt sich sogar (durch Termumformung), daß sie äquivalent ist zu

If x > 100 then x - 10 else 91.

Bisher waren wir von den natürlichen Zahlen ausgegangen, wo wir einen naiven Berechenbarkeitsbegriff haben. Man kann nun auch von einem beliebigen Bereich A ausgehen und dort gewisse "Grundfunktionen" definitorisch als elementar berechenbare Funktionen auszeichnen. Erklärt man wie oben eine Programmiersprache mit Elementarprogrammen als Namen für die Grundfunktionen, so erhält man sofort eine Semantik für den Abschluß der Elementarprogramme unter beschränkter Iteration und Komposition. Die obige syntaktische Transformation kann man jetzt aber benutzen, um auch für unbeschränkte Iterationen und Prozeduren (d.h. die analog verallgemeinerten Programme) eine Semantik der Programmiersprache in A definieren. Diesen Ansatz kann man auch erweitern, um berechenbare Funktionale höheren Typs einzuführen. Funktionale höheren Typs sind nichts anderes als evtl. partielle Funktionen in der Mengenhierarchie über der Grundmenge A. Dazu müssen wir zuerst die Eigenschaft "$\approx$" für Funktionale erklären; der Einfachheit halber betrachten wir nur einstellige Funktionen.

<u>14. Def.:</u> (i) $F : A^A \to A^A$ heißt berechenbar $\leftrightarrow$ f.a. f, g gilt $f \approx g \Rightarrow F(f) \approx F(g)$.

(ii) Für zwei berechenbare F, G : $A^A \to A^A$ gelte $F \approx G$ genau dann, wenn $F(f) \approx G(f)$ gilt für jedes berechenbare $f \in A^A$.

Induktiv läßt sich diese Definition auf alle endlichen Typen in der Mengenhierarchie über A fortsetzen. Intuitiv erhalten berechenbare Funktionale die "realen Anteile" einer Berechnung.

<u>Einige Hintergrundbemerkungen:</u>

Die Definition der Äquivalenzbeziehung "$\approx$" erinnert an die Relation "infinitesimal benachbart" zu sein bei den reellen Zahlen, wenn man letztere einmal für x, y ε $\mathbb{R}^*$ ausdrückt als:

x $\approx$ y $\leftrightarrow$ x und y stimmen an jeder standard Dezimalstelle
hinter dem Komma überein.

In der Tat läßt sich auch hier die Beziehung "$\approx$" topologisch deuten. Im Sinne von Kap.IX, 4 ist "$\approx$" durch eine $\forall^{st}$-Formel (also eine topologische Formel) erklärt und somit sind die (unerlaubten) Restklassen von standard Funktionen modulo "$\approx$" Monaden eines standard Filters, der sich auch leicht explizit angeben läßt. Diese Filter sind die Umgebungsfilter einer Topologie (sogar einer Uniformität), die auch als Scott-Topologie bekannt ist.

Die Approximation im Sinne dieser Topologie bedeutet: Eine Berechnung f wird durch Berechnungen $(f_i \mid i \varepsilon I)$ approximiert, wenn die Konfigurationsfolgen der f_i mit der Konfigurationsfolge von f auf immer größeren Anfangssegmenten übereinstimmen. Berechenbare Funktionale sind dann stetige Operationen. Über die Semantik von Programmiersprachen gibt es eine umfangreiche Literatur, insbesondere nach den grundlegenden Arbeiten von D.Scott, in denen er zuerst Modelle für den λ-Kalkül entdeckte (vgl. [Sc], [Sc-Str]). Meist übersetzt man die Befehle einer Programmiersprache zunächst in den λ-Kalkül, um sie dann in einem solchen Modell zu interpretieren. Eines der Scott'schen Modelle, das sog. Limesmodell (es ist ein gewisser inverser Limes) läßt sich aus einem (nichtstandard) Typenmodell durch eine geeignete (wenn auch externe, unerlaubte) Faktorisierung gewinnen.

2. Eine Problematik aus der mathematischen Ökonomie

In der Ökonomie (wie auch sonst im täglichen Leben) begegnen
uns vorzugsweise endliche, diskrete Probleme. Jedoch ist hier
zu beachten, daß es gewissermaßen mehrere Arten von Endlichkeit gibt, große und kleine. Ein bekannter Scherz verdeutlicht
dies: Fordert man von der Eigenschaft "volles Haar" zu haben,
daß diese auch noch besteht, wenn man dem Betreffenden ein
Haar ausrupft (eine nicht unplausible Forderung), so ergibt
sich per Induktion sofort, daß auch Leute mit Glatzen volles
Haar haben. Man kann sagen, daß die natürlichen Zahlen diese
Situation nicht angemessen modellieren. Auf der einen Seite
stellt man sich nämlich vor, daß die Anzahl der "Ausrupfvor-
gänge" klein gegenüber der Zahl der Haare ist, auf der anderen Seite möchte man aber doch keine feste Zahl n als obere
Schranke angeben. Es liegt nahe, einen anderen Ansatz zu versuchen:

a) "Ausrupfen" darf man n-mal, n standard,

b) "Volles Haar" heißt m Haare, m nichtstandard.

Als erstes wollen wir in diesem Sinne die sogenannten "sozialen Wohlfahrtsfunktionen" diskutieren. Hierbei handelt es
sich um folgende Situation:

Gegeben sind zwei endliche Mengen W und A (die "Wähler" und
die "Alternativen"). Ein Wahlvorgang ist eine Funktion f, die
jedem $u \varepsilon W$ eine gewisse teilweise Ordnung (eine "Präferenzordnung") zuordnet; eine soziale Auswahlfunktion soll dann
jedem Wahlvorgang f eine (für alle Wähler verbindliche) solche Präferenzordnung zuordnen. Wir wollen dies nun genauer
erklären.

15.Def.: Eine binäre Relation $\leqslant$ auf einer Menge A heißt
 Präferenzordnung, falls für beliebige a, b, c
 gilt:

 (i) $\leqslant$ ist antisymmetrisch, d.h. $a \leqslant b$
  und $b \leqslant a$ ist nicht möglich;

(ii)   aus $a \leqslant b$ folgt $a \leqslant c$ oder $c \leqslant b$.

Aus (i) folgt die Irreflexivität und aus (ii) die Transitivität von $\leqslant$; ferner folgt aus (ii):

[(c $\leqslant$ b und nicht c $\leqslant$ a) oder
(a $\leqslant$ c und nicht b $\leqslant$ c)] impliziert a $\leqslant$ b.

Man macht sich auch leicht klar, daß (i) und (ii) im intuitiven Sinne vernünftige Forderungen für ein "rationales Verhalten" sind. (Dahinter steckt die Vorstellung, daß die Entscheidung $a \leqslant b$ auf einer hinreichend genauen Rechnung beruht; ergibt diese Rechnung, daß a mehr Nutzen als b bringt, so betrachte man die entsprechend genaue Rechnung für c und erhält (ii). Dies ersetzt auch in der konstruktiven Mathematik die Totalordnung der reellen Zahlen.)

Seien nun W und A Mengen, $P = \{\leqslant / \leqslant$ Präferenzordnung auf A$\}$, $F = \{f \mid f : W \to P\}$.

16.Def.: Für alle a, b ε A, f, g ε F, u ε W und $U \subseteq W$ sei:

(i)   af(U)b genau dann, wenn af(u)b für alle u ε U;

(ii) $\leqslant_1 = \leqslant_2$ auf $\{a,b\}$ genau dann, wenn
$\leqslant_1 \upharpoonright \{a,b\}^2 = \leqslant_2 \upharpoonright \{a,b\}^2$;

(iii) f = g auf$\{a,b\}$ genau dann, wenn f(u) = g(u)
auf $\{a,b\}$ für alle u ε W.

17.Def.: Eine Funktion $\sigma : F \to P$ heißt *Diktatorfunktion*,
falls ein v ε W existiert, so daß für alle a,
b ε A und alle f ε F gilt:

Wenn af(v)b, so a σ(f)b.

In diesem Falle heißt v auch der *Diktator*.

18.Def.: Eine Funktion $\sigma : F \to P$ heißt *sozial*, falls für
alle a, b ε A, f, g ε F gilt:

(i)   Wenn $af(W)b$, so $a\sigma(f)b$ (*Demokratieprinzip*);

(ii)   wenn $f = g$ auf $\{a,b\}$, so $\sigma(f) = \sigma(g)$ auf $\{a,b\}$ (*Unabhängigkeit von irrelevanten Alternativen*);

(iii) σ ist keine Diktatorfunktion.

Die Forderung an eine soziale Funktion erscheinen plausibel und nicht besonders stark. Sie charakterisieren jedoch bereits die Endlichkeit von W!

Um dies einzusehen, benötigen wir einige Hilfsüberlegungen. Es seien $U \subseteq W$, $\sigma : F \to P$, $f \varepsilon F$, a, $b \varepsilon A$, $X \subseteq A$.

<u>19.Def.</u>: (i) $R_{\sigma,f,U}(a,b) \leftrightarrow af(U)b \wedge bf(W{\smallsetminus}U)a \wedge a\sigma(f)b$.

(ii) $R_{\sigma,U}(a,b) \leftrightarrow (\forall f)(af(U)b \wedge bf(W{\smallsetminus}U)a \Rightarrow a\sigma(f)b)$.

(iii) $R_{\sigma}(U) \leftrightarrow (\forall a,b)(\forall f)(af(U)b \wedge bf(W{\smallsetminus}U)a \Rightarrow a\sigma(f)b)$.

(iv) $D_{\sigma,f,U}(X) \leftrightarrow (\forall a,b \varepsilon X)(af(U)b \Rightarrow a\sigma(f)b)$

                    (U *entscheidet* auf X bzgl. σ und f).

Für eine soziale Funktion σ folgt aus dem Demokratieprinzip

$$R_{\sigma}(U) \Rightarrow (\exists a,b)\ (\exists f)\ (R_{\sigma,f,U}(a,b).$$

Weiter haben wir für ein σ, welches (i) und (ii) einer sozialen Funktion genügt, folgendes

<u>20.Lemma</u>: Wenn es a und b gibt mit $R_{\sigma,U}(a,b)$, dann gilt schon $R_{\sigma}(U)$.

<u>Beweis</u>: Es gelte $R_{\sigma,U}(a,b)$. Wir betrachten c, $d \varepsilon A$, $f \varepsilon F$ mit $cf(U)d$ und $df(W{\smallsetminus}U)c$ und haben $c\sigma(f)d$ zu zeigen. Zuerst sei speziell $c = a$ gewählt. Wir betrachten ein $g \varepsilon F$ mit

(1) $ag(U)b$, $bg(U)d$

und

(2) $bg(W{\smallsetminus}U)d$, $dg(W{\smallsetminus}U)a$.

(Falls $A = \{a,b\}$ ist, geht dies nicht; aber dann ist die Behauptung sowieso klar.) Aus der Transitivität folgt $ag(U)b$ und $bg(W\smallsetminus U)a$ und somit gilt nach Voraussetzung $a\sigma(g)b$. Das Demokratieprinzip liefert $bg(\sigma)d$, woraus wir $ag(\sigma)d$ erhalten; weil $f = g$ auf $\{a,d\}$ ist, folgt $a\sigma(f)d$.
Analog erhält man

$$cf(U)b \wedge bf(W\smallsetminus U)c \Rightarrow c\sigma(f)b.$$

Wendet man auf diese so erhaltenen Implikationen dieselbe Prozedur nochmal an, so erhält man die Behauptung für beliebige c, $d \in A$.

Die in diesem Lemma diskutierten Wählermengen sind diejenigen, die sich "gegen Widerstand durchsetzen". Der nächste Satz zeigt, daß es nicht unplausibel ist, sich solche Koalitionen als "groß" vorzustellen.

<u>21.Satz:</u> W sei eine beliebige nichtleere Menge, $|A| \geqslant 3$ und
σ genüge (i) und (ii) einer sozialen Funktion.
Dann ist
$$\mathscr{F}_\sigma = \{U \mid U \subseteq W, (\exists\, a,b)(\exists f)(R_{\sigma,f,U}(a,b))\}$$
ein Ultrafilter über W.

<u>Beweis:</u> Nach dem vorigen Lemma ist $\mathscr{F}_\sigma = \{U \subseteq W \mid R_\sigma(U) \text{ gilt}\}$. Wegen des Demokratieprinzips ist $W \in \mathscr{F}_\sigma$ und $\emptyset \notin \mathscr{F}_\sigma$. Weiter seien U, $V \in \mathscr{F}_\sigma$. Wegen $|A| \geqslant 3$ haben wir drei verschiedene Elemente a, b, c in A. Wir wählen uns ein $f \in F$ mit

(1) $af(U \cap V)c$, $cf(U \cap V)b$;   (2) $cf(U \smallsetminus V)b$, $bf(U \smallsetminus V)a$;

(3) $bf(V \smallsetminus U)a$, $af(V \smallsetminus U)c$;   (4) $bf(W \smallsetminus (U \cup V))c$, $cf(W \smallsetminus (U \cup V))a$;

oder im Bild:

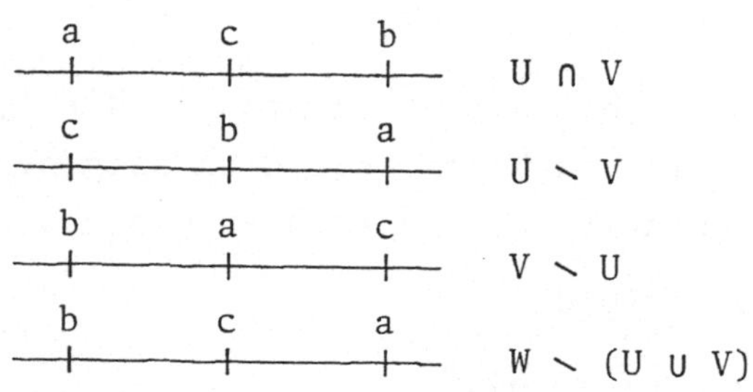

Wegen $R_\sigma(U)$ gilt $c\sigma(f)b$ und wegen $R_\sigma(V)$ auch $a\sigma(f)c$, was $a\sigma(f)b$ impliziert. Damit gilt $R_{\sigma,f,U}(a,b)$ und aus dem letzten Lemma folgt $U \cap V \varepsilon \mathcal{F}_\sigma$.

Schließlich sei $\leqslant$ eine Präferenzordnung mit $b \leqslant c$. Wir erklären $g \varepsilon F$ durch

$$xf(W)y \Leftrightarrow x \leqslant y \qquad \text{für } x \neq a \neq y$$

$$xf(U)a, \ af(W \smallsetminus U)x \text{ für } x \neq a.$$

Daher gilt zunächst $b\sigma(f)c$; weil $\sigma(f)$ eine Präferenzordnung ist, folgt auch eine der Beziehungen $b\sigma(f)a$, $a\sigma(f)c$. Somit haben wir entweder $R_{\sigma,f,U}(b,a)$ oder $R_{\sigma,f,W\smallsetminus U}(a,c)$, d.h. $U \varepsilon \mathcal{F}_\sigma$ oder $W \smallsetminus U \varepsilon \mathcal{F}_\sigma$.

Schließlich sehen wir ein, daß die Mengen aus $\mathcal{F}_\sigma$ gerade die Wählermengen sind, die sich immer durchsetzen. Unter denselben Voraussetzungen wie im letzten Satz haben wir:

22.Satz: Wenn $U \varepsilon \mathcal{F}_\sigma$ ist, so gilt für a, b und f

$$af(U)b \Rightarrow a\sigma(f)b.$$

Beweis: Es gelte $af(U)b$; seien $V_1 = \{u \varepsilon W \mid af(u)b\}$ und $V_2 = \{u \varepsilon W \mid bf(U)a\}$. Wegen $U \subseteq V_1$ ist auch $V_1 \varepsilon \mathcal{F}_\sigma$. Wir wählen ein $c \varepsilon A$, $a \neq c \neq b$ und ein $g \varepsilon F$ mit

(1) $f = g$ auf $\{a,b\}$

(2) $ag(V_1)c, \ cg(V_1)b$

(3) $bg(V_2)c, \ cg(V_2)a$

(4) $ag(W \smallsetminus (V_1 \cup V_2))c.$

Wegen $V_1 \varepsilon \mathcal{F}_\sigma$ gilt dann $c\sigma(g)b$, denn wir haben auch $bg(W \smallsetminus (V_1 \cup V_2))c$. Weil auch $W \smallsetminus V_2 \varepsilon \mathcal{F}_\sigma$ ist, folgt aus $ag(W \smallsetminus V_2)c$ und $cg(V_2)a$ schon $a\sigma(g)c$, woraus schließlich $a\sigma(g)b$ und $a\sigma(f)b$ folgen.

Mittels der vorangegangenen Überlegungen (die aus [Ki-So] stammen) können wir jetzt die entscheidenden Mengen diskutieren. Zunächst folgt für standard W, A, f und σ, daß die Monade μ_σ von $\mathcal{F}_\sigma$ auf allen standard Alternativen entschei-

det, weil nämlich $(\forall u)(\mu_\sigma(u) \Rightarrow af(u)b)$ impliziert, daß
$\{u \mid af(u)b\}$ ε $\mathscr{F}_\sigma$ ist.
Umgekehrt fragen wir uns, wann wir ein σ dadurch bestimmen
können, daß man eine Menge $U \subseteq W$ als entscheidende Menge vorgibt. Setzen wir für solches $U \subseteq W$ einmal versuchsweise an

$$a\sigma_U(v)b \leftrightarrow af(U)b$$

so sehen wir uns folgendem Dilemma gegenüber:
Entweder ist $|U| = 1$ und somit σ_U eine Diktatorfunktion, oder
aber es ist nicht gewährleistet, daß $\sigma_U(f)$ die Bedingung (ii)
einer Präferenzordnung erfüllt (die restlichen Bedingungen an
eine soziale Funktion sind hingegen erfüllt).
Wenn es sich bei U um die (i.a. externe) Monade eines Ultrafilters handelt, können wir uns jedoch helfen.

23.Satz: Sei $|A| \geqslant 3$.

      (i)   (*Unmöglichkeitssatz* von Arrow) Wenn W endlich
            ist, dann gibt es keine soziale Funktion.

      (ii)   (*Möglichkeitssatz* von Fishburn) Wenn W unendlich ist, dann gibt es soziale Funktionen.

Beweis: Es genügt, W und A als standard anzunehmen.
(i) Wenn W endlich ist und σ schon die ersten beiden Bedingungen einer sozialen Funktion erfüllt, ist die Monade μ_σ von $\mathscr{F}_\sigma$
standard und enthält nur einen Punkt u, der standard ist; u ist
Diktator, weil $\{u\}$ auf allen standard und damit allen Alternativen entscheidet (oder auch: weil $\{u\}$ selber zu $\mathscr{F}_\sigma$ gehört).
(ii) Sei W unendlich und $\mathscr{F}$ ein freier (standard) Ultrafilter
auf W. Wir erklären $\sigma = \sigma_\mathscr{F} : F \to P$ mittels des Standardmengenaxioms so, daß für standard f, a, b gilt

$$a\sigma(f)b \leftrightarrow (\forall u)(\mu_\mathscr{F}(u) \Rightarrow af(u)b).$$

Wenn nun a, b, c und f standard sind und $a\sigma(f)b$ gilt, dann betrachten wir

$$U_1 = \{u \varepsilon W \mid af(u)c\}, \quad U_2 = \{u \varepsilon W \mid cf(U)b\}.$$

U_1 und U_2 sind beide standard; $U_1 \cup U_2$ umfaßt μ, ist also in $\mathscr{F}$.
Weil $\mathscr{F}$ ein Ultrafilter ist, gilt U_1 ε $\mathscr{F}$ oder U_2 $\varepsilon \mathscr{F}$; d.h. eine
der beiden Mengen umfaßt die Monade μ und so folgt $a\sigma(f)c$ oder
$c\sigma(f)b$. Das Transferaxiom zeigt also, daß σ tatsächlich eine

(standard) Abbildung nach P ist. Auch ist σ keine Diktatorfunktion, denn μ enthält keine standard Punkte.

Man kann den letzten Satz auch so formulieren, daß eine Bijektion zwischen den Ultrafiltern auf W und den Funktionen
$F \to P$, die den ersten beiden Bedingungen einer sozialen Funktion genügen, besteht; dabei entsprechen die freien Ultrafiltern den sozialen Funktionen und die Hauptfilter den Diktatorfunktionen. Der Arrow'sche Satz wurde als sehr unbefriedigend
und störend, ja sogar als ein Paradoxon empfunden (denn niemand läßt sich gerne von einem Diktator manipulieren). Deswegen wurden die Voraussetzungen in der einen oder anderen
Weise abgewandelt, was aber nur zur Entdeckung ähnlicher
Sätze führte. Der Übergang zu unendlichem W ist unbefriedi-
gend; auch könnte man $\mathscr{F}_\sigma$ selber als idealen Punkt zu W adjungieren (s.[Ki-So]); dies letzte Verfahren bedeutet im Grunde,
σ selber als idealen Punkt (und Diktator) einzuführen, was
man bei jeder Art von Voraussetzungen machen könnte. Ein solcher idealer, "gedachter" Diktator wäre aber nicht mehr störend.

Wir wollen nun folgende Vorstellung einführen:

(1) Die standard Elemente einer Menge sind die *"wirklichen"*,
    "realen" Elemente; die nichtstandard Elemente sind
    "ideal".

(2) Die *kleinen* natürlichen Zahlen sind die standard Zah-
    len; die *großen* natürlichen Zahlen sind die nichtstan-
    dard Zahlen.

"Groß" und "klein" sind üblicherweise etwas vage Begriffe,
hier aber streng, wenn auch extern. Insbesondere gilt: n ist
groß $\leftrightarrow$ n-1 ist groß. Dies ist unserem Eingangsbeispiel ebenso angepaßt wie der ökonomischen Situation, daß jemand reich
ist, wenn er eine große Menge Geldes hat. Stellen wir uns nun
die Menge W von Wählern als endlich, aber groß vor, so gibt
es Diktatorfunktionen,für die kein standard Element Diktator

ist, der Diktator ist also nur "ideal", "unwirklich". Damit
scheint nicht nur die Situation angemessen modelliert, sondern auch das Paradoxon verschwunden zu sein.

Zum Abschluß sollen die Begriffe "groß" und "klein" noch auf
ein spieltheoretisches Beispiel angewandt werden, wobei jetzt
noch "sehr klein" (= "infinitesimal") hinzukommt.

Wir betrachten ein *Zwei-Personen-Nullsummenspiel*, wobei Spieler 1 zwei Strategien $\{s_1, s_2\}$ und Spieler 2 ebenfalls zwei
Strategien $\{t_1, t_2\}$ haben soll. Den Gewinn bzw. Verlust für
Spieler i bei Anwendung der jeweiligen Strategien (s_k, t_1)
gibt man gewöhnlich in Matrixform an; bei Nullsummenspielen
genügt die Matrix für Spieler 1. Diese sei

	t_1	t_2
s_1	ω	0
s_2	0	1

wobei ω "groß" sein soll.

Eine *gemischte Strategie* für Spieler i ist ein Paar (x_1, x_2),
$0 \leqslant x_1, x_2 \leqslant 1$, $x_1 + x_2 = 1$; anschaulich besagt dies, daß (etwa
für Spieler 1) s_1 mit Wahrscheinlichkeit x_1 und s_2 mit Wahrscheinlichkeit x_2 gewählt wird. Sind etwa

$$x = (a, 1-a)$$

$$y = (p, 1-p)$$

gemischte Strategien für Spieler 1 bzw. 2, so ist der erwartete Gewinn durch die sog. Nutzenfunktion

$$u(x,y) = a \cdot p \cdot \omega + a \cdot (1-p) \cdot 0 + (1-a) \cdot p \cdot 0 + (1-a)(1-p) \cdot 1$$

$$= a \cdot p \cdot \omega + (1-a)(1-p)$$

gegeben. Ein *Gleichgewichtspunkt* ist ein solches Paar (x,y),
so daß für alle (x',y) und (x,y') gilt

$$u(x',y) \leqslant u(x,y) \leqslant u(x,y').$$

(Wenn Spieler 1 abweicht, erleidet er Schaden; wenn Spieler 2
abweicht, erleidet er auch Schaden, weil der Nutzen von Spieler 1 steigt.)
Hier erscheint es nun sinnvoll, einen "sehr kleinen" Schaden
hinzunehmen, was zu folgender Definition für reelle r und s
führt:

__24. Def.:__ $r \lesssim s \leftrightarrow r \leqslant s$ oder $r \approx s$.

Hierdurch erhält man neue "Gleichgewichtspunkte" (bzgl. $\lesssim$);
in unserem Beispiel ist etwa durch

$$p = a = \frac{1}{\omega}$$

einer gegeben. Es sei nämlich x' = (b,1-b), y' = (q,1-q);
dann reduziert sich

$$u(x',y) \lesssim u(x,y) \lesssim u(x,y')$$

zu

$$b \cdot \frac{1}{\omega} \cdot \omega + (1-b)(1-\frac{1}{\omega}) \lesssim \frac{1}{\omega} \cdot \frac{1}{\omega} \cdot \omega + (1-\frac{1}{\omega})(1-\frac{1}{\omega}) \lesssim \frac{1}{\omega} \cdot q \cdot \omega + (1-\frac{1}{\omega})(1-q) ;$$

hier sind alle drei Größen aber ≈ 1 wegen $0 \leqslant b, q \leqslant 1$.

Es soll noch einmal betont werden, daß in diesem Abschnitt
die Nichtstandardmethoden nicht dazu gedient haben, Beweise
für mathematische Sätze zu liefern (solche Anwendungen gibt
es auch in der mathematischen Ökonomie, z.B. der Gleichge-
wichtstheorie, vgl. etwa [Ro-Br]), sondern dazu, gewisse
Wunschvorstellungen zu modellieren. Die klassische Mathematik tut sich hier gelegentlich etwas schwer, weil die Wünsche
manchmal dahingehen, Eigenschaften unendlicher Mengen von endlichen Mengen zu verlangen.

IX. Mathematische Logik und Grundlagenfragen

1. Grundsätzliches

Im ganzen bisherigen Verlauf unserer Betrachtungen haben wir
untersucht, wie man in der Nichtstandard-Analysis oder allgemeiner in der Nichtstandard-Mathematik arbeitet. An den Anfang der Überlegungen haben wir Axiome gestellt. Die weiter-
führenden Untersuchungen sollten darlegen, wie man einen solchen Ansatz zum Lösen mathematischer Probleme und zum Modellieren mathematischer und realer Situationen benutzen kann;
dies geschah in der Hoffnung, den Axiomen und der Methode
auch nachträglich eine gewisse Plausibilität, Motivation und
Rechtfertigung abzugewinnen. Nun sind aber schöne Ansätze sicher dann nichts wert, wenn sie innere Widersprüche in sich
tragen und wir kommen schließlich nicht daran vorbei, uns die
Frage zu stellen, ob denn unser ganzes Vorgehen überhaupt legitim ist. Probleme wie "Ist ein gewisses Axiomensystem widerspruchsfrei?" oder "Sind diese und jene Schlußweisen erlaubt?" sind Gegenstand der mathematischen Grundlagenfor-
schung. Eine typische Schwierigkeit ist hier, daß Begriffe,
mit denen man über Mathematik redet, wie "Wahrheit", "Beweis"
etc. selber wieder zum Gegenstand mathematisch-logischer Betrachtungen gemacht werden. Eine solche Mathematisierung eigentlich "naiver" oder "metamathematischer" Begriffe nennt
man auch oft eine Formalisierung. In diesem Sinne hat man
dann zwei Wahrheitsbegriffe: einen umgangssprachlich naiven
und einen formalen, d.h. mathematisch definierten; genau wie
man einen naiven "Abstand" und einen in der Geometrie definierten hat. Das Hauptproblem ist dabei die (mathematische)
Angabe eines geeigneten sprachlichen Rahmens; wenn es überhaupt geht, ist es ziemlich klar, wie man dann den Wahrheitsbegriff zu erklären hat.

Die Frage nach der Widerspruchsfreiheit eines Axiomensystems,
wie etwa das der hyperreellen Zahlen, läßt sich nun auf zwei
Arten stellen. Zum einen läßt sich diese Frage nämlich ganz
absolut stellen, was dann aber z.B. auch auf die Problematik

der in der Mathematik überhaupt "erlaubten" Mittel führt. Andererseits kann man eine solche Frage aber auch relativ stellen: Sind gewisse Annahmen widerspruchsfrei, falls dies von anderen Annahmen vorausgesetzt wird und falls man ferner annimmt, daß bestimmte benutzte Manipulationen ebenfalls keine Widersprüche hervorbringen? In diesem relativen Sinne hat Dedekind die reellen Zahlen legitimiert. Ausgehend von den rationalen Zahlen hat er, unter der Annahme der Zulässigkeit einiger mengentheoretischer Operationen, nämlich die reellen Zahlen "konstruiert". Dies war zwar nun keineswegs eine "Konstruktion" im engeren, effektiven Sinne (was, vielleicht überraschenderweise, ganz wesentlich an dem grundlagentheoretisch gesehen gar nicht so harmlosen Axiom von der Existenz der Menge aller Teilmengen einer Menge liegt und auch sofort auf die schwierige Problematik der absoluten Widerspruchsfreiheit der Analysis führt), jedoch wälzt dieses Vorgehen eine etwaige Inkonsistenz bei den reellen Zahlen auf die benutzte Mengenlehre ab.

Auf eine solche relative Art wollen wir nun auch die Frage nach der Widerspruchsfreiheit unserer beiden vorgestellten Axiomensysteme über die hyperreellen Zahlen und die interne Menge beantworten. Die Ausgangsposition, auf die wir uns zurückziehen, ist die eines klassischen Mathematikers: Die klassischen reellen Zahlen und die übliche Basis der Mengenlehre inklusive des Auswahlaxioms (das genaue Axiomensystem der Mengenlehre wird in IX.3 angegeben werden) wollen wir undiskutiert hinnehmen. Aus dieser Situation heraus werden dann die Modelle für unsere Axiomensysteme konstruiert, was dann unsere relative Widerspruchsfreiheitsfrage löst, oder etwas anders ausgedrückt zeigt, daß hyperreelle Zahlen und interne Mengen in diesem relativen Sinne "existieren".

Es muß wohl nicht ausdrücklich betont werden, daß wir uns ab jetzt nicht mehr in der internen Mengenlehre, sondern auf dem Boden der "normalen" Mathematik befinden.

2. Prädikatenlogik und Modelle für die hyperreellen Zahlen

Das auffälligste an den hyperreellen Zahlen ist, daß sie einen
nichtarchimedischen Erweiterungskörper von $\mathbb{R}$ bilden. Es gibt
verschiedene Methoden zur Konstruktion solcher Körper, eine
gängige ist die folgende:

Sei X ein topologischer Raum, sei

$$C(X) = \{f \mid f : X \to \mathbb{R}, \text{ f stetig}\};$$

$C(X)$ ist mit den punktweise erklärten Operationen ein Ring.
Wenn M ein maximales Ideal in $C(X)$ ist, dann ist $C(X)/M$ ein
total geordneter Körper und wir haben eine Einbettung

$$\mathbb{R} \to C(X)_{/M},$$

wenn wir jedem $a \in \mathbb{R}$ die Funktion, die konstant a ist, zuordnen. Enthält nun $C(X)$ unbeschränkte Funktionen (man sagt: C
ist nicht *pseudokompakt*), dann ist die obige Einbettung für
gewisse maximale Ideale echt. Unbeschränkte stetige Funktionen hat man etwa dann, wenn X ein unendlicher diskreter Raum
ist. Wir erhalten so in der Tat ein Modell für das Axiomensystem der hyperreellen Zahlen. Um dies allerdings einsehen zu
können, bedarf es der Erklärung einiger metamathematischer Begriffe; auch müssen wir die Konstruktion des Restklassenringes
in einen etwas allgemeineren Rahmen stellen, sie wird sich als
Spezialfall der sog. Ultraproduktkonstruktion entpuppen.

Bei der jetzt folgenden Zusammenstellung der Grundbegriffe
der Prädikatenlogik beschränken wir uns auf das Nötigste. Detaillierte Ausführungen kann man etwa [Ebb-Fl-Th] oder [Ri3]
entnehmen.

<u>1. Def.:</u> (i)   Eine *Signatur* ist ein Paar

$$\delta = ((n_i \mid i \in I), (m_j \mid j \in J)) \text{ mit } n_i,$$
$$m_j \in \mathbb{N} \text{ für alle } i \in I, j \in J.$$

(ii) $\mathscr{A} = (A, (f_i^A \mid i \in I), (R_j^A \mid j \in J))$ heißt ein
Relationalsystem der Signatur δ, wenn $f_i^A : A^{n_i} \to A$
eine Abbildung ("n_i-stellige Operation") für

$i \in I$ ist und $R_j^A \subseteq A^{m_j}$ für $j \in J$ ("m_j-stellige Relation") ist;

O-stellige Operationen heißen auch *Konstante*.

Wenn $J = \emptyset$ ist, nennt man $\mathscr{A}$ auch eine Algebra.

Zu einer gegebenen Signatur δ erklären wir die prädikatenlogische Sprache $L = L(\delta)$ (als ein mathematisches Gebilde). Dazu halten wir zwei Mengen

$$\mathscr{F} = \{f_i \mid i \in I\}, \quad \mathscr{P} = \{P_j \mid j \in J\}$$

fest; die Elemente von $\mathscr{F}$ nennen wir *Funktionszeichen* und die Elemente von $\mathscr{P}$ *Prädikatenzeichen* oder kurz *Prädikate*, gelegentlich werden Elemente von $\mathscr{F} \cup \mathscr{P}$ auch *Namen* genannt. Ein spezielles Prädikat P_{j_0} mit $j_0 = 2$ sei immer vorhanden, statt P_{j_0} schreiben wir auch "$\equiv$" und nennen es das Gleichheitsprädikat. Von allen Strukturen $\mathscr{A}$ sei generell verlangt, daß die zugehörige Relation $R_{j_0}^A$ die Gleichheitsrelation in A ist (und nicht irgendeine zweistellige Relation). Drei weitere Mengen seien

$$\text{Var} = \{x_0, x_1, x_2, \ldots\}, \quad (\text{"Variable"})$$

$$\text{Log} = \{\wedge, \neg, \exists\} \qquad (\text{"Logische Zeichen"} : \text{"und"}, \text{"nicht"}, \text{"es gibt"})$$

$$\text{K1} = \{(,)\} \qquad (\text{"Klammern"}).$$

Wir nehmen die Mengen $\mathscr{F}$, $\mathscr{P}$, Var, Log und K1 als paarweise disjunkt an. Unter einer *Zeichenreihe* wollen wir eine endliche Folge von Elementen aus $\mathscr{F} \cup \mathscr{P} \cup$ Var $\cup$ Log $\cup$ K1 verstehen; einelementige Folgen heißen auch *Zeichen* (wobei wir statt einer solchen Einerfolge auch nur kurz das Element selbst hinschreiben).

Jetzt können wir unsere prädikatenlogische Sprache erklären (man vergleiche dazu Kap.II,2; Def.1 und Def.2).

2. Def.: (i) Die *Terme* der Sprache $L(\delta)$ ist die kleinste Menge T von Zeichenreihen mit

a) $\mathrm{Var} \subseteq \mathrm{T}$;

b) Wenn $i \in I$ und $t_1, \ldots, t_{n_i} \in \mathrm{T}$, so

$$f_i(t_1, \ldots, t_{n_i}) \in \mathrm{T}.$$

(ii)   Die *Formeln* der Sprache $\mathrm{L}(\delta)$ sind die kleinste Menge F von Zeichenreihen mit

a) Wenn $j \in J$ und $t_1, \ldots, t_{m_j} \in \mathrm{T}$, so

$$P_j(t_1, \ldots, t_{m_j}) \in \mathrm{F}.$$

Diese Formeln heißen auch *Atomformeln*.

b) Wenn $\varphi, \psi \in \mathrm{F}$ und $x \in \mathrm{Var}$, so

$$(\neg\varphi) \in \mathrm{F}, \quad (\varphi \wedge \psi) \in \mathrm{F} \text{ und } (\exists x\varphi) \in \mathrm{F}.$$

Die Terme und Formeln zusammen ergeben dann die Sprache $\mathrm{L} = \mathrm{L}(\delta)$.

Jeder Term ist somit, von Variablen ausgehend, durch endlich viele Schritte der Form (i)b) aufgebaut; jede Formel entsteht aus Atomformeln, indem man die Aufbauschritte von (ii)b) endlich oft anwendet. Diese Endlichkeitseigenschaft ermöglicht ein spezielles Induktionsprinzip, welches *Induktion über den Formelaufbau* heißt. Es lautet:

Wenn eine Aussage für alle Atomformeln gilt, und wenn sie, falls sie für φ, ψ gilt, auch für $(\neg\varphi)$, $(\varphi \wedge \psi)$, $(\exists x\varphi)$ gilt, wobei $x \in \mathrm{Var}$ beliebig ist, dann gilt die Aussage bereits für alle Formeln.

Ein analoges Prinzip der Induktion über den Termaufbau gilt für Terme natürlich ganz entsprechend. Wenn T die Menge der Terme ist, so ist es praktisch, sich T als eine Algebra $(\mathrm{T}, (f_i^{\mathrm{T}} \mid i \in I))$ der Signatur $(n_i \mid i \in I)$ vorzustellen, man erkläre die Operationen f_i^{T} nämlich durch

$$f_i^{\mathrm{T}}(t_1, \ldots, t_n) = f_i(t_1, \ldots, t_n).$$

Man beachte, daß die rechte Seite bereits definiert ist! Die so erhaltene Algebra heißt auch die *Algebra der Terme*. Eine ihrer Eigenschaften wollen wir festhalten:

3. Satz: Zu jeder Algebra $(A,(f_i^A \mid i \in I))$ und zu jeder Abbildung $h : \text{Var} \to A$ gibt es genau eine Fortsetzung
zu einem Homomorphismus

$$\hat{h} : (T,(f_i^T \mid i \in I)) \to (A,(f_i^A \mid i \in I)).$$

Der Beweis erfolgt durch Induktion über den Termaufbau. Für
eine spezielle Signatur hatten wir Terme schon in Kap.II,2
betrachtet: Dort hatten wir für jede endlich-stellige, evtl.
partielle reelle Funktion ein Funktionszeichen reserviert;
O-stellige Funktionszeichen hatten wir Zahlzeichen genannt.

Wenn Mißverständnisse nicht zu befürchten sind, werden wir
bei der Schreibweise von Formeln gelegentlich einige Klammern weglassen, auch werden wir die Präfixnotation nicht
streng durchhalten und etwa $t_1 \equiv t_2$ statt $\equiv(t_1,t_2)$ schreiben.

Die Induktion über den Aufbau der Formeln erlaubt es, bequem
einige Begriffe zu erklären.

4. Def.: (i) Die Menge Var(t) der in einem Term *vorkommenden*
Variablen wird erklärt durch

a) $\text{Var}(t) = \{t\}$ für $t \in \text{Var}$,

b) $\text{Var}(t) = \text{Var}(t_1) \cup \ldots \cup \text{Var}(t_{n_i})$,
wenn $t = f_i(t_1,\ldots,t_{n_i})$.

(ii) Die Mengen $\text{Var}(\varphi)$, fr $\text{Var}(\varphi)$, bd $\text{Var}(\varphi)$ der in
einer Formel φ *vorkommenden* bzw. *frei vorkommen-
den* bzw. *gebunden vorkommenden* Variablen werden
erklärt durch

a) $\text{Var}(\varphi) = \text{fr Var}(\varphi) = \text{bd Var}(\varphi) =$
$\text{Var}(t_1) \cup \ldots \cup \text{Var}(t_{m_j})$, wenn φ eine Atomformel $P_j(t_1,\ldots,t_{m_j})$ ist.

b) $\text{Var}(\neg\varphi) = \text{Var}(\varphi), \text{Var}(\varphi \wedge \psi) = \text{Var}(\varphi) \cup \text{Var}(\psi)$

$$\text{Var}(\exists x\varphi) = \text{Var}(\varphi) \cup \{x\};$$
$$\text{fr Var}(\neg\varphi) = \text{fr Var}(\varphi), \quad \text{fr Var}(\varphi\wedge\psi)$$
$$= \text{fr Var}(\varphi) \cup \text{fr Var}(\psi)$$
$$\text{fr Var}(\exists x\varphi) = \text{fr Var}(\varphi) \smallsetminus \{x\};$$
$$\text{bd Var}(\neg\varphi) = \text{bd Var}(\varphi),$$
$$\text{bd Var}(\varphi\wedge\psi) = \text{bd Var}(\varphi) \cup \text{bd Var}(\psi),$$
$$\text{bd Var}(\exists x\varphi) = \text{bd Var}(\varphi) \cup \{x\}.$$

(iii) Eine Formel φ heißt ein *Satz*,
wenn fr $\text{Var}(\varphi) = \emptyset$ ist.

Der Sinn dieser Definition ist klar. Es sei jedoch darauf hingewiesen, daß eine Variable sowohl frei als auch gebunden vorkommen kann, z.B. x in $(\exists x P_1(x)) \wedge P_2(x)$. Wir haben die letzte
Definition aus exemplarischen Gründen einmal ganz ausführlich
hingeschrieben, in Zukunft werden wir uns oft kürzer fassen.

Die Signatur δ halten wir jetzt fest und kommen zur Definition
des Wahrheitsbegriffes. Sei

$$\mathscr{A} = (A,(f_i^A \mid i \in I),\ (R_j^A \mid j \in J))$$

eine Struktur.

5. Def.: (i) Eine *Belegung* der Variablen in $\mathscr{A}$ ist eine Abbildung u : Var $\to$ A;
die (eindeutig bestimmte) homomorphe Fortsetzung
von u auf die Terme werde wieder mit u bezeichnet.

(ii) Durch Induktion über den Formelaufbau wird definiert, wann eine Belegung u eine Formel φ
erfüllt (in $\mathscr{A}$):

a) u erfüllt eine Atomformel $P_j(t_1,\ldots,t_{m_j})$ genau dann, wenn die Relation $R_j^A(u(t_1),\ldots,$
$u(t_{m_j}))$ in $\mathscr{A}$ gilt;

b) u erfüllt $\neg\varphi$ genau dann, wenn u die Formel φ
nicht erfüllt;

u erfüllt $\varphi \wedge \psi$ genau dann, wenn u sowohl φ
als auch ψ erfüllt;
u erfüllt $\exists x\varphi$ genau dann, wenn es eine Belegung u' : Var $\to$ A mit u'(y) = u(y) für
alle y $\in$ Var, y $\neq$ x gibt, die φ erfüllt.

(iii) Eine Formel ist *wahr* in $\mathscr{A}$, wenn jede Belegung
u sie erfüllt; eine Formel ist *falsch* in $\mathscr{A}$,
wenn keine Belegung in $\mathscr{A}$ sie erfüllt.

(iv) Wenn Σ eine Formelmenge ist, so heißt $\mathscr{A}$ *Modell* für Σ, wenn jedes $\varphi \in \Sigma$ in $\mathscr{A}$ wahr ist.

Diese Definition nimmt eine mathematische, "formale" Definition der intuitiven Begriffe "wahr" und "falsch"vor. Man sollte sich davon überzeugen, daß die formale Definition die inhaltlichen Anforderungen, die man als klassischer Mathematiker an diese Begriffe stellt, bei der üblichen normierten Hand-
habung der Partikel "nicht", "und", "es gibt" genau trifft.
Über den so mathematisierten Wahrheitsbegriff lassen sich
jetzt natürlich Theoreme beweisen, die etwa der Art sein können: Wenn diese und jene Sätze in einer Struktur wahr sind, so
sind auch jene anderen dort wahr. Benutzt man dann Theoreme
über den Wahrheitsbegriff, um die Wahrheit eines Satzes φ zu
beweisen, so sagt man, man habe φ mit Methoden der mathematischen Logik bewiesen. Man befindet sich in einer analogen Situation wie Landvermesser, die sich der Geometrie bedienen.
Man könnte anmerken, daß bei uns einige logische Partikel fehlen. Wir können sie als Abkürzungen einführen:

$\varphi \vee \psi$ für $\neg(\neg\varphi \wedge \neg\psi)$ ("oder")
$\varphi \Rightarrow \psi$ für $(\neg\varphi) \vee \psi$ ("wenn - so")
$\varphi \Leftrightarrow \psi$ für $(\varphi \Rightarrow \psi) \wedge (\psi \Rightarrow \varphi)$ ("genau dann, wenn")
$\forall x \varphi$ für $\neg\exists x(\neg\varphi)$ ("für alle").

Dies entspricht wieder dem üblichen Gebrauch dieser Partikel.
Bei der Definition des Wahrheitsbegriffes wurde der Zusammenhang zwischen den Relationen und Operationen einer Struktur

auf der einen Seite und den Prädikaten sowie Funktionszeichen
der Sprache L auf der anderen Seite durch die Indizierung bewerkstelligt. Dies ist für theoretische Zwecke sehr praktisch,
jedoch ist in konkreten Situationen eine solch konsequente Indizierung meist nicht gegeben - wie schon das Beispiel der reellen Zahlen in Kap.II,2 zeigt. Man kann sich hier verschieden helfen, ohne eine solche Durchindizierung explizit vornehmen zu müssen. Meist gibt man an, welche Relation etwa zu wel-
chem Prädikat "gehört", d.h. man gibt eine stellengerechte Abbildung

$$\mathscr{I} : \mathscr{F} \cup \mathscr{P} \to \{f \mid f \text{ Operation}\} \cup \{R \mid R \text{ Relation}\}$$

für eine Struktur $\mathscr{A}$ an. $\mathscr{I}$ heißt dann auch ganz anschaulich
eine *Interpretation*. So eine Interpretation wird häufig sehr
informell angegeben, etwa wenn man sagt: "Das Funktionszeichen
$\underline{f}$ gehört zu f", "das Prädikat $P^{\leqslant}$ wird durch die Relation $\leqslant$ interpretiert", oder wenn man sogar die eine Relation bzw. Opera-
tion mit dem zugehörigen Zeichen identifiziert.

Durch Induktion über den Aufbau der Formel zeigt man:

6. Satz: Seien u und v zwei Belegungen in $\mathscr{A}$. Für eine Formel φ
   gelte $u(x) = v(x)$ f.a. $x \in \text{fr Var}(\varphi)$.
   Dann erfüllt u die Formel φ in $\mathscr{A}$ genau dann, wenn v
   die Formel φ in $\mathscr{A}$ erfüllt.

Ein Satz (d.h. eine Formel ohne freie Variable) ist deshalb
in einer Struktur entweder wahr oder falsch. Nichtsdestoweniger ist man, wie wir sehen werden, auch bei Sätzen gelegentlich gezwungen, statt nur über die Wahrheit, auch über die
Erfüllbarkeit zu reden, nämlich dann, wenn man Eigenschaften
durch Induktion über den Formelaufbau nachweisen will; durch
Dekomposition der Formeln können ja plötzlich Variablen frei
werden.

Als nächstes führen wir die Ultraproduktkonstruktion ein, die
uns dann den Körper der hyperreellen Zahlen liefern wird.

Sei $(\mathscr{A}_\nu \mid \nu \in K)$ eine Familie von Strukturen (derselben festen Signatur δ). Das kartesische Produkt

$$\prod_{\nu \in K} \mathscr{A}_\nu$$

hat als Trägermenge

$$\prod_{\nu \in K} A_\nu = \{f \mid f : K \to \cup\, (A_\nu \mid \nu \in K),\; f(\nu) \in A_\nu\};$$

die Relationen und Funktionen sind koordinatenweise erklärt:

Für $i \in I$ ist $f_i^K(f_1,\ldots,f_{n_i}) = g$ genau dann, wenn

$$f_i^{A_\nu}(f_1(\nu),\ldots,f_{n_i}(\nu)) = g(\nu) \quad \text{für alle } \nu \in K;$$

für $j \in J$ gilt $R_j^K(f_1,\ldots,f_{m_j})$ genau dann, wenn

$$R_j^{A_\nu}(f_1(\nu),\ldots,f_{m_j}(\nu)) \quad \text{für alle } \nu \in K \text{ gilt.}$$

Auf der Indexmenge K sei nun ein Filter F gegeben (vgl. Kap. VI.1); mit Hilfe dieses Filters wird nun ein Quotient des kartesischen Produktes erklärt.

<u>7. Def.</u>: (i) Auf $\displaystyle\prod_{\nu \in K} A_\nu$ werden für $j \in J$ neue Relationen $R_{j,F}^K$

erklärt durch $R_{j,F}^K(f_1,\ldots,f_{m_j})$ gilt genau dann,

wenn $\{\nu \in K \mid R_j^{A_\nu}(f_1(\nu),\ldots,f_{m_j}(\nu))$ gilt in $\mathscr{A}_\nu\} \in F$.

(ii) Auf $\displaystyle\prod_{\nu \in K} A_\nu$ wird eine binäre Relation "$\sim_F$" erklärt durch $f \sim_F g$ genau dann, wenn

$\{\nu \in K \mid f(\nu) = g(\nu)\} \in F$.

Die Sprechweise für $f \sim_F g$ ist: "$f = g$ modulo F" oder "$f = g$ F-fast überall". Die letzte Redeweise kommt daher, daß man sich die Elemente von F als große Teilmengen von K vorstellt, alle anderen Teilmengen von K hingegen als klein. In der Tat enthält F niemals $\emptyset$, aber immer K selber. Wenn F ein Ultrafilter ist, der nicht gerade von der Form $F = \{K' \subseteq K \mid \nu \in K'\}$ für ein $\nu \in K$ ist, so enthält F auch niemals eine end-

liche Menge, wohl aber alle Komplemente von endlichen Mengen
(weil ein Ultrafilter für jedes $K' \subseteq K$ entweder K' oder $K \smallsetminus K'$
enthält). Die Ultrafilter F auf K korrespondieren mit den
zweiwertigen, endlich additiven Maßen μ auf K:

Wenn F ein Ultrafilter ist, so sei für $K' \subseteq K$

$$\mu_F(K') = \begin{cases} 0 \text{ für } K' \notin F \\ 1 \text{ für } K' \in F \; ; \end{cases}$$

wenn μ ein endlich additives $(0,1)$-Maß auf K ist, so sei

$$F_\mu = \{K' \subseteq K \mid \mu(K') = 1\}.$$

Auch hierdurch wird unsere Sprechweise über $\sim_F$ gestützt.

<u>8. Satz:</u> (i) $\sim_F$ ist eine Äquivalenzrelation.

(ii) $\sim_F$ ist eine Kongruenzrelation für die Relationen
$R^K_{j,F}$, $j \in J$.

(iii) $\sim_F$ ist eine Kongruenzrelation für die Operationen
f^K_i, $i \in I$, des kartesischen Produktes.

<u>Beweis:</u> (i) Seien f, g, h $\in \prod\limits_{\nu \in K} A_\nu$. Es ist

$$\{\nu \in K \mid f(\nu) = f(\nu)\} = K \in F,$$

also ist $\sim_F$ reflexiv. Die Symmetrie von $\sim_F$ ist eine triviale
Konsequenz der Symmetrie des Gleichheitszeichens. Zur Transitivität betrachten wir

$$\{\nu \in K \mid f(\nu) = g(\nu)\} \cap \{\nu \in K \mid g(\nu) = h(\nu)\}$$
$$\subseteq \{\nu \in K \mid f(\nu) = h(\nu)\}.$$

Die Filtereigenschaften implizieren aber, daß die rechte Menge
in F ist, wenn nur die beiden linken dies sind; daraus folgt
aber die Behauptung.

(ii) Wir haben für $j \in J$ zu zeigen:

Wenn $R^K_{j,F}(f_1,\ldots,f_{m_j})$ und $f_i \sim_F g_i$ für $1 \leqslant i \leqslant m_j$, so auch
$R^K_{j,F}(g_1,\ldots,g_{m_j})$.

Dazu betrachten wir die Inklusion

$$\{\nu \in K \mid R_j^{A_\nu}(f_1(\nu),\ldots,f_{m_j}(\nu))\} \cap \bigcap_{i=1}^{m_j} \{\nu \in K \mid f_i(\nu) = g_i(\nu)\}$$

$$\subseteq \{\nu \in K \mid R_j^{A_\nu}(g_1(\nu),\ldots,g_{m_j}(\nu))\}$$

und schließen genau wie oben auf die Behauptung.

(iii) Es gilt für $i \in I$ zu zeigen: Wenn $f_j \sim_F g_j$ für $1 \leqslant j \leqslant n_i$, so ist auch
$$f_i^K(f_1,\ldots,f_{n_i}) \sim_F f_i^K(g_1,\ldots,g_{n_i}).$$
Dies folgt aber ganz genau wie die Behauptung (ii).

Die Restklassen modulo der Relation $\sim_F$ bezeichnen wir mit $[f]_F$ oder kurz mit $[f]$; die Menge der Restklassen (die Quotientenmenge) sei $\prod\limits_{\nu \in K} A_\nu/\sim_F$. Satz 8 erlaubt uns, auf dieser Quotientenmenge $\prod\limits_{\nu \in K} A_\nu/\sim_F$ für $j \in J$ und $i \in I$ Relationen $R^K_{j/F}$ und Operationen $f^K_{i/F}$ durch repräsentantenweise Definition zu erklären, also:

$$R^K_{j/F}([f_1],\ldots,[f_{m_j}]) \Leftrightarrow \{\nu \in K \mid R_j^{A_\nu}(f_1(\nu),\ldots,f_{m_j}(\nu))\} \in F$$

und

$$f^K_{i/F}([f_1],\ldots,[f_{n_i}]) = [g] \Leftrightarrow \{\nu \in K \mid f_i^{A_\nu}(f_1(\nu),\ldots,f_{n_i}(\nu))$$
$$= g(\nu)\} \in F.$$

<u>9. Def.</u>: (i) Das *Filterprodukt* $\prod\limits_{\nu \in K} \mathscr{A}_\nu/_F$ hat als Trägermenge $\prod\limits_{\nu \in K} A_\nu/_F$; die Relationen sind die $R^K_{j/F}$ für $j \in J$, die Operationen sind die $f^K_{i/F}$ für $i \in I$.

(ii) Wenn F ein Ultrafilter ist, dann heißt $\prod\limits_{\nu \in K} \mathscr{A}_\nu/_F$ auch *Ultraprodukt* der $\mathscr{A}_\nu$.

(iii) Wenn alle $\mathscr{A}_\nu = \mathscr{A}$ für ein $\mathscr{A}$ sind, dann sprechen wir auch von einer *Filterpotenz* bzw. einer *Ultra-*

potenz und notieren dies durch $\mathscr{A}_F^K$.

(iv) Die kanonische Einbettung

$$k : A \to A_F^K$$

einer Struktur in ihre Ultrapotenz ist gegeben durch

$$k(a) = [f_a],$$

wobei $f_a(\nu) = a$ für alle $\nu \in K$, also eine konstante Funktion ist.

Man rechnet schnell nach: k bettet $\mathscr{A}$ isomorph in $\mathscr{A}_F^K$ ein.

Durch ein Beispiel wollen wir etwas vertraut mit den neuen Begriffen werden. Dazu nehmen wir an, daß alle $\mathscr{A}_\nu$ Körper sind. Das heißt, wir haben in den $\mathscr{A}_\nu$ eine zweistellige Relation, die Gleichheit (die ja aber immer vorhanden sein soll), sowie die beiden Operationen Addition und Multiplikation; wenn man wollte, könnte man auch noch die beiden Konstanten Null und Eins als nullstellige Operationen hinzunehmen. Das kartesische Produkt $\prod_{\nu \in K} \mathscr{A}_\nu$ ist dann ein Ring. Dieser Ring enthält, wenn $|K| \geqslant 2$ ist, aber Nullteiler:

Für $\nu_1, \nu_2 \in K$, $\nu_1 \neq \nu_2$ sei

$$f(\nu) = \begin{cases} 1 & \text{falls } \nu = \nu_1 \\ 0 & \text{sonst} \end{cases}$$

und

$$g(\nu) = \begin{cases} 1 & \text{falls } \nu = \nu_2 \\ 0 & \text{sonst.} \end{cases}$$

Dann sind weder f noch g die Null in $\prod_{\nu \in K} \mathscr{A}_\nu$, wohl aber ihr Produkt $f \cdot g$. Was leistet nun die Faktorisierung nach einem Filter F? Jedem Filter F wollen wir ein Ideal $M(F)$ in $\prod_{\nu \in K} \mathscr{A}_\nu$ zuordnen, nämlich durch

$$f \in M(F) \Leftrightarrow \{\nu \in K \mid f(\nu) = 0\} \in F.$$

Jedes eigentliche Ideal M in $\prod_{\nu \in K} \mathscr{A}_\nu$ entsteht auf diese Weise, weil man einem eigentlichen Ideal M den Filter

$F(M) = \{K' \subseteq K \mid$ es gibt $f \in M$ mit $K' = \{\nu \mid f(\nu) = 0\}\}$

zuordnen kann. Eine Rechnung ergibt dann, daß M(F) genau dann ein maximales Ideal in $\prod_{\nu \in K} \mathscr{A}_\nu$ ist, wenn F ein Ultrafilter über K ist.

Die Ultraprodukte von Körpern sind somit wieder Körper (weil die Quotienten von kommutativen Ringen mit Eins nach maximalen Idealen dies sind). Sind zudem alle $\mathscr{A}_\nu$ angeordnete Körper, so ist auch das Ultraprodukt ein angeordneter Körper. Kommen wir zurück zu den Restklassenringen $C(X)_{/M}$ vom Anfang dieses Abschnittes. Wenn X ein diskreter Raum ist, dann ist jede Funktion $f : X \to \mathbb{R}$ stetig. Der Ring $C(X)$ ist also die kartesische Potenz $\mathbb{R}^X$ und der Restklassenring $C(X)_{/M}$ die Ultrapotenz $\mathbb{R}^X_{F(M)}$.

Die Frage, wann der Restklassenring tatsächlich nichtarchimedisch geordnet ist, wollen wir noch einen Augenblick zurückstellen. Erst wollen wir entdecken, daß es kein Zufall war, daß Ultraprodukte von Körpern wieder Körper sind, sondern daß dem ein weit umfassenderer Sachverhalt zugrunde liegt, der die Wahrheit prädikatenlogischer Sätze in einem Ultraprodukt zur Wahrheit dieser Sätze in den einzelnen Faktoren in Beziehung setzt.

Wir betrachten wieder eine Familie $(\mathscr{A}_\nu \mid \nu \in K)$ von Strukturen (ein und derselben Signatur δ); über K sei ein Ultrafilter F gegeben.

10. Ultraproduktsatz von Łos:

Sei $u : \text{Var} \to \prod_{\nu \in K} A_\nu / F$ eine Belegung der Variablen; für eine Variable x_i sei $u(x_i) = [f_i]$, d.h. f_i ist ein Repräsentant von $u(x_i)$. Weiter sei für jedes

$\nu \in K$

$$u_\nu : \text{Var} \to A_\nu$$

eine Belegung der Variablen in $\mathscr{A}_\nu$, so daß für jede

Variable x_i gilt

$$u_\nu(x_i) = f_i(\nu).$$

Dann gilt für jede Formel φ:

u erfüllt φ in $\prod\limits_{\nu \in K} \mathscr{A}_\nu / F \leftrightarrow \{\nu \in K \mid u_\nu$ erfüllt φ in $\mathscr{A}_\nu\} \in F.$

Beweis: Wir zeigen die Behauptung durch Induktion über den Aufbau der Formel φ.

1) Die Behauptung gilt für Atomformeln, denn die Relationen im Ultraprodukt wurden gerade so definiert.

2) Die Behauptung gelte für zwei Formeln φ und ψ. Dann erkennen wir als gleichwertig:

u erfüllt $\varphi \wedge \psi$ (in $\prod\limits_{\nu \in K} \mathscr{A}_\nu / F$);

u erfüllt φ und u erfüllt ψ;

$\{\nu \in K \mid u_\nu$ erfüllt φ in $\mathscr{A}_\nu\} \in F$ und

$\{\nu \in K \mid u_\nu$ erfüllt ψ in $\mathscr{A}_\nu\} \in F$;

$\{\nu \in K \mid u_\nu$ erfüllt φ in $\mathscr{A}_\nu\} \cap \{\nu \in K \mid u_\nu$ erfüllt ψ in $\mathscr{A}_\nu\} \in F$;

$\{\nu \in K \mid u_\nu$ erfüllt $\varphi \wedge \psi$ in $\mathscr{A}_\nu\} \in F.$

Bei dieser Schlußfolge ging noch nicht die Ultrafiltereigenschaft von F ein; wir haben nur ausgenutzt, daß ein Filter den Durchschnitt zweier Mengen genau dann enthält, wenn jede der beiden Mengen im Filter liegt.

3) Die Behauptung gelte für eine Formel ψ. Dann sind gleichwertig:

u erfüllt $\neg\psi$ in $\prod\limits_{\nu \in K} \mathscr{A}_\nu / F$;

u erfüllt ψ in $\prod\limits_{\nu \in K} \mathscr{A}_\nu / F$ nicht;

$\{\nu \in K \mid u_\nu$ erfüllt ψ in $\mathscr{A}_\nu\} \notin F$;

$\{\nu \in K \mid u_\nu$ erfüllt ψ in $\mathscr{A}_\nu$ nicht$\} \in F$;

$\{\nu \in K \mid u_\nu$ erfüllt $\neg\psi$ in $\mathscr{A}_\nu\} \in F.$

Hier wurde eine charakteristische Ultrafiltereigenschaft von

F ausgenützt: Für jedes $K' \subseteq K$ ist entweder $K' \in F$ oder
$K \smallsetminus K' \in F$.

4) Die Behauptung gelte für die Formel ψ; betrachten wir $\exists x_k \psi$.
Wir teilen die Argumentation auf und nehmen zuerst an, daß
$\exists x_k \psi$ von u in $\prod\limits_{\nu \in K} \mathscr{A}_\nu / F$ erfüllt wird. Es gibt also eine Belegung

$$u' \; : \; \mathrm{Var} \to \prod\limits_{\nu \in K} A_\nu / F$$

mit $u'(x) = u(x)$ für $x \neq x_k$, die ψ erfüllt. Sei $u'(x_k) = [f]$
und $u'_\nu(x_k) = f(\nu)$, $u'_\nu(x) = u_\nu(x)$ für $x \neq x_k$ sowie alle $\nu \in K$.
Dann ist

$\{\nu \in K \mid u'_\nu \text{ erfüllt } \psi \text{ in } \mathscr{A}_\nu\} \subseteq \{\nu \in K \mid u_\nu \text{ erfüllt } \exists x_k \psi \text{ in } \mathscr{A}_\nu\}$;

die linke Menge ist nach Induktionsvoraussetzung ein Element
von F, also ist die rechte als eine Obermenge, wie gewünscht,
dies auch.
Wenn andererseits

$$K' = \{\nu \in K \mid u_\nu \text{ erfüllt } \exists x_k \psi \text{ in } \mathscr{A}_\nu\} \in F$$

ist, dann existiert für $\nu \in K'$ eine Belegung u'_ν, die ψ in $\mathscr{A}_\nu$
erfüllt und der Bedingung $u'_\nu(x) = u_\nu(x)$ für $x \neq x_k$ genügt.
Für jedes $\nu \in K'$ wählen wir (unter den vielen eventuell vor-
handenen Belegungen) ein solches u'_ν fest aus, wenn $\nu \notin K'$ ist,
sei $u'_\nu = u_\nu$ genommen. Dann erklären wir eine Belegung

$$u' \; : \; \mathrm{Var} \to \prod\limits_{\nu \in K} A_\nu / F$$

durch
$$u'(x) = \begin{cases} u(x) & \text{für } x \neq x_k \\ [(u'_\nu(x_k) \mid \nu \in K)] & \text{für } x = x_k. \end{cases}$$

Die Definition von $u'_\nu(x_k)$ geschah gewissermaßen "nicht explizit", daß eine solche Definition aber doch korrekt ist, sichert uns das Auswahlaxiom der Mengenlehre, dessen Benützung
wir somit hier konstatieren. Nach Induktionsvoraussetzung er-
füllt u' die Formel ψ in $\prod\limits_{\nu \in K} \mathscr{A}_\nu / F$, also erfüllt u die Formel
$\exists x_k \psi$ in $\prod\limits_{\nu \in K} \mathscr{A}_\nu / F$.

Nach diesem Umweg über den Erfüllungsbegriff erhalten wir die
uns eigentlich interessierenden Resultate:

<u>11. Korollar:</u> (i)   Für einen Satz (d.h. eine Formel ohne freie Variable) φ gilt: φ ist in

$$\prod_{\nu \in K} \mathscr{A}_\nu / F \text{ wahr} \leftrightarrow \{\nu \in K \mid \varphi \text{ in } \mathscr{A}_\nu \text{ wahr}\} \in F$$

(ii)   Wenn $u : \text{Var} \to A$ und $v : \text{Var} \to A_F^K$ zwei Belegungen sind mit $v(x) = u(x)$ für jede Variable x (wobei $k : A \to A_F^K$ die kanonische Einbettung vermöge der konstanten Funktionen ist), dann gilt für jede Formel φ: u erfüllt φ in $\mathscr{A} \leftrightarrow$ v erfüllt φ in $\mathscr{A}_F^K$.

(iii)   In einer Struktur $\mathscr{A}$ und einer Ultrapotenz $\mathscr{A}_F^K$ sind die gleichen Sätze wahr.

<u>Beweis:</u> Weil nur die freien Variablen einer Formel für die Belegungen interessant sind, kann man sich auf irgendeine Belegung zurückziehen; (i) folgt dann sofort aus dem letzten Satz. Sind alle $\mathscr{A}_\nu = \mathscr{A}$, so folgt (ii) bei Betrachtung der Restklassen der konstanten Funktionen aus der Tatsache, daß $\emptyset \notin F$ und $K \in F$ ist; (iii) ist eine unmittelbare Konsequenz von (ii).

11(ii) läßt sich auch anders ausdrücken: Eine Belegung

$$u : \text{Var} \to k(A)$$

erfüllt eine Formel φ in $\mathscr{A}_F^K$ genau dann, wenn sie φ in $k(\mathscr{A})$ erfüllt.

Als Beispiel nehmen wir für eine Struktur $\mathscr{A}$ den Körper der reellen Zahlen (mit der Addition, Multiplikation, der Konstanten O und der Relation "$\leqslant$", sowie der Gleichheitsrelation). In der zugehörigen prädikatenlogischen Sprache können wir sofort eine (endliche) Satzmenge Σ hinschreiben, die besagt, daß $\mathscr{A}$ ein angeordneter Körper ist: Man nehme einfach die übliche Formulierung dieser Eigenschaft.

Einigermaßen informell sei angedeutet, wie man weitere Eigenschaften prädikatenlogisch ausdrückt:

a) Jedes positive Element besitzt eine Quadratwurzel:

$$\forall x (x > 0 \Rightarrow \exists y (y \cdot y = x))$$

b) Jedes ungerade Polynom hat eine Nullstelle:

   Für jedes ungerade $n > 0$ schreibe man hier

$$\forall x_0 \ldots \forall x_n \exists y\, (x_0 + x_1 y + x_2 \cdot y \cdot y + \ldots + x_n \underbrace{(y \cdot \ldots \cdot y)}_{n\text{-mal}}) = 0$$

Wir benötigen hier also eine unendliche Menge von Sätzen.

Die in a) und b) ausgedrückten Eigenschaften sind gleichwertig dazu, daß der Körper *reell abgeschlossen* ist. Nach dem Korollar zum Ultraproduktsatz ist somit jede Ultrapotenz des Körpers der reellen Zahlen wieder ein angeordneter, reell abgeschlossener Körper. Hierbei haben wir einen recht glücklichen Umstand ausgenutzt. Meist drückt man nämlich die Eigenschaft "reell abgeschlossen" ganz anders aus, nämlich so: "Es gibt keine echte algebraische reelle Erweiterung des betreffenden Körpers". Dies läßt sich nun prädikatenlogisch gar nicht hinschreiben, die Quantoren "$\exists$" und "$\forall$" dürfen sich nur auf Elemente einer Struktur beziehen, nicht aber auf Obermengen (und auch nicht auf Teilmengen). Aus demselben Grund läßt sich das Dedekind'sche Vollständigkeitsaxiom nicht prädikatenlogisch notieren; wir werden noch sehen, daß es hierfür kein prädikatenlogisches Äquivalent gibt, auch nicht in der Form von unendlich vielen Sätzen. Ähnliches Pech haben wir bei dem Versuch, das archimedische Axiom hinzuschreiben.

Eine Möglichkeit wäre:

$$\forall x (1 > x \;\vee\; 1+1 > x \;\vee\; 1+1+1 > x \;\vee\; \ldots).$$

Eine prädikatenlogische Sprache darf aber nur endlich lange Formeln (endliche Zeichenreihen) enthalten, also mißglückt dieser Versuch. (Es ist eben etwas ganz anderes, unendlich viele Formeln zu betrachten, als eine unendlich lange Formel!)

Ein zweiter Versuch bestände darin, auszunutzen, daß jeder angeordnete Körper eine Kopie der natürlichen Zahlen enthält:

$$\forall x \exists y \;(y \text{ ist natürliche Zahl} \;\wedge\; y > x);$$

man benötigte also eine Formel φ, welche genau die natürlichen

Zahlen beschreibt. Die üblichen Peanoaxiome kann man für φ
aber nicht nehmen, denn das Induktionsaxiom quantifiziert
"über alle Teilmengen"; es wird sich herausstellen, daß eine
prädikatenlogische Charakterisierung der natürlichen Zahlen
in der Tat unmöglich ist.

Zu diesem Unmöglichkeitsbeweis kommen wir jetzt. Weiter oben
haben wir schon spezielle, von einem Element ν erzeugte Ultrafilter F über K betrachtet, also solche von der Form

$$F = \{K' \mid \nu \in K'\}$$

für ein $\nu \in K$; diese Ultrafilter konvergieren im Sinne der Fil-
terkonvergenz gegen ν, wenn man K mit der diskreten Topologie
versieht, und sie heißen *Hauptfilter*. Alle anderen Ultrafilter
heißen *freie Ultrafilter*. Wenn K unendlich ist, dann gibt es
freie Ultrafilter über K, man erweitere nämlich nur den Filter

$$F_o = \{K' \mid K \smallsetminus K' \text{ endlich}\}$$

der co-endlichen Mengen zu einem Ultrafilter. Da Ultrafilter
maximale Filter sind, enthalten freie Ultrafilter niemals endliche Mengen; jeder freie Ultrafilter über K ist somit eine
Erweiterung des Filters F_o der co-endlichen Mengen. Wir wählen
jetzt die Indexmenge $K = \mathbb{N}$ und halten einen freien Ultrafilter
F über $\mathbb{N}$ fest. Zunächst sei die Struktur $\mathscr{A}$ der angeordnete
Ring der ganzen Zahlen. Die Ultrapotenz $\mathscr{A}_F^{\mathbb{N}}$ ist dann wieder ein
angeordneter Ring, und zwar mit $[f_1]$ als Eins, wobei $f_1(n) = 1$
für alle $n \in \mathbb{N}$ ist. Die "zwei" ist dann $[f_1] + [f_1] = [f_2]$,
$f_2(n) = 2$, $n \in \mathbb{N}$, und so fort. Betrachten wir nun das Element
$[f]$, wobei $f(n) = n$ für $n \in \mathbb{N}$ sei. Dann ist für jedes $m \in \mathbb{N}$
die Menge

$$\underbrace{\{n \in \mathbb{N} \mid f_1(n) + \ldots + f_1(n)}_{m\text{-mal}} \leqslant f(n)\} = \{n \in \mathbb{N} \mid m \leqslant n\}$$

co-endlich, mithin in F, weshalb

$$\underbrace{[f_1] + \ldots + [f_1]}_{n\text{-mal}} \leqslant [f]$$

richtig ist. Es gibt also im Ring $\mathscr{A}_F^{\mathbb{N}}$, ein "unendliches" Ele-

ment, welches größer als alle endlichen Vielfachen der Eins
ist. Dies lehrt uns:

1) $\mathscr{A}_F^{\mathbb{N}}$ ist nichtarchimedisch;

2) es gibt keine Menge Σ von prädikatenlogischen Sätzen, die
   äquivalent zum archimedischen Axiom ist (denn alle Sätze
   aus Σ wären auch in $\mathscr{A}_F^{\mathbb{N}}$ wahr);

3) die natürlichen Zahlen lassen sich nicht durch eine prädikatenlogische Menge von Sätzen beschreiben (dies ist eine
   unmittelbare Konsequenz von 2)

Sei nun wieder $\mathscr{A}$ der angeordnete Körper der reellen Zahlen.
Dieselbe Überlegung wie bei den ganzen Zahlen lehrt: $\mathscr{A}_F^{\mathbb{N}}$ ist
ein nichtarchimedischer Körper. Erklärt man wie oben ein (po-
sitiv) unendliches Element als ein solches, welches größer
als alle Vielfachen der Eins ist und nennt man X die Menge
aller unendlichen Elemente, dann ist X nach unten beschränkt,
hat aber keine untere Grenze (man kann von jedem Element in X
die Eins subtrahieren, ohne X zu verlassen). Daraus folgt:

1) In $\mathscr{A}_F^{\mathbb{N}}$ gilt das Dedekind'sche Vollständigkeitsaxiom nicht;

2) es gibt keine Menge Σ von prädikatenlogischen Sätzen, welche äquivalent zum Dedekind'schen Vollständigkeitsaxiom
   ist.

Inzwischen haben wir fast alles Handwerkszeug bereitgestellt,
um uns ein Modell für die Axiome der hyperreellen Zahlen zu
konstruieren. Die einzige technische Schwierigkeit ist noch,
daß wir in Kap.II auch partielle Funktionen betrachtet hatten,
während in einem Relationalsystem alle Operationen immer überall erklärt sein mußten. Wir schaffen dies Problem durch eine
Erweiterung aus der Welt. Es sei $u \notin \mathbb{R}$; wir setzen

$$A = \mathbb{R} \cup \{u\};$$

für eine n-stellige, evtl. partielle Funktion (kurz: e.p.F.)
f sei $f^A : A^n \to A$ erklärt durch

$$f^A(a_1,\ldots,a_n) = \begin{cases} f(a_1,\ldots,a_n) & \text{falls } f \text{ an } (a_1,\ldots,a_n) \text{ definiert} \\ u & \text{sonst.} \end{cases}$$

Es steht also "u" für "undefiniert". Die "$\leqslant$"-Relation auf $\mathbb{R}$ ist auch eine Relation auf A (für die also $u \leqslant a$ und $a \leqslant u$ für kein $a \in A$ gilt); wir betrachten weiter eine neue einstellige Relation $R \subseteq A$ mit $R(a) \leftrightarrow a \in \mathbb{R}$. Unsere Struktur $\mathscr{A}$ ist nun durch

$$\mathscr{A} = (A, (f^A \mid f \text{ e.p.F.}), (=,\leqslant,\neq,R))$$

erklärt. Zur selben Signatur gehört wieder eine prädikatenlogische Sprache L.

Es sei F ein freier Ultrafilter über $\mathbb{N}$. In $A_F^{\mathbb{N}}$ haben wir das Element $[f_u]$, wobei $f_u(n) = u$ für alle $n \in \mathbb{N}$ ist; es ist $[f_u] = [g]$ genau dann, wenn $\{n \in \mathbb{N} \mid g(n) = u\} \in F$ ist; wenn $[g] \neq [f_u]$ ist, können wir also o.B.d.A. $g(n) \in \mathbb{R}$ für alle $n \in \mathbb{N}$ annehmen (weil wir g ja auf Nicht-Filtermengen abändern können). Wenn P das Prädikat in L ist, welches zur Relation R in $\mathscr{A}$ gehört und $R_F^{\mathbb{N}}$ die zugehörige Relation in $\mathscr{A}_F^{\mathbb{N}}$ ist, dann folgt aus dem Ultraproduktsatz

$$R_F^{\mathbb{N}}([g]) \text{ gilt } \leftrightarrow [g] \neq [f_u].$$

Wir erklären jetzt folgende Struktur $\mathbb{R}^*$ mit evtl. partiellen Operationen (also eigentlich keine Struktur im Sinne von Definition 1):

1) Die Trägermenge von $\mathbb{R}^*$ ist $A_F^{\mathbb{N}} \setminus \{[f_u]\}$.

2) Für eine n-stellige, e.p.F. reelle Funktion f und $c_1,\ldots,c_n \in A_F^{\mathbb{N}} \setminus \{[f_u]\}$ ist

$$f^*(c_1,\ldots,c_n) = \begin{cases} \text{undefiniert, falls } f_F^{\mathbb{N}}(c_1,\ldots,c_n) = [f_u] \\ f_F^{\mathbb{N}}(c_1,\ldots,c_n) \text{ sonst;} \end{cases}$$

3) An Relationen gibt es außer Gleichheit und Ungleichheit die Interpretation von "$\leqslant$" in $\mathscr{A}_F^{\mathbb{N}}$, eingeschränkt auf $A_F^{\mathbb{N}} \setminus \{[f_u]\}$; diese Relation wollen wir wieder mit "$\leqslant$" bezeichnen.

<u>12. Satz:</u> $\mathbb{R}^*$ ist ein Modell für das Axiomensystem der hyper-
reellen Zahlen (aus Kap.II).

<u>Beweis:</u> In $\mathbb{R}^*$ liegt, vermöge der kanonischen Einbettung, eine
Kopie von $\mathbb{R}$; die wir o.B.d.A. mit $\mathbb{R}$ identifizieren können. Es
war P das Prädikat, welches zu R gehörte; durch Induktion über
den Aufbau der Formel erklärt man zu jeder Formel die Relativierung φ^P von φ auf P, die durch Einschränkung der Quantoren
auf P entsteht (der interessierende Schritt ist:

$$(\exists x\psi)^P = \exists x(P(x) \land \psi^P)$$

analog für den Allquantor "$\forall$"). Durch eine ebensolche Induktion zeigt man: Eine Belegung u erfüllt eine Formel φ in $\mathbb{R}$ genau dann, wenn sie φ^P in $\mathbb{R}^*$ erfüllt (was streng genommen wegen
der partiellen Funktionen wieder keine ganz zulässige Sprech-
weise ist). Die Relativierung φ^P ist nichts anderes als das
Ignorieren des neuen Elementes u. Der Ultraproduktsatz liefert
uns dann die Axiome der Gruppe I.

Auf dieselbe Weise erhält man die Axiome (H$\mathbb{R}$1) (wegen der Rolle der speziellen Elemente u und $[f_u]$) und (H$\mathbb{R}$2). Die Terme
von Kap.II waren dieselben wie unsere jetzigen; wendet man
den Ultraproduktsatz und sein Korollar auf spezielle Formeln,
nämlich $\forall$-quantifizierte Implikationen zwischen Konjunktionen
von Gleichungen und Ungleichungen an, so erhält man, wieder
unter Beachtung des speziellen Elementes für "undefiniert",
das Lösungsaxiom (H$\mathbb{R}$3). (H$\mathbb{R}$4) wird durch die Existenz eines
unendlichen Elementes geliefert, das wir weiter oben betrach-
tet haben.

Wenn nun $a \in \mathbb{R}^*$ endlich ist, dann ist $X = \{c \in \mathbb{R} \mid c \leq a\}$
eine nichtleere, nach oben beschränkte Menge von reellen
Zahlen; sei $a_o = \sup(X)$. Dann ist $a_o - a$ ein positives Infinitesimal, mithin gilt $a \approx a_o$, d.h. wir haben (H$\mathbb{R}$5) nach-
gewiesen.

Fragen wir uns noch, was sich geändert hätte, wenn wir bei
der Konstruktion von $\mathbb{R}^*$ von den rationalen Zahlen anstatt
von $\mathbb{R}$ selbst ausgegangen wären. Wir hätten alles zeigen kön-

nen bis auf (HIR5). In der Tat, für eine Folge f, die gegen $\sqrt{2}$
konvergiert, wäre [f] nicht infinitesimal zu einer standard
Zahl gewesen.

Das Resumée dieses Abschnitts ist: Das Axiomensystem der hyperreellen Zahlen ist relativ konsistent zu dem Axiomensystem
der reellen Zahlen, und zwar auf der Basis der üblichen Mengenlehre (die im nächsten Abschnitt genauer vorgestellt wird)
inklusive des Auswahlaxioms.

3. Modelle für die interne Mengenlehre

Bevor von Modellen für die interne Mengenlehre die Rede ist,
sollen einige Worte über Modelle der Mengenlehre überhaupt
verloren werden. Detaillierte Ausführungen mag der Leser etwa den Büchern [Ebb] und [Fe] entnehmen.

Die Mengenlehre ist zweifellos eine mathematische Disziplin,
in der man Axiome und Definitionen ebensowenig völlig willkür-
lich aufstellen darf wie bei den reellen Zahlen (wir haben es
hier eben streckenweise wieder mit "Realdefinitionen" zu tun),
in der aber auch nicht ganz klar ist, welche Axiome und Begriffe denn nun die "richtigen" sind. Es tritt also wieder der
pragmatische Gesichtspunkt in den Vordergrund, und in diesem
Sinne wollen wir unter Mengenlehre die "Zermelo-Fraenkel-Men-
genlehre (kurz: ZFC-Mengenlehre) verstehen, und zwar inklusive des Auswahlaxioms ("C" für "Axiom of Choice"). Sie hat sich
im mathematischen Alltag bewährt und in ihr läßt sich die klassische Mathematik im wesentlichen beschreiben (durch eine un-
kritische Erweiterung kann man auch die "Klassen" erhalten,
die es in der ZFC-Mengenlehre nicht gibt). In der ZFC-Mengenlehre gibt es die beiden undefinierten Grundbegriffe der Elementbeziehung und der Gleichheitsrelation. Wir haben es also
mit der besonders einfachen Signatur $(\emptyset,(2,2))$ zu tun (vgl.Def.
1 aus IX.2); die zugehörige prädikatenlogische Sprache enthält
also nur zwei zweistellige Prädikate. Diese seien wie üblich
mit "$\in$" und "$=$" (statt eigentlich "$\equiv$") gegeben und Atomformeln
schreiben wir ebenfalls in der gewohnten Form $x \in y$ bzw. $x = y$.
Die ZFC-Axiome sind in dieser Sprache formuliert, sie werden
jetzt aufgeführt.

Extensionalitätsaxiom:

$\forall x \forall y (\forall z (z \in x \leftrightarrow z \in y) \Rightarrow x = y)$
(Mengen mit denselben Elementen sind bereits gleich)

Vereinigungsmengenaxiom:
$\forall x \exists y \forall z (z \in y \leftrightarrow \exists u (z \in u \wedge u \in x))$
(Zu einer Mengenfamilie gibt es die Vereinigung dieser Familie)

Paarmengenaxiom:

$\forall x \forall y \exists z (\forall u (u \in z \leftrightarrow (u = x \lor u = y)))$
(Zu je zwei Mengen x, y gibt es die Menge {x,y} , deren einzige Elemente x und y sind)

Potenzmengenaxiom:

$\forall x \exists u \, \forall y (\forall z (z \in y \to z \in x) \leftrightarrow y \in u))$
(Zu jeder Menge existiert die Menge aller Teilmengen dieser Menge)

Unendlichkeitsaxiom:

$\exists x [\; \exists y (y \in x \land \forall z (\neg z \in y)) \land \forall u \{ u \in x \to \exists v (v \in x$
$$\land \; \forall (w \in v \leftrightarrow (w \in u \lor w = u)))\}]$$
(Es gibt eine Menge, welche die leere Menge als Element hat
und mit jedem u auch $u \cup \{u\}$ enthält.

Schema der Ersetzungsaxiome:

Für jede Formel $\varphi(x,y,\vec{x})$:

$\forall x_1 \ldots x_n [\forall x \exists ! y \varphi(x,y,\vec{x}) \to \forall u \exists v \forall x \forall y (x \in u \land \varphi(x,y,\vec{x}) \to y \in v)]$,
wobei $\vec{x} = (x_1, \ldots, x_n)$ und $\exists ! y$ für "es gibt genau ein y" steht.
(Wenn eine Formel funktional ist und wenn man die Argumente
auf eine Menge einschränkt, so bilden auch die Bilder eine
Menge)

Regularitätsaxiom:

$\forall x [\exists y (y \in x) \to \exists z (z \in x \land \neg \exists v (v \in x \land v \in z))]$
(Jede nichtleere Menge x enthält ein Element z, das von x
disjunkt ist; insbesondere wird hier $x \in x$ ausgeschlossen)

Auswahlaxiom:

$\forall x \exists y [\forall z \{ (z \in x \land \exists u (u \in z)) \to \exists ! v (v \in z \land v \in y)\}]$
(Zu jeder Mengenfamilie x gibt es eine Menge y, die aus jeder
nichtleeren Menge in x genau ein Element "auswählt")

Damit sind die Axiome aufgezählt. In der (nichtmengentheoretischen) mathematischen Praxis wird das volle Schema der Ersetzungsaxiome kaum benötigt; man kommt aus mit dem schwächeren

Schema der Aussonderungsaxiome:

Für jede Formel $\varphi(x)$, in der die Variable z nicht vorkommt, gilt:

$$\forall y \exists z \forall x (x \in z \leftrightarrow (x \in y \wedge \varphi(x)))$$

(Zu jeder Menge y gibt es die Teilmenge der Elemente mit der Eigenschaft φ).

Das Aussonderungsaxiom für $\varphi(x)$ erhält man, wenn man das Ersetzungsaxiom auf die Formel $\psi(x,y) : \varphi(x) \wedge x = y$ anwendet, wobei die Variable y in φ nicht vorkommen soll.

Was ist nun ein Modell der ZFC-Mengenlehre? Im Sinne der Modelltheorie (des letzten Abschnitts) eine Struktur $(A, \in_A)$, also eine Menge mit einer binären Relation, in der die ZFC-Axiome wahr sind. Hier begegnen uns also zwei Arten "Mengenlehre": Die "naive", unformalisierte, auf deren Basis die ganzen modelltheoretischen Betrachtungen überhaupt geschehen, und die "formale", d.h. die sich in dem Modell abspielende Mengenlehre. Die Frage nach relativen Widerspruchsfreiheiten kann man nun als Frage des Typs "Wenn ein Modell $(A, \in_A)$ mit gewissen Eigenschaften existiert, so gibt es auch ein Modell $(B, \in_B)$ mit gewissen anderen Eigenschaften" auffassen. Gegen diese modelltheoretische Methode ist vom Grundlagenstandpunkt solange nichts einzuwenden, als man in der "naiven" Mengenlehre nicht schon diejenigen kritischen Eigenschaften voraussetzt, über die man gerade Aufschluß erhalten möchte. Der Leser möge sich im folgenden selbst davon überzeugen, daß der modelltheoretische Beweis der relativen Widerspruchsfreiheit der internen Mengenlehre in diesem Sinne vernünftig ist.

Für unsere weiteren Überlegungen müssen wir uns zwei Axiome etwas näher anschauen, das Regularitätsaxiom (auch Fundierungsaxiom genannt) und das Schema der Ersetzungsaxiome. Wir fassen uns etwas kurz und verweisen insbesondere auf [Ebb]. Betrach-

ten wir den folgenden, durch transfinite Induktion über alle
Ordinalzahlen definierten Term:

$$V(0) \quad = \emptyset$$

$$V(\alpha+1) = \mathscr{P}(V(\alpha)) \qquad\qquad (\mathscr{P}: \text{Potenzmenge})$$

$$V(\lambda) \quad = U(V(\alpha) \mid \alpha < \lambda), \ \lambda \ \text{Limesordinalzahl.}$$

Die einzelnen $V(\alpha)$, welche Mengen bezeichnen, heißen auch
von Neumann'sche Stufen. Der gesamte Term V, erklärt durch

$$x \in V \leftrightarrow \exists\alpha(x \in V(\alpha))$$

bezeichnet natürlich keine Menge, sondern nur eine Klasse,
man nennt V auch die *Neumann-Bernays-Funktion.*

Es gilt nun in ZFC:
$$\forall x(x \in V).$$

Dies ist eine Konsequenz des Fundierungsaxioms (auf der Basis
der restlichen Axiome sogar äquivalent dazu), es liefert einen
hierarchischen Aufbau des Mengenuniversums, denn man hat

$$\alpha \leqslant \beta \Rightarrow V(\alpha) \subseteq V(\beta), \ x \in y \in V(\alpha) \Rightarrow x \in V(\alpha),$$

sowie

$$x \subseteq y \in V(\alpha) \Rightarrow x \in V(\alpha).$$

Der hierarchische Aufbau entspricht dem der früher behandel-
ten Mengenhierarchien, er ist nur etwas umfassender. Wenn et-
wa $I \in V(\alpha)$ und für jedes $i \in I$ auch $G_i \in V(\alpha)$, und wenn
$\lambda > \alpha$ eine Limesordinalzahl ist, dann gilt

$$\mathscr{H} \subseteq V(\lambda)$$

für die Mengenhierarchie $\mathscr{H}$ über I und den G_i; der Stufenauf-
bau der $V(\alpha)$ entspricht im wesentlichen dem Typenaufbau von
$\mathscr{H}$ (der Unterschied ist, daß der Typenaufbau etwas schneller
geht, weil mengentheoretisch gesehen etwa das angeordnete
Paar $\langle x,y \rangle = \{x,\{x,y\}\}$ schon über zwei Stufen geht). Weiter
sei vermerkt, daß für Limesordinalzahlen $\lambda > \omega$ (wobei ω die
erste unendliche Ordinalzahl ist) die Struktur $(V(\lambda), \in \upharpoonright V^2(\lambda))$
bereits fast ein Modell für die Mengenlehre ist, es gelten
nämlich die Zermelo'schen Axiome dort (das sind die Axiome

von ZFC ohne die Ersetzungsaxiome, aber mit den Aussonderungs-
axiomen).

Für eine Formel φ bedeute φ^{V_β} die Relativierung von φ auf V_β,
$V_\beta = V(\beta)$. Dann gilt in ZFC das *Reflektionsprinzip*, d.h. das
folgende Schema (für jede Formel $\varphi(x_1,\ldots,x_n)$ mit den freien
Variablen $x_1,\ldots,x_n$):

$$\forall\alpha\ \exists\beta > \alpha\ \forall x_1\ldots x_n(x_1 \in V_\beta \wedge\ldots\wedge x_n \in V_\beta \to [\varphi(x_1,\ldots,x_n) \leftrightarrow \varphi(x_1,\ldots,x_n)^{V_\beta}]).$$

Das Reflektionsprinzip besagt, daß man jede Aussage bereits in
einer Menge (nämlich in einem geeignet großen V_β)auf ihre Gültigkeit hin testen kann; V_β "reflektiert" φ ; es sei noch für
spätere Zwecke hinzugefügt, daß die Ordinalzahl β als Limeszahl
gewählt werden kann. Das Reflektionsprinzip ist im wesentlichen
sogar gleichwertig zum Ersetzungsschema. Nach diesen Vorüberle-
gungen können wir zu den eigentlichen Konstruktionen kommen,
die eine Erweiterung und Verschärfung der Ultraproduktkonstruktion sein werden. Dabei wird schrittweise vorgegangen, wir
skizzieren zuerst die Stationen:

(1) Wenn M, I Mengen sind und F ein Ultrafilter über I ist,
    so bezeichne $M^* = M_F^I$ die Ultrapotenz von M modulo F, wo-
    bei M als Relationalsystem mit der (binären) Elementrela-
    tion aufgefaßt wird. Die kanonische Einbettung k : $M \to M^*$
    wird erweitert zu einer Einbettung $\bar{k} : \mathscr{P}(M) \to \mathscr{P}(M^*)$, es
    sei $X^* = \bar{k}(X)$.

(2) Je nach Wahl von I und F werden gewisse Ultrafilter U
    über M in M^* konvergieren, d.h. es wird ein $x \in M^*$ ge-
    ben mit
    $$x \in \cap(X^* \mid X \in U).$$

    Eine geeignete Wahl von I und F wird dazu führen, daß
    alle Ultrafilter über M in M^* konvergieren. Dies lie-
    fert dann bereits einen Spezialfall des Axioms vom ide-
    alen Punkt, nämlich wenn die Formel keine freien Variab-
    len enthält.

(3) Um die Ausdehnung des Axioms (I) auf Formeln mit freien
    Variablen zu erreichen, muß die Ultraproduktkonstruktion
    abzählbar oft iteriert werden und von diesen Iterationen
    der direkte Limes genommen werden.

(4) Um diese Konstruktion für das gesamte Universum eines
    Modells der Mengenlehre zu erreichen, muß man sie über
    alle von Neumann'schen Stufen iterieren und das Reflek-
    tionsprinzip anwenden.

Zum Punkte (1) ist nicht mehr viel zu sagen. Für $X \subseteq M$ und
$f \in M^I$ gilt $[f]_F \in X^*$ genau dann, wenn $\{i \in I \mid f(i) \in X\} \in F$
ist; wie in Kap.II sieht man, daß der "*" die Boole'schen Operationen erhält. Dabei kann die Konstruktion sowohl für eine
naive Menge M mit der naiven Elementrelation durchgeführt werden als auch für eine Menge M im Sinne eines Modells $(A, \in_A)$
der Mengenlehre. Der Bequemlichkeit halber führen wir eine
Reihe der nächsten Überlegungen nur in naiven Mengen durch.

Zu (2):

<u>13. Def.</u>: Eine Ultrapotenz M_F^I heißt *adäquat* für M, wenn gilt

      (i)   F ist frei über I;

      (ii)   für jeden Ultrafilter U über M ist
           $\cap(X^* \mid X \in U) \neq \emptyset$.

      Nichtstandarderweiterungen, die (ii) erfüllen (aber
      nicht unbedingt Ultrapotenzen sein müssen) heißen
      in der Literatur auch *Enlargements*.

<u>14. Satz</u>: Jede Menge M besitzt eine adäquate Ultrapotenz.

<u>Beweis</u>: Für eine Menge X sei $\mathscr{P}_e(X) = \{Y \subseteq X \mid Y \text{ endlich}\}$. Wir
wählen $I = \mathscr{P}_e(\mathscr{P}(M))$.
Für $X \subseteq M$ sei $\hat{X} = \{Z \in I \mid X \in Z\}$; dann ist
$$\{X_1, \ldots, X_n\} \in \hat{X}_1 \cap \ldots \cap \hat{X}_n,$$
daher erzeugt die Familie $\{\hat{X} \mid X \subseteq M\}$ einen eigentlichen Fil-

ter über I, läßt sich also zu einem Ultrafilter F erweitern.
Sei nun U ein Ultrafilter über M. Wir betrachten die folgende
Funktion $f \in M^I$:

$$f(Z) = \mathrm{Aus}(\cap(X \mid X \in Z, X \in U)), \quad Z \in I,$$

wobei Aus eine Auswahlfunktion ist, also $\mathrm{Aus}(X) \in X$; man beachte, daß die Argumente von Aus nicht leer sind.
Für $X \in U$ und $Z \in \hat{X}$ gilt dann $f(Z) \in X$, also

$$\{Z \mid f(Z) \in X\} \supseteq \hat{X} \in F;$$

daraus folgt $[f]_F \in X^*$, was zu zeigen war.

Im nächsten Zusatz bezeichnet $k : M \to M^*$ wieder die kanonische
Einbettung.

<u>15. Korollar:</u> Sei $R \subseteq M^2$ eine binäre Relation, so daß für alle
endlichen Teilmengen $X \subseteq M$ ein $\xi \in M^*$ existiert
mit $R^*(\xi, k(x))$, alle $x \in X$, dann gibt es schon
ein $\xi \in M^*$ mit $R^*(\xi, k(x))$, alle $x \in M$.

<u>Beweis:</u> Man kann auf natürliche Weise $(M_F^I)^n$ und $(M^n)_F^I$ identi-
fizieren. Dann erhält man sofort für endliches $X \subseteq M$:

$$\{y \in M \mid R(y,x), \text{ alle } x \in X\}^* = \cap((\xi \in M^* \mid R^*(\xi,k(x)) \mid x \in X)$$

Die rechten Seiten sind nach Voraussetzung nicht leer, also
gibt es einen Ultrafilter U mit

$$\{y \in M \mid R(y,x)\} \in U \text{ für } x \in M.$$

Weil M_F^I adäquat ist, folgt die Behauptung.

Zu (3):

Die bisherige Konstruktion soll so verschärft werden, daß beim
letzten Korollar n+2-stellige Relationen zugelassen werden dürfen, wobei die zusätzlichen n Koordinaten durch beliebige Elemente von M^* belegt werden können. Die Idee dazu ist eine ab-
zählbar unendliche Iteration der Ultrapotenzen, aufgefangen in

einem direkten Limes.

Weil direkte Limites (sie sind dual zu den inversen Limites) nicht allgemein benötigt werden, beschreiben wir sie nur in einem Spezialfall. Seien $\mathscr{A}_n$ Strukturen (derselben Signatur) und $h_n : \mathscr{A}_n \to \mathscr{A}_{n+1}$ Homomorphismen für $n \in \mathbb{N}$. Die Komposition der h_n ergibt Homomorphismen $h_{n,m} : \mathscr{A}_n \to \mathscr{A}_m$ für $n < m$. Sei $A = \uplus(A_n \mid n \in \mathbb{N})$ die disjunkte Vereinigung der A_n; für x, $y \in A$, etwa $x \in A_n$, $y \in A_m$, sei $x \sim y$ erklärt durch:

$$\text{Es gibt ein } k > n, m \text{ mit } h_{n,k}(x) = h_{m,k}(y).$$

Definiert man die Relationen und Operationen auf A wie auf den A_n, so ist "$\sim$" eine Kongruenzrelation. Die Struktur

$$\mathscr{A}_\infty = \uplus(\mathscr{A}_n \mid n \in \mathbb{N}) \ /_\sim$$

heißt dann *direkter Limes* der $\mathscr{A}_n$, $\mathscr{A}_\infty = \varinjlim \mathscr{A}_n$; für jedes n haben wir Homomorphismen $h_{n,\infty} : \mathscr{A}_n \to \mathscr{A}_\infty$.

16. <u>Def.</u>: Seien F_n Ultrafilter auf Mengen I_n, sei $\mathscr{A}$ eine Struktur und sei $\mathscr{A}_0 = \mathscr{A}$,

$$\mathscr{A}_{n+1} = (\mathscr{A}_n)^{I_n}_{F_n},$$

$k_n : \mathscr{A}_n \to \mathscr{A}_{n+1}$ sei die kanonische Einbettung.

Dann heißt $\mathscr{A}_\infty = \varinjlim \mathscr{A}_n$ ein *Ultralimes* von $\mathscr{A}$.

Sei $k_\infty = k_{0,\infty} : \mathscr{A} \to \mathscr{A}_\infty$ die Abbildung von $\mathscr{A}$ in den Ultralimes; sie ist eine Injektion, denn alle k_n sind injektiv. Darüberhinaus gilt:

17. <u>Satz</u>: Seien $u : Var \to A$ und $u_\infty : Var \to A_\infty$ zwei Belegungen mit $u_\infty(x) = k_\infty(u(x))$ für jede Variable x. Dann gilt für jede Formel φ:

(+) u erfüllt φ in $\mathscr{A}$ $\leftrightarrow$ u_∞ erfüllt φ in $\mathscr{A}_\infty$.

<u>Beweis</u>: Wir zeigen eine etwas stärkere Behauptung, nämlich (+)

für je zwei Belegungen u_n : Var $\to A_n$, u_∞ : Var $\to A$ mit
$u_\infty(x) = k_{n,\infty}(u_n(x))$. Dies geschieht induktiv über den Aufbau
der Formel φ. Der Fall der Atomformeln und der aussagenlogischen Verknüpfungen ist trivial; bei den Quantoren beschränken wir uns auf "$\exists$" und zeigen auch da nur die schwierige
Richtung. Es erfülle also u_∞ die Formel $\exists x_k \psi$ in $\mathscr{A}_\infty$; dann gibt
es ein $a \in A_\infty$, so daß ψ von u_∞' erfüllt wird, wobei $u_\infty'(x_k) = a$
und $u_\infty'(x) = u_\infty(x)$ für $x_k \neq x$. Es gibt weiter ein m und ein
$b \in A_m$ mit $a = k_{m,\infty}(b)$; wir wählen $l > m$, $l > n$. Wir setzen
$u_l'(x_k) = k_{m,l}(b)$, $u_l'(x) = u_l'(x)$ für $x \neq x_k$. Nach Induktionsvoraussetzung wird ψ von u_l' in $\mathscr{A}_l$ erfüllt, also auch $\exists x_k \psi$
von u_l in $\mathscr{A}_l$. $\mathscr{A}_l$ und $\mathscr{A}_n$ sind aber iterierte Ultrapotenzen voneinander, aus dem Hauptsatz über Ultraprodukte folgt dann die
Behauptung.

Sie' nun wieder M eine Menge mit der Elementrelation. Wir wählen die Folge (I_n, F_n) von Mengen und Ultrafiltern so speziell,
daß für

$$M_0 = M, \quad M_{n+1} = (M_n)_{F_n}^{I_n}$$

jedes M_{n+1} gerade eine adäquate Ultrapotenz von M_n ist und
interessieren uns für

$$M_\infty = \varinjlim M_n.$$

Die Fortsetzung der kanonischen Einbettung $M_n \to M_{n+1}$ auf die
Potenzmengen bezeichnen wir für den Moment mit

$$\text{"}*n\text{"}.$$

Für $X \subseteq M$ sei dann $X_0 = X$, $X_{n+1} = (X_n)^{*n}$. Dann ist
$\varinjlim X_n \subseteq M_\infty$; wir schreiben $X^* = \varinjlim X_n$, sowie auch M^* für M_∞.
Weiter beobachten wir, daß die Ultralimesbildung mit endlichen
kartesischen Produkten kommutiert, es sind also $(M^k)^*$ und
$(M^*)^k$ auf natürliche Weise isomorph.

<u>18. Satz</u>: Sei $R \subseteq M^{n+2}$ eine $(n+2)$-stellige Relation. Dann gilt
für alle $\xi_1, \ldots, \xi_n \in M^*$:

Wenn für jedes endliche $X \subseteq M$ ein $\xi \in M^*$ existiert
mit

$$R^*(\xi, k_\infty(x), \xi_1, \ldots, \xi_n), \text{ alle } x \in X,$$

dann gibt es schon ein $\xi \in M^*$ mit

$$R^*(\xi, k_\infty(x), \xi_1, \ldots, \xi_n), \text{ alle } x \in M.$$

<u>Beweis:</u> Seien $\xi_1, \ldots, \xi_n \in M^*$, es gibt dann ein m und $\eta_1, \ldots, \eta_n \in M_m$ mit $\xi_i = k_{m,\infty}(\eta_i)$, $1 \le i \le n$. Wir erklären die binäre Relation S auf M_m durch

$$S(y,x) \leftrightarrow x \notin k_{0,m}(M) \text{ oder } R_m(y,x,\xi_1, \ldots, \xi_n),$$

wobei die R_n wie oben so erklärt sind, daß $R^* = \varinjlim R_n$. Weil M_{m+1} adäquat für M_m ist, gibt es unter Ausnutzung der Voraussetzung und des letzten Satzes ein $\xi \in M_{m+1}$ mit

$$S^{*m}(\xi, k_{0,m+1}(x)), \text{ alle } x \in M.$$

Daraus folgt aber

$$R^*(k_{m+1,\infty}(\xi), k_\infty(x), \xi_1, \ldots, \xi_n)$$

für alle $x \in M$.

Zu (4):

Wir wollen uns zunächst ein Modell für die Axiome von ZFC und (I), (S), (T) verschaffen, wobei wir von einem Modell $\mathscr{A} = (A, \in_A)$ von ZFC ausgehen. Vorerst betrachten wir eine endliche Menge $\Sigma = \{\varphi_1, \ldots, \varphi_n\}$ von ZFC-Axiomen (beachten wir, daß es wegen der Schemata unendlich viele davon gibt).

Im Modell $\mathscr{A}$ definiert uns jede der Stufen $V(\alpha)$ ein Submodell $(V_\alpha, \in_A \cap V_\alpha^2)$ von $\mathscr{A}$ mit

$$V_\alpha = \{x \in A \mid x \in_A V(\alpha)\}.$$

Das Reflektionsprinzip liefert uns ein α, so daß V_α bereits ein Modell von Σ ist, oder gleichwertig, daß die Formeln aus Σ relativiert auf $V(\alpha)$ wahr sind. Wie in (3) bilden wir dann den Ultralimes $(V(\alpha))^*$ mit der kanonischen Einbettung

$$k_\infty : V(\alpha) \to (V(\alpha))^*.$$

Die binäre Relation ϵ_A definiert wie in (3) ein

$$\epsilon_A^* \subseteq (V(\alpha))^* \times (V(\alpha))^*$$

und wir erhalten eine Struktur $(V_\alpha^*, \epsilon_A^*)$; die Einbettung nennen wir ebenfalls

$$k_\infty : (V_\alpha, \epsilon_A \upharpoonright V_\alpha^2) \to (V_\alpha^*, \epsilon_A^*).$$

Die Interpretation des Prädikates standard(x) sei

$$\{k_\infty(x) \mid x \in V_\alpha\}.$$

Nach Satz 17 ist $(V_\alpha^*, \epsilon_A^*)$ ein Modell für Σ. Aus demselben Grunde gilt das Transferaxiom (T). Satz 18 liefert das Axiom (I) vom idealen Punkt. Wenn nun $x \epsilon_A V(\alpha)$ und φ eine (eventuell externe) Formel ist, dann betrachten wir die Menge

$$y = \{z \; \epsilon_A \; x \mid \varphi \text{ trifft auf } k_\infty(z)$$
$$\text{in } V_\alpha^* \text{ zu}\}$$

(im Modell $\mathscr{A}$). Es ist $y \subseteq x \epsilon_A V(\alpha)$, also $y \epsilon_A V(\alpha)$; $k_\infty(y)$ ist dann die vom Standardmengenaxiom (S) geforderte Menge. Mithin ist $(V_\alpha^*, \epsilon_A^*)$ ein Modell für Σ und (I), (S), (T).

Wählt man α als Limeszahl, so gelten in V_α (und damit in V_α^*) schon alle Zermelo'schen Axiome (d.h. nur das volle Ersetzungsschema evtl. nicht). Wählen wir zu einer gegebenen Mengenhierarchie $\mathscr{H}$ weiter α auch noch so groß, daß $\mathscr{H} \epsilon_A V(\alpha)$, dann haben wir auch die Gültigkeit der Axiome der Gruppen III aus Kap. IV, der Einbettungs- und Erweiterungsaxiome.

Um nun ein Modell für ganz ZFC + (I) + (S) + (T) zu erlangen, müssen wir eine Konstruktion anwenden, die das gegebene Modell verläßt. Der benötigte Satz ist sehr allgemeiner Art:

<u>19. Satz:</u> Sei Σ eine Menge von Sätzen, so daß jede endliche Teilmenge $\Gamma \subseteq \Sigma$ ein Modell $\mathscr{A}_\Gamma$ hat. Dann hat Σ ein Modell $\mathscr{A}$.

<u>Beweis:</u> Sei $I = \mathscr{P}_e(\Sigma)$, die Menge aller endlichen Teilmengen

von Σ. Für $\Gamma \in I$ sei $\tilde{\Gamma} = \{\Gamma' \in I \mid \Gamma \subseteq \Gamma'\}$; für $\Gamma_1, \ldots, \Gamma_n \in I$ ist $\Gamma_1 \cup \ldots \cup \Gamma_n \in \tilde{\Gamma}_1 \cap \ldots \cap \tilde{\Gamma}_n$. Daher erzeugen die $\tilde{\Gamma}$, $\Gamma \in I$ einen eigentlichen Filter über I, der in einem Ultrafilter F enthalten ist. Wir setzen

$$\mathscr{A} = \prod_{i \in I} \mathscr{A}i/F.$$

Wenn $\sigma \in \Sigma$, so ist $\Gamma = \{\sigma\} \in I$ und $\tilde{\Gamma} \in F$; für $\Gamma' \in \tilde{\Gamma}$ ist aber $\mathscr{A}_{\Gamma'}$ auch ein Modell für σ. Der Hauptsatz über Ultraprodukte (Satz 10 aus IX,2) liefert dann die Behauptung.

Damit haben wir sofort:

<u>20. Satz:</u> (i)   Wenn ZFC ein Modell hat, dann hat auch ZFC + (I) + (S) + (T) ein Modell

(ii)   Wenn ZFC ein Modell hat und $\mathscr{H}$ eine Mengenhierarchie ist, dann gibt es ein Modell für die Axiome der Gruppe III aus Kap. IV.

Damit ist also die interne Mengenlehre legitimiert. Wenn man die Ausgangsmengenlehre um das Axiom von der Existenz einer unerreichbaren Kardinalzahl λ verstärkt hätte, dann wären die Axiome der Gruppe III auch für die volle Mengenlehre gültig gewesen, in $V(\lambda)$ hätte dann nämlich auch das Ersetzungsschema gegolten. Weiter vermerken wir noch, daß man genau wie hier vorgeführt noch zeigen kann:

<u>21. Satz:</u> Die interne Mengenlehre ist eine *konservative Erweiterung* von ZFC, d.h. eine Formel der Sprache von ZFC, die in der internen Mengenlehre beweisbar ist, ist auch schon in ZFC beweisbar.

Deshalb ist die interne Mengenlehre also prinzipiell überflüssig (wie z.B. die komplexe Analysis auch). Vergegenwärtigen wir uns noch einmal die einzelnen Stationen der Konstruktion: Zuerst die Ultraprodukte der einzelnen $V(\alpha)$ und ihre Iterationen, dann der Übergang zu den Ultralimites und schließlich das letzte Ultraprodukt, ein wahres Monster. Man kann sich natürlich fragen, wieso es dies in der "realen Mengenwelt" alles "wirklich gibt", denn die Konstruktion des Monsters ist ja nicht mehr im jeweiligen Modell durchführbar; in der "realen Mengenwelt" würden also Klassen statt Mengen benötigt. Im gewissen Sinne ist eine solche Frage unfruchtbar, weil es uns nicht um die "wirkliche Existenz" gewisser Objekte geht (was immer das heißen mag), sondern um die Konsistenz von Argumentationsweisen. Die ganze modelltheoretische Betrachtungsweise dient uns also dazu, einzusehen, daß die interne Mengenlehre keine Widersprüche produziert, wenn auch vorher keine da waren.

Zum Abschluß vermerken wir, daß die Modelle der internen Mengenlehre nur *eine* Möglichkeit bieten, Nichtstandard-Mathematik zu treiben. Für manche Zwecke ist es nützlich, stärkere Versionen des Axioms vom idealen Punkt zur Verfügung zu haben oder mit externen Mengen besser umgehen zu können. Die Modelltheorie ermöglicht Erweiterungen in dieser Richtung.

4. Topologische Formeln und Monaden

Die wichtigsten externen Mengen sind die Monaden von Filtern.
Der Zusammenhang zwischen Filtern und Monaden ist eng gekoppelt mit der syntaktischen Struktur derjenigen externen Formeln, die bei den relevanten Definitionen benützt werden. Solchen Beziehungen wollen wir uns jetzt zuwenden. Weil wir uns wieder in der internen Mengenlehre befinden, benutzen wir auch wieder das Zeichen "ε", obwohl es sich teilweise um Syntax handelt. Bekanntlich läßt sich jede Formel bis auf logische Äquivalenz in pränexer Normalform schreiben, d.h. sie beginnt mit einem Präfix von Quantifizierungen, dem eine quantorenfreie Formel folgt (vgl. etwa [Ri3]). Wenn eine (evtl. externe) Formel φ keine freien Variablen hat, also ein Satz ist, führt eine entsprechende Überlegung dazu, daß φ o.B.d.A. die Gestalt

$$Q^1 x_{i_1} \ldots Q^n x_{i_n} \psi$$

hat, wobei jedes Q^j entweder ein gewöhnlicher Quantor $\forall$ oder $\exists$ ist oder aber einer der in IV.2 eingeführten externen Quantoren $\forall^{st}$ oder $\exists^{st}$ ist und ψ keine Quantoren enthält. Diese Quantoren können vorerst noch in beliebiger Reihenfolge vorkommen. Für Formeln, in denen die extern quantifizierten Variablen nur über eine standard Menge laufen, läßt sich auch dies normalisieren.

__22. Def.:__ (i) Eine *beschränkte externe Quantifizierung* ist von der Form

   $\forall^{st} x \, \varepsilon \, y$ bzw. $\exists^{st} x \, \varepsilon \, y$;

   y heißt die *Restriktionsvariable*.

  (ii) Eine Formel φ heißt beschränkt, wenn alle externen Quantifizierungen beschränkt sind und alle Restriktionsvariablen nur frei vorkommen.

__23. Satz:__ Zu jeder beschränkten Formel φ existieren beschränkte Formeln φ_1 und φ_2 von der Form

$$\varphi_1 = (\forall^{st} x \; \varepsilon \; x_1)(\exists^{st} y \; \varepsilon \; y_1) \; \overline{\varphi}_1,$$

$$\varphi_2 = (\exists^{st} y \; \varepsilon \; y_1)(\forall^{st} x \; \varepsilon \; x_1) \; \overline{\varphi}_2,$$

(wobei die Quantoren auch fehlen dürfen) mit: ·

(i) φ_1 und φ_2 haben die gleichen freien Variablen wie φ;

(ii) $\overline{\varphi}_1$ und $\overline{\varphi}_2$ sind intern;

(iii) φ, φ_1 und φ_2 sind in der internen Mengenlehre äquivalent bzgl. aller Belegungen, welche den freien Variablen standard Mengen zuordnen.

<u>Beweis</u>: Bei Belegungen der freien Variablen mit standard Mengen können wir annehmen, daß φ pränex ist und das Standardprädikat nur in den Quantifizierungen vorkommt. Das Problem reduziert sich dann darauf, im Quantorenpräfix

a) einen externen Quantor mit einem internen oder einem anderen externen Quantor zu vertauschen.

b) zwei externe Quantoren derselben Art (beide "$\forall^{st}$" oder beide "$\exists^{st}$") zu einem Quantor zusammenzuziehen.

Auf diese Weise werden wir sukzessive die gewünschte Form erhalten. Zuerst haben wir zwei triviale Vertauschungen:

1) $\forall x \; \forall^{st} y$ in $\forall^{st} y \; \forall x$;

2) $\exists x \; \exists^{st} y$ in $\exists^{st} y \; \exists x$.

Den Übergang

3) $\exists x \; \forall^{st} y$ in $\forall^{st} \overline{y} \; \exists \overline{x}$ liefert das Axiom (I) vom idealen Punkt.
   Geht man zwischendurch zweimal zur Negation über, so erhält man auch

4) $\forall x \; \exists^{st} y$ in $\exists^{st} \overline{y} \; \forall \overline{x}$.

Es bleibt noch der Fall

5) die Vertauschung von $\forall^{st} x \; \exists^{st} y$ und $\exists^{st} y \; \forall^{st} x$.

Hier ist wichtig, daß unsere Formel beschränkt ist. Bei gewöhnlichen Quantoren wird unser Übergang durch das Auswahlaxiom garantiert; der Übersichtlichkeit halber ändern wir auch die ge-
bundene Variable um:

$$(\forall \ x \ \varepsilon \ x_1)(\exists \ y \ \varepsilon \ y_1) \ \varphi(x,y) \ \leftrightarrow \ (\exists \ f \ \varepsilon \ y_1^{x_1})(\forall \ x \ \varepsilon \ x_1)\varphi(x,f(x));$$

dabei müßte die rechte Seite eigentlich noch umgeschrieben werden, indem man die Funktionenmenge $y_1^{x_1}$ beschreibt. Die gewünschte Relativierung auf die externen Quantoren wird dann
durch das Standardmengenaxiom (S) geleistet. Die Zusammenfas-
sung von Quantoren erhält man schließlich durch Einführung von
geordneten Paaren, etwa

$$\exists^{st} \ x \ \exists^{st} \ y \ \varphi \ \leftrightarrow \ \exists^{st} \ z \ [\exists \ x \ \exists y \ (z = <x,y> \land \varphi)].$$

24. Def.: (i)   Eine Formel der Gestalt φ_1 oder φ_2 des
                    letzten Satzes heißt auch in *externer*
                    Normalform.

       (ii)   Eine $\forall^{st}$-Formel ist eine Formel in externer
                    Normalform ohne $\exists^{st}$-Quantoren.

Beispiele von $\exists^{st}$-Formeln sind Formeln, die Filtermonaden (vgl.
Kap. VI) beschreiben. Für einen standard Filter $\mathscr{F}$ über einer
standard Menge Y ist nämlich $\mu_{\mathscr{F}}(x)$ gerade $(\forall^{st} \ X \ \varepsilon \ \mathscr{F}) \ (x \ \varepsilon \ X)$;
die Monade von $\mathscr{F}$ ist somit die externe Menge $\cap(X \ | \ X \ \varepsilon \ \mathscr{F}, \ X$
standard) $\subseteq$ Y. Wir fragen uns jetzt, wann eine externe Teilmen-
ge einer standard Menge Y die Monade eines geeigneten Filters
ist.

25. Satz: Sei Y$\neq\emptyset$ standard und $\varphi(x)$ eine evtl. externe Formel
          mit x als freier Variabler. Dann gibt es genau dann
          einen standard Filter $\mathscr{F}$ auf Y mit $\mu_{\mathscr{F}}(x) \leftrightarrow x \ \varepsilon \ Y \land \varphi(x)$,
          wenn es eine $\forall^{st}$-Formel $\overline{\varphi}$ gibt, so daß alle standard
          Belegungen $\forall \ x(\varphi(x) \leftrightarrow \overline{\varphi}(x))$ erfüllen.

Beweis: (vgl. [Be]). Wir sahen gerade, daß Filtermonaden An-
laß zu $\forall^{st}$-Formeln gaben. Sei umgekehrt $\varphi(x)$ eine $\forall^{st}$-Formel.
Das Standardmengenaxiom liefert uns einen standard Filter $\mathscr{F}$,

dessen standard Elemente gerade diejenigen X mit

$$\varphi(x) \wedge x \; \varepsilon \; Y \Rightarrow x \; \varepsilon \; X$$

sind. Benutzen wir zur Abkürzung externe Mengen, so haben wir

$$\mu_{\mathscr{F}} = \{x \; \varepsilon \; Y \mid \varphi(x) \text{ gilt}\}$$

zu zeigen. Dabei ist

$$\{x \; \varepsilon \; Y \mid \varphi(x) \text{ gilt}\} \subseteq \mu_{\mathscr{F}}$$

trivial. Für die umgekehrte Inklusion sei $\varphi(x)$ die Formel $(\forall^{st} y \; \varepsilon \; y_1)\psi(x,y)$, wobei ψ intern sei.

Unsere Inklusion ist dann gleichwertig zu:

$$(\forall \; x \; \varepsilon \; Y)[(\forall^{st} X \; \varepsilon \; \mathscr{F})(x \; \varepsilon \; X) \Rightarrow (\forall^{st} y \; \varepsilon \; y_1)(\psi(x,y))].$$

Dies formen wir jetzt sukzessive, wie in Satz 23, äquivalent um und benutzen dabei, daß $\mathscr{F}$ ein standard Parameter ist. Der Reihe nach erhalten wir folgende Formeln:

1) $(\forall^{st} y \; \varepsilon \; y_1)(\forall \; x \; \varepsilon \; Y)(\exists^{st} X \; \varepsilon \; \mathscr{F})[x \; \varepsilon \; X \Rightarrow \psi(x,y)]$
(logische Umformung)

2) $(\forall^{st} y \; \varepsilon \; y_1)(\exists^{st \; fin} F \subseteq \mathscr{F})(\forall \; x \; \varepsilon \; Y)[x \; \varepsilon \cap F \Rightarrow \psi(x,y)]$
(man benutze das Axiom vom idealen Punkt, auf beiden Seiten negiert)

3) $(\forall^{st} y \; \varepsilon \; y_1)(\exists^{st} X \; \varepsilon \; \mathscr{F})(\forall \; x \; \varepsilon \; X)(\psi(x,y))$
(weil $\mathscr{F}$ als Filter unter endlichen Durchschnitten abgeschlossen ist).

Hier setzen wir beim zweiten Quantor die Definition von $\mathscr{F}$ ein, nämlich für standard X:

$$X \subseteq Y \wedge [(\forall \; z \; \varepsilon \; Y)((\forall^{st} u \; \varepsilon \; y_1)\psi(z,u) \Rightarrow z \; \varepsilon \; X)]$$

und erhalten weiter:

4) $(\forall^{st} y \; \varepsilon \; y_1)(\exists^{st} X \subseteq Y)[(\forall \; z \; \varepsilon \; Y)[(\forall^{st} u \; \varepsilon \; y_1)\psi(z,u) \Rightarrow$
$\Rightarrow z \; \varepsilon \; X] \wedge (\forall \; x \; \varepsilon \; X)\psi(x,y)]$

5) $(\forall^{st} y \; \varepsilon \; y_1)(\exists^{st} X \subseteq Y)[(\forall \; z \; \varepsilon \; Y)(\exists^{st} u \; \varepsilon \; y_1)(\psi(z,u) \Rightarrow$
$\Rightarrow z \; \varepsilon \; X) \wedge (\forall \; x \; \varepsilon \; X)\psi(x,y)]$
(logische Umformung)

6) $(\forall^{st} y \; \varepsilon \; y_1)(\exists^{st} X \subseteq Y)[(\exists^{st \; fin} Y' \subseteq y_1)(\forall z \; \varepsilon \; Y)$

$\qquad [(\forall \; v \; \varepsilon \; Y')\psi(z,v) \Rightarrow z \; \varepsilon \; X] \wedge (\forall \; x \; \varepsilon \; X)(\psi(x,y))]$

(Axiom vom idealen Punkt, auf beiden Seiten negiert)

7) $(\forall \; y \; \varepsilon \; y_1)(\exists \; X \subseteq Y)[(\exists^{fin} Y' \subseteq y_1)(\forall z \; \varepsilon \; Y)[(\forall \; v \; \varepsilon \; Y')$

$\qquad \psi(z,v) \Rightarrow z \; \varepsilon \; X] \wedge (\forall \; x \; \varepsilon \; Y)\psi(x,y)]$

(mehrmalige Anwendung des Transferaxioms).

Die Formel 7) ist aber richtig: Zu $y \; \varepsilon \; y_1$ setze man

$\qquad X = \{z \; \varepsilon \; Y \mid \psi(z,y)\}$ sowie $Y' = \{y\}$;

die beiden Teile der zu zeigenden Konjunktion schrumpfen dann zusammen zu den zwei Tautologien

$$(\forall \; z \; \varepsilon \; Y)[\psi(z,y) \Rightarrow z \; \varepsilon \; X]$$

und

$$(\forall \; x) \; (\psi(x,y) \Rightarrow \psi(x,y)).$$

<u>Bemerkung</u>: Läßt man auch sog. "uneigentliche Filter" (diese dürfen die leere Menge enthalten) zu, dann darf man im letzten Satz auch $Y = \emptyset$ erlauben.

Insbesondere ist also der "Filter einer Monade eines (standard) Filters $\mathcal{F}$" wieder $\mathcal{F}$. (In gewöhnlichen Nichtstandardmodellen kann dies falsch sein, man hat i.a. nur eine Galoiskorrespondenz zwischen Filtern und Monaden.) In Satz 23 hatten wir beschränkte Formeln in eine Normalform transformiert. Weil in Beispielen solche Formeln φ selten in externer Normalform vorliegen, wären wir an einem einfachen Kriterium dafür interessiert, wann φ eine $\forall^{st}$-Formel ist. Eine Inspektion des Beweises von Satz 23 liefert uns dies sehr einfach. Zunächst bemerken wir, daß wir uns auf die aussagenlogischen Zeichen $\wedge$, $\vee$, und $\neg$ beschränken können.

<u>26. Def.</u>: Sei φ eine Formel, die nur mittels $\wedge$, $\vee$, $\neg$, $\forall$ und $\exists$ aufgebaut ist.

$\qquad$ (i) $\qquad$ Eine Atomformel χ kommt in φ positiv (resp.

negativ) vor, wenn χ innerhalb einer geraden (bzw. ungeraden) Zahl von Negationszei-
chen steht.

(ii) φ heißt topologisch, wenn φ beschränkt ist
und das Prädikat "standard" nur negativ vor-
kommt.

Ersetzt man in einer Formel φ das Standardprädikat "standard
(x)" durch "$\exists^{st}y(y=x)$", so folgt aus den üblichen prädikatenlogischen Umformungsregeln und Satz 22, daß die topologischen
Formeln genau diejenigen sind, die zu $\forall^{st}$-Formeln logisch
äquivalent sind; z.B. gilt

$$\exists x(\neg \text{ standard}(x) \wedge \varphi(x)) \leftrightarrow \exists x \forall^{st} y(x \neq y \wedge \varphi(x)).$$

Es sei aber bemerkt, daß unter Hinzunahme weiterer Axiome
oder Hypothesen eine Formel sehr wohl z.B. zu einer $\forall^{st}$-For-
mel als auch zur Negation einer solchen äquivalent sein kann.

Wenn man nun gewisse Monaden definieren will, so hat man
hauptsächlich drei Möglichkeiten, die auch alle bei uns vor-
kamen:

a) Angabe des Filters;

b) Angabe der topologischen Formel;

c) Angabe einer Topologie, so daß die Monade(n) durch den
   (die) Umgebungsfilter der Topologie erklärt wird (werden).

Hierbei ist c) ein Spezialfall. Als Beispiele erwähnen wir
etwa: Die Monaden von $\mathbb{R}^{*}$, die Krulltopologie in der unendlichen Galoistheorie, die $\mathcal{T}$-infinitesimale Nachbarschaft bei
den Distributionen und die Beziehung "$\sim$" bei den berechenbaren Funktionen. In all diesen Fällen handelt es sich also um
genau dieselben Begriffsbildungen. Man bemerke aber, daß die
Restklassen modulo "$\sim$" i.a. noch nicht durch $\forall^{st}$-Formeln definiert sind, wenn "$\sim$" selbst dies ist; jedenfalls ist dies
dann aber für Restklassen von standard Funktionen der Fall.

In Kap. IV, 3 hatten wir gesehen, daß die Monaden von $\mathbb{R}^*$ nur unerlaubte Mengen sind. Auch dies ist ein ganz allgemeiner Sachverhalt.

27. Satz: Wenn die Monade eines standard Filters $\mathscr{F}$ über einer standard Menge X intern ist, dann ist sie schon standard und $\mathscr{F}$ ist der von ihr erzeugte Filter.

Beweis: Sei M die Monade des Filters $\mathscr{F}$; wir nehmen an, M sei intern. Für den ersten Teil benötigen wir nur, daß M überhaupt durch eine Formel eindeutig beschrieben ist. Dabei sind die freien Variablen durch $\mathscr{F}$ und X belegt. Unter Benutzung der externen Normalform, des Axioms vom idealen Punkt und logischer Vertauschungsregeln können wir M auch so beschreiben (für geeignete φ und ψ):

(1) $\forall^{st} x \ \exists^{st} y \ \varphi(x,y,M)$

(2) $\forall M' \ [\forall^{st} x \ \exists^{st} y \ (\varphi(x,y,M')) \to M = M']$

(3) $\exists^{st} y \ \forall^{st} x \ \ \psi(x,y,M)$

(4) $\forall^{st} y \ \exists^{st \ fin} z \ \forall M'[(\forall x \ \varepsilon \ z) \ \psi(x,y,M') \to M = M']$.

Dabei entsteht (4) aus (2) mittels des Axioms (I). Wir wählen uns nach (3) ein standard Y mit

$$\forall^{st} x \ \psi(x,Y,M)$$

und nach (4) ein standard endliches Z mit

(5) $\forall M' \ [(\forall x \ \varepsilon \ Z) \ \psi(x,Y,M') \to M = M']$.

Weil alle $x \ \varepsilon \ Z$ dann auch standard sind, gilt auch

(6) $(\forall x \ \varepsilon \ Z) \ \psi(x,Y,M)$.

Mit (5) und (6) haben wir aber eine eindeutige Beschreibung von M durch interne Formeln, weshalb M nach dem Transferaxiom M standard sein muß.

Weil M die Monade ist, gilt $(\forall^{st} U \ \varepsilon \ \mathscr{F}) \ (M \subseteq U)$; die erneute Anwendung des Transferaxioms liefert dann $(\forall U \ \varepsilon \ \mathscr{F})(M \subseteq U)$. Weil außerdem jede Filtermonade eine Filtermenge als Teilmenge besitzt, erhalten wir $M \ \varepsilon \ \mathscr{F}$ und damit die Behauptung.

Zu Beginn dieses Abschnittes hatten wir noch einmal die Wichtigkeit der Monaden hervorgehoben. Die Bedeutung der externen Formeln beruht vornehmlich darauf, daß interne Formeln häufig zu gewissen externen Formeln (die sich dann eventuell leichter manipulieren lassen) äquivalent sind; in diesen externen Formeln treten meist (weil sie häufig über das Axiom vom idealen Punkt gewonnen sind) Monaden auf. Es fragt sich, ob das Suchen nach solchen geeigneten Formeln immer der Phantasie und Intuition überlassen bleiben muß oder ob es sich in gewissem Maße systematisieren läßt. Letzteres ist tatsächlich der Fall. Zunächst einmal liefert das Transferaxiom die Möglichkeit, interne Formeln in externe Formeln umzuschreiben; die in Satz 23 sowie die im Anschluß an Definition 26 erwähnten Formeltransformationen erlauben dann, die erhaltene externe Formel noch umzuschreiben. Solche Prozeduren ließen sich auf verschiedene Weisen algorithmisch formulieren. Wir wollen solches nur in einem sehr eingeschränkten, jedoch häufig vorkommenden Falle beschreiben. Dazu betrachten wir eine Sprache L^3 der Prädikatenlogik dritter Stufe, in der wir drei Sorten Variable haben:

$$\mathrm{Var}^{(1)} = \{x,y,\ldots\}$$

$$\mathrm{Var}^{(2)} = \{X,Y,\ldots\}$$

$$\mathrm{Var}^{(3)} = \{\mathscr{F},\mathscr{G},\ldots\},$$

wobei auch Indizes zugelassen sind. Mit einstelligen Prädikaten und Funktionssymbolen und $\mathrm{Var}^{(1)}$ sei zunächst eine gewöhnliche Prädikatenlogik L^1 erster Stufe aufgebaut. Das einzige höherstufige Prädikat sei "ε" mit Atomformeln der Gestalt $x \varepsilon X$ und $X \varepsilon \mathscr{F}$. Hierdurch ist dann die Sprache L^3 erklärt und aus L^3 sondern wir eine Teilsprache L_t wie folgt aus:

(a) Es sind nur Quantifizierungen erster und zweiter Stufe erlaubt und letztere nur in der Form $\forall X \varepsilon \mathscr{F}$ und $\exists X \varepsilon \mathscr{F}$.

(b) Eine Quantifizierung $(\forall X \varepsilon \mathscr{F})\, \varphi$ (bzw. $(\exists X \varepsilon \mathscr{F})\varphi$) darf nur vorgenommen werden, wenn jede Atomformel von φ, in der X vorkommt, in φ nur positiv (bzw. negativ) vorkommt.

(c) Variable aus $\mathrm{Var}^{(2)}$ dürfen nur einmal vorkommen und Quantorenfolgen der Form $\exists X \forall Y \forall x$ bzw. $\forall X \exists Y \exists x$ sind verboten.

Interpretiert werden soll diese Sprache über einer standard
Menge A; alle nicht spezifizierten Prädikate und Funktionssym-
bole seien durch standard Relationen und Funktionen und "ε"
durch die Elementrelation interpretiert und alle Variablen
aus Var$^{(3)}$ seien mit standard Filtern über A belegt. Es ist
klar, daß man dies auch durch ein Fragment der gewöhnlichen
mengentheoretischen Sprache beschreiben kann. Die Formeln von
L_t werden nun in externe Formeln übersetzt. Dazu sei zuerst
jedem $\mathscr{F} \varepsilon$ Var$^{(3)}$ und jedem x ε Var$^{(1)}$ die externe Formel

$$\mu_{\mathscr{F}}(x) \; : \; (\forall^{st} X \; \varepsilon \; \mathscr{F})(x \; \varepsilon \; X)$$

zugeordnet. Die Übersetzung wird nun induktiv über den Formelaufbau erklärt, wobei nur bei zwei Schritten wirklich etwas
passiert, nämlich (i) bei Quantifizierungen der Formel
$(\forall X \; \varepsilon \; \mathscr{F}) \; \varphi$; diese Formel soll übergehen in die Formel φ',
wobei φ' aus φ dadurch entsteht, daß in φ jede Atomformel
der Gestalt x ε X durch $\mu_{\mathscr{F}}(x)$ ersetzt wird; (ii) bei Quantifizierungen $\forall$ x bzw. $\exists$ x, in deren Bereich Quantoren zweiter Stufe standen: Diese werden ersetzt durch $\forall^{st}$ x bzw.
$\exists^{st}$ x.

Geben wir zwei Beispiele:

(1) φ beschreibe "$\mathscr{F}$ ist feiner als $\mathscr{G}$"; φ sei also

$\qquad (\forall \; X \; \varepsilon \; \mathscr{G})(\exists \; Y \; \varepsilon \; \mathscr{F})(\forall \; x(x \; \varepsilon \; Y \to x \; \varepsilon \; X))$.

Dies wird übersetzt in

$\qquad \forall x(\mu_{\mathscr{F}}(x) \to \mu_{\mathscr{G}}(x))$

("Die Monade von $\mathscr{F}$ ist in der Monade von $\mathscr{G}$ enthalten")

(2) φ beschreibe "f : $A_1 \to A_2$ ist stetig an a" ($A_1, A_2 \subseteq A$):

$\qquad (\forall \; X \; \varepsilon \; \mathscr{F}_{f(a)})(\exists \; Y \; \varepsilon \; \mathscr{F}_a)(\forall \; x(x \; \varepsilon \; Y \to f(x) \; \varepsilon \; X))$,

wobei wir uns unter $\mathscr{F}_a$ und $\mathscr{F}_{f(a)}$ die Umgebungsfilter
von a und f(a) vorstellen. Dies wird übersetzt in

$$\forall \; x(\mu_{\mathscr{F}_{(a)}}(x) \to \mu_{\mathscr{F}_{f(a)}}(f(x))).$$

Die Übersetzung von φ bezeichnen wir mit $\hat{\varphi}$; durch weitere Beispiele möge man sich davon überzeugen, daß sie in der Tat vie-
le früher vorgekommene Fälle erfaßt. Die Rechtfertigung er-

bringt der nächste Satz.

<u>28. Satz:</u> Sei φ eine Formel von L_t, u eine Belegung der freien Variablen von φ mit standard Elementen der (standard) Menge A. Dann erfüllt u die Formel $\hat{\varphi}$ genau dann, wenn sie die Formel φ erfüllt.

<u>Beweis:</u> Wir ersetzen in einer vorgelegten Formel φ zunächst alle Quantoren der Form $\forall\, X\ \varepsilon\ \mathscr{F}$, $\exists\, X\ \varepsilon\ \mathscr{F}$ sowie $\exists x$, $\forall\, x$, wenn in ihrem Bereich eine Filterquantifizierung stattfindet durch die entsprechenden externen Formeln. Sodann werden die externen Quantifizierungen sukzessive mit den aussagenlogischen Verknüpfungen sowie den Quantoren erster Stufe vertauscht, so daß sie direkt vor den Atomformeln stehen, und zwar nur vor solchen, in denen die quantifizierte Variable auch wirklich vorkommt. (Weil wir nur einstellige Prädikate haben, können wir die Quantoren direkt vor die Atomformeln bringen, vgl. die sog. kontrapränexe Normalform in [Ass].) Dabei beachten wir, daß Quantorenfolgen der Gestalt

$$(\forall^{st\ fin} \mathscr{X} \subseteq \mathscr{F})(\exists\ x)\ (\forall\ Y\ \varepsilon\ \mathscr{X}).$$

gleichwertig zu $(\forall^{st} Y\ \varepsilon\ \mathscr{F})\ \exists\ x$ sind, weil $\mathscr{F}$ durch einen Filter belegt wird. Weil wir es mit einer Formel aus L_t zu tun hatten, wird auf diese Weise jede Quantifizierung zu einer $\forall^{st} X\ \varepsilon\ \mathscr{F}$ - Quantifizierung und wir erhalten die gesuchte externe Formel.

<u>Einige Hintergrundbemerkungen:</u>

Die angegebenen Vertauschungsregeln entsprechen dem "Reduktionsalgorithmus" in [Ne]; die $\forall^{st}$-Formeln heißen dort semi-intern. Der Name "topologische Formel" wurde wegen der Analogie (bei positiv-negativ-Vorkommen) zur Sprache L_t gewählt. L_t ist im wesentlichen die sog. "topologische Sprache", die sehr ausführlich in [Fl-Zi] behandelt wird. Sie ist besonders deshalb interessant, weil sich einerseits sehr viele in der Topologie vorkommenden Eigenschaften in ihr beschreiben lassen, sie sich aber andererseits in vielfacher Hinsicht wie eine Sprache der Prädikatenlogik der ersten Stufe verhält. Letzteres korrespondiert dazu, daß sich "topologische Formeln" ähnlich angenehm wie interne Formeln benehmen.

LITERATURVERZEICHNIS

[An]   R.D.Anderson: Topological Properties of the Hil-
              bert Cube and the Infinite Product of Open Inter-
              vals. Trans.AMS 126(1967), S.200-216.

[Ass]   G. Asser: Einführung in die mathematische Logik II.
              Leipzig 1972.

[Ba]   Li Bang-He (李邦河): Non-standard Analysis and
              Multiplication of Distributions. Scientia Sinica
              XXI (1978), S.561-585.

[Be]   B.Benninghofen: Nichtstandardmethoden und Distri-
              butionen. Erscheint als Diplomarbeit, Aachen 1981.

[Bi-Ro]   G.Birkhoff - G.-C.Rota: Ordinary Differential
              Equations. 3.ed., New York 1978.

[Bre1]   H.Bremermann: Distributions, Complex Variables
              and Fourier Transforms. Reading 1965.

[Bre2]   H.Bremermann: Some Remarks on the Analytic Repre-
              sentation and Products of Distributions. SIAM J.
              Appl.Math.15 (1967), S.929-943.

[Co-Le]   E.A.Coddington - N.Levinson: Theory of Ordinary
              Differential Equations. New York 1955.

[Da]   M.Davis: Applied Nonstandard Analysis.
              New York 1977

[Ebb]   H.-D.Ebbinghaus: Einführung in die Mengenlehre.
              Darmstadt 1977.

[Ebb-Fl-Th]   H.-D.Ebbinghaus - J.Flum - W.Thomas: Einführung
              in die mathematische Logik. Darmstadt 1978.

[Fe]   W.Felscher: Naive Mengen und abstrakte Zahlen I,
            II, III. Mannheim 1978.

[Fl-Zie]   J.Flum - M.Ziegler: Topological Model Theory.
            Springer Lecture Notes in Mathematics 769 (1980).

[Fr]   O.Frink: Compactifications and semi-normal spaces.
            Amer.J.Math.86 (1964), S.602-607.

[Ha]   P.Halmos: Measure Theory, Princeton 1950.

[Har]   G.H.Hardy: Orders of Infinity. Cambridge 1910.

[Hau]   M.Hausner: On a Non-Standard Construction of Haar
            Measure. Comm.Pure Appl.Math.25(1972), S.403-405.

[He]   H.Hermes: Aufzählbarkeit, Entscheidbarkeit, Be-
            rechenbarkeit. Heidelberger TB Band 87, 1971.

[Hi]   E.Hille: Analytic Function Theory. New York 1959.

[Hrb]   K.Hrbacek: Axiomatic foundations for Nonstandard
            Analysis. Fund.Math.XCVIII (1978), S.1-19.

[Je-Kl]   W.Jehne - N.Klingen: Superprimes and a generalized
            Frobenius Symbol. Acta Arithmetica XXXII (1977),
            S.209-232.

[Jo]   C.Jordan: Cours d'analyse, 2.Auflage, Paris 1893.

[Jä]   G.Järnefelt: Reflections on a Finite Approximation
            of Euclidean Geometry. Ann.Acad.Sci.Fenn.A.I.Math.
            Phys.96 (1951).

[Kä]   E.Kähler: Algebra und Differentialrechnung. In:
            Bericht über die Mathematikertagung in Berlin 1953,
            S.58-163.

[Kei1]   H.J.Keisler: Elementary Calculus. Boston 1976.

[Kei2]   H.J.Keisler: Foundations of Infinitesimal Calcu-
           lus. Boston 1976.

[Kel]   O.-H.Keller: Die Homöomorphie der kompakten kon-
           vexen Mengen im Hilbertschen Raum. Math.Ann.105
           (1931), S.748-758.

[Ki-So]   A.P.Kirman - D.Sondermann: Arrows Theorem, Many
           Agents, and Invisible Dictators. Journ.of Econo-
           mic Theory 5 (1972), S.267-277.

[Ku]   P.Kustaanheimo: On the Fundamental Prime of the
           World. Ann.Acad.Sci.Fenn.A.I.Math.Phys.129 (1952).

[Lau1]   D.Laugwitz: Eine Einführung der Deltafunktionen.
           Sitzungsber.Bayer.Akad.Wiss.1959, S.41-59.

[Lau2]   D.Laugwitz: Infinitesimalkalkül. Mannheim 1978.

[Li-Wo]   A.H.Lightstone - K.Wong: Dirac Delta Functions
           via Nonstandard Analysis. Canad.Math.Bull.81
           (1975), S.759-762.

[Lo]   J.Łos: Quelques Remarques, Théorèmes et Problèmes
           sur les Classes Definissables d'Algèbres. In:
           Mathematical Interpretations of Formal Systems,
           Amsterdam 1955, S.98-113.

[Lu1]   W.A.J.Luxemburg: A General Theory of Monads. In:
           Applications of Model Theory to Algebra, Analysis
           and Probability (Ed.W.A.J.Luxemburg).
           New York 1969.

[Lu2]   W.A.J.Luxemburg: What is Nonstandard Analysis? In:
           Papers in the Foundations of Mathematics, Amer.
           Math.Monthly 80 (1973), S.38-67.

[Lu3]   W.A.J.Luxemburg: Non-Standard Analysis, Lectures
            on Robinson's Theory of Infinitesimals and Infi-
            nitely Large Numbers. Pasadena 1962.

[Lu-Str]   W.A.J.Luxemburg - K.Stroyan: Introduction to the
            Theory of Infinitesimals. New York 1976.

[Ma-Hi]   M.Machover - J.Hirschfeld: Lectures on Non-Stan-
            dard Analysis. Lecture Notes in Mathematics 94
            (1969).

[MaD]   A.L.MacDonald: Sturm-Liouville Theory via Non-
            standard Analysis. Indiana Univ.Math.J.25(1976),
            S.531-540.

[Me-Co]   C.Meyer - Cording: Nonstandard Topologie.
            Diplomarbeit, Tübingen 1980.

[Na]   L.Narens: A Nonstandard Proof of the Jordan
            Curve Theorem. Pacific J.Math.36 (1971), S.219-
            229.

[Ne]   E.Nelson: Internal Set Theory. Bull.AMS 83 (1977),
            S.1165-1198.

[Ni]   A.Nijenhuis: Strong derivatives and inverse map-
            pings. Amer.Math.Monthly 81 (1974), S.969-980.

[Pot]   K.Potthoff: Untersuchungen über Nichtstandard-
            Modelle. Dissertation, Hannover 1967.

[Ri1]   M.M.Richter: Non-standard Analysis and general
            Compactification. Habilitationsschrift, Tübingen
            1972.

[Ri2]   M.M.Richter: Über die unendlich kleinen Größen in
            der Analysis. Math.-Phys.Semesterber.XXIII (1976),
            S.59-74.

[Ri3]   M.M.Richter: Logikkalküle. Stuttgart 1978.

[Ro1]   A.Robinson: Non-standard Analysis. Amsterdam 1966.

[Ro2]   A.Robinson: Non-standard theory of Dedekind rings.
             Indag.Math.29 (1967), S.444-452.

[Ro3]   A.Robinson: Non-standard arithmetic. Bull.Amer.
             Math.Soc.73 (1967), S.818-843.

[Ro-Br]   A.Robinson - D.J.Brown: Nonstandard Exchange Eco-
             nomies. Econometrica 43(1975), S.41-55.

[Sc]   D.S.Scott: Data Types as Lattices. In: Proc.of
             the International Summer Inst.and Logic Colloquium,
             ed. G.H.Müller-A.Oberschelp-K.Potthoff, Springer
             Lecture Notes in Math.499, S.579-651.

[Sc-Str]   D.S.Scott - Chr.Strachey: Towards a Mathematical
             Semantics for Computer Languages. Proc.of a Sym-
             posium on Computer and Automata, New York 1971.

[Schm1]   J.Schmid: Completing Boolean Algebras by Nonstan-
             dard Methods. Z.math.Log.u.Grundl.d.Math.20 (1974),
             S.47-48.

[Schm2]   J.Schmid: A Monadic Approach to the McNeille Com-
             pletion of a Lattice. Archiv f.Math.XXVIII (1977),
             S.225-232.

[Schm-Lau]   C.Schmieden - D.Laugwitz: Eine Erweiterung der
             Infinitesimalrechnung. Math.Z.69(1958), S.1-39

[Schw]   L.Schwartz: Théorie des Distributions I, II.
             Paris 1950/51.

[Sim]   F.W.Simmons: Connectedness and Non-standard Set
             Theory. Erscheint.

[Ti]   H.G.Tillmann: Darstellung der Schwartzschen
         Distributionen durch analytische Funktionen.
         Math.Zeitschr.76 (1961), S.5-21.

[Ul]   V.M.Ul'janov: Solution of a basic problem on
         compactifications of Wallman type. Soviet Math.
         Dokl.18 (1977), S.567-571.

[Va]   R.S.Varga: Matrix Iterative Analysis. Englewood
         Cliffs 1962.

[Vo]   P.Vopěnka: Mathematics in the Alternative Set
         Theory. Leipzig 1979.

[Wei]   E.Weiss: Algebraic Number Theory. New York 1963.

[Wey]   H.Weyl: Algebraic Theory of Numbers.
         Princeton 1940.

[Wie]   F.Wieacker: Die juristische Sekunde. In:
         Existenz und Orndung. Festschrift für
         E.Wolf, ed. T.Würtenberger, W.Maihofer,
         A.Hollerbach, Frankfurt, 1962, S.421-453